时变热流下固体可燃物
热解着火动力学

王志荣　龚俊辉　著

科学出版社

北京

内 容 简 介

本书较为系统地介绍作者及国内外同行多年来在随时间变化辐射热流下固体可燃物热解着火的相关研究成果,主要内容包括常用固体可燃物热解测试方法、热解反应动力学参数确定方法、常用着火测试方法与标准、恒定热流和时变热流特性、辐射源类型及热流光谱分布、材料光学系数与热流光谱关系、多种形式的时变辐射热流、材料对辐射热流的表面与深度吸收、常用着火临界参数、不同时变热流下材料表面和内部温度及着火时间的解析与数值模型等。

本书可作为火灾、消防、安全、应急管理、固体可燃物热安全性等领域研究人员和工程技术人员的参考工具书,也可作为国内高等院校火灾科学与消防工程、安全科学与工程、应急管理与技术、材料科学与工程等专业研究生和高年级本科生的教材。

图书在版编目(CIP)数据

时变热流下固体可燃物热解着火动力学 / 王志荣,龚俊辉著 . —北京:科学出版社,2024.1
ISBN 978-7-03-077742-3

Ⅰ.①时… Ⅱ.①王… ②龚… Ⅲ.①燃烧物理学 Ⅳ.①O551.2

中国国家版本馆 CIP 数据核字(2023)第 253049 号

责任编辑:牛宇锋 / 责任校对:任苗苗
责任印制:赵 博 / 封面设计:图阅社

科 学 出 版 社 出版
北京东黄城根北街 16 号
邮政编码:100717
http://www.sciencep.com
北京厚诚则铭印刷科技有限公司印刷
科学出版社发行 各地新华书店经销

*

2024 年 1 月第 一 版 开本:720×1000 1/16
2025 年 1 月第二次印刷 印张:20
字数:400 000
定价:198.00 元
(如有印装质量问题,我社负责调换)

前　言

　　火灾是生产生活中常见的灾害之一,包括建筑火灾、森林草原火灾、工业火灾、机动车与交通运输火灾等。火灾过程中燃烧的载体通常有三种状态:固体、液体和气体。其中,固体火灾因燃料种类多、涉及范围广而成为最常见的火灾。所有固体燃烧都始于着火,有些固体着火因有应用价值而人为诱发,如燃料的点火、预防森林火灾采用的计划烧除、固体火箭点火等;而有些固体着火是意外事故,可引发火灾。更重要的是,人为点火也可能因处理不当而发展为火灾。随着我国经济的快速发展,固体火灾在数量、发生频率及火灾损失等方面均呈现出快速增长的趋势,特重大火灾时有发生,中小规模火灾数不胜数,因此固体火灾的危害与防治已引起公众的普遍关注与重视。

　　固体可燃物热解着火是火灾从无到有的最初始阶段,决定火灾能否发生。此外,火的蔓延过程也可视为未燃材料受火焰加热而导致的连续着火过程。固体受外界热源加热时温度逐渐升高,当表面温度升高到一定值时,表层材料开始热解并释放出可燃气。刚开始,由于表面热解层厚度较小,热解层释放出的可燃气与空气混合后,其浓度低于可燃气可燃浓度下限,因此不能着火。随着外界热量的持续输入,表面附近热解层厚度不断增加,更多材料参与热解并释放出更多可燃气。当其浓度达到可燃浓度下限且存在引火源时,即可发生着火并形成持续的火焰,火焰中气相燃烧产生的热量进一步加热固体,以释放出更多的可燃气来维持燃烧,该着火过程为引燃。若气相中没有引火源,可燃气浓度虽然可能已达可燃浓度下限,但温度达不到自燃温度下限,则依然不能着火。该可燃性混合气需在气相中进一步吸收热量,以达到其自燃温度,该过程称为自燃。很明显,引燃较自燃更容易实现,且在实际火灾中绝大部分着火为引燃过程,因为加热源通常也是引火源,如火焰、高温物体、电火花以及电弧等。

　　常用的固体可燃物燃烧特性测试方法采用常热流,如锥形量热仪、火焰传播仪等,认为材料在着火前后所接收的外界热流不随时间变化。该假定有利于简化实验和结果分析,常用于在标准测试条件下对可燃物进行分级分类,但与实际火灾中可燃固体着火前的真实受热环境有较大的差别。火场中固定位置可燃物受到的辐射或对流热流会因火蔓延、火势变化、环境风、浮力羽流等而发生渐变或突变。现有研究已证实,森林火灾中地面可燃物所受热流会随火灾的不断靠近而呈指数增长,森林及建筑火灾中空间位置较高的可燃物(如树叶、房间顶棚等)所受热流也均随地面火灾的发展而不断变化。时变热流下可燃物的热解着火行为与常热流有明显差异且更为复杂,常热流下发展的经典着火判据(如临界温度、临界质量流率等)可能并不适用于时变热流,需要发展新的着火判据。常热流测试存在的另一个问题是如何选择合适的恒定热流以近似表征材料的渐变加热过程。此外,对于红外半透明材料(如聚合物),辐射热流的深度吸收(边透射边吸收)在时变热流下使固体着火更复杂。上述问题近年来引起了国内外学者的广泛关注,且对部分内容进行了初步探索性研究,并取得了一些成果。

为更深入地揭示时变热流下固体可燃物的热解着火机理,并发展相应的预测模型,预防和抑制火灾的发生,发展新的防火技术及材料,提供基于火蔓延及火势发展预测的应急救援决策,本书以火灾科学、传热传质基本原理、热解化学反应动力学、燃烧学等基本理论为基础,对固体可燃物的热解动力学参数测定方法、多元复合及阻燃材料的反应机理、辐射热流的表面与深度吸收、不同类型时变热流实现及测试方法、实验结果分析、解析与数值模型构建、着火临界判据、内外部影响因素等进行全面论述。其中,绝大部分内容为作者及其研究团队近年来在时变热流固体可燃物热解着火方面的最新研究成果,同时根据知识体系完整性的需要,吸收和借鉴了部分国内外同行的最新进展。刘博、刘静怡、施雷雷、潘浩雨、张宇、房宇、傅辉、林虎、马欣等对全书进行了校对。

本书的相关研究成果得到了国家自然科学基金面上项目(51974164)、国家自然科学基金青年基金项目(51506081)、中国博士后科学基金第十批特别资助项目(2017T100361)、中国博士后科学基金面上项目(2016M600407)、江苏省科技厅基础研究计划面上项目(BK20221311)、江苏省高等学校自然科学研究重大项目(21KJA620002)等的支持,在此衷心感谢国家自然科学基金委员会、中国博士后科学基金会、江苏省科技厅、江苏省教育厅等在研究经费上的大力资助。本书在撰写过程中得到了多位老师及国内外同行的支持,在此一并表示感谢。

尽管作者在撰写本书时尽了最大努力,但由于经验不足、水平有限,所著内容欠妥之处敬请批评指正。

作　者

2023 年 4 月 18 日

目　　录

第1章 绪 论

"火"是人类发展过程中不可或缺的部分,也是人类从荒蛮走向文明的关键因素。然而,火在促进人类进步为人类带来文明的同时,如果失去控制,也会给人类带来灾难。从科学范畴角度来看,火灾是在时间和空间上失去控制的燃烧所引发的灾害,一旦发生,对公共财产与生命安全都会造成极大的威胁。随着社会经济的发展,火灾给人类的生命财产安全和生态环境等造成的危害逐渐加重,目前已经成为最普遍、最经常威胁公共安全和社会发展的主要灾害之一。因此,要想合理地利用"火",使其在人类的生产生活中成为帮手而不是害人的帮凶,需要从基本原理出发研究"火"或者燃烧现象,研究其发生、发展的过程,以达到预防火灾发生、保证人类生命财产安全的目的。

所有的火灾都是由着火引起的,无论是人为火灾还是火灾事故。人为着火过程因其具有工程价值而被广泛研究,包括内燃机中汽油蒸气/雾的点火、工业锅炉中煤/重油/天然气的点火,以及火箭的点火等。而自然火灾往往会导致大型火灾和爆炸等灾难,若处理不当,人为火灾则可能转变成火灾事故。因此,对热解着火过程的深入研究是火灾调查人员和工程师都关注的问题。固体可燃物常被用于能源燃料、结构和功能组件,包括自然形成的生物质和化石燃料及人工合成材料。图 1.1 为美国 1980~2020 年和我国 1997~2017 年火灾统计数据。在美国,随着经济的发展,特别是过去 40 年,火灾数量和居民火灾死亡人数均明显下降,但总的财

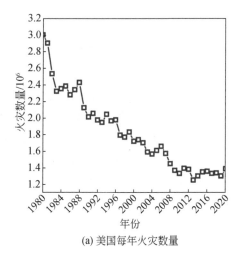

(a) 美国每年火灾数量

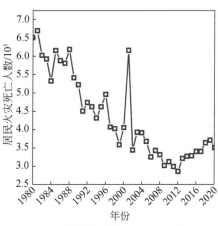

(b) 美国每年居民火灾死亡人数

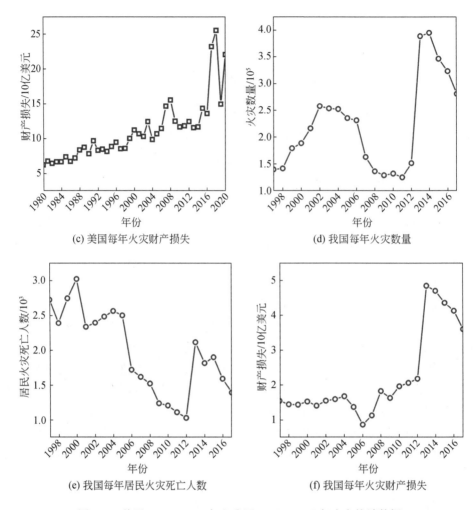

(c) 美国每年火灾财产损失　　　　　　　(d) 我国每年火灾数量

(e) 我国每年居民火灾死亡人数　　　　　(f) 我国每年火灾财产损失

图 1.1　美国 1980～2020 年和我国 1997～2017 年火灾统计数据

产损失上升。在我国,由于经济的快速增长及 2013 年火灾统计方法的改变,变化趋势更为复杂。2002 年之前,我国火灾数量不断增加,而居民火灾死亡人数和财产损失没有发生实质性的变化。2013 年以后,虽然火灾统计方法发生了变化,但火灾数量和居民火灾死亡人数都逐渐减少;财产损失在 1997～2012 年整体上略有增加,2013 年以后有所下降。这些火灾大多与固体有关,包括森林城市交接或域(wildland-urban interface,WUI)火灾、住宅和非住宅结构火灾、机动车火灾、森林火灾和草原火灾等。

　　火灾的产生机理很复杂,伴随着一系列复杂的物理化学变化,其产生的因素也很多,其中最基本的要素是可燃物、助燃物(多数情况下为空气)和引火源,即"燃烧三角形"。燃烧是指还原剂(可燃物)与氧化剂(通常指氧气)在一定条件下发生剧烈放热反应的过程,而火灾过程中燃烧的载体(可燃物)通常有三种状态,即固体、液体和气体。其中,固体火灾是最普遍的一种,也是与人类的生产生活最密切相关的一类火灾。例如,建筑火灾通常是由建筑内的固体可燃物着火、蔓延而引发的大规模火灾,同时固体可燃物燃烧时释放的烟气通常含有大量的有毒有害气体,严重影响人们的生命安全,因此固体可燃物的燃烧特性是火灾安全科学领域中的重要研究课题。

固体可燃物火灾演化过程可大致分为热解、火焰蔓延燃烧迁移、鼎盛稳定燃烧、火焰缓慢熄灭等阶段。火灾过程按其燃烧的剧烈程度可分为初起期、发展期、最盛期和熄灭期。初起期是指火灾从无到有开始发生的阶段,这一阶段可燃物的热解及着火过程至关重要;发展期是指火势由小到大发展的阶段,其中火蔓延速率的大小和形式是决定总体火灾发展速度的关键因素;最盛期的火灾燃烧方式主要受通风控制;熄灭期是指火灾由最盛期开始消减直至熄灭的阶段,其原因可能为燃料不足、人为灭火系统的作用等。显然,初起期的热解及着火过程作为着火的初始阶段,对后期的阴燃、火焰蔓延和火势发展等火灾过程起到非常重要的作用。从某种程度上来讲,深入认识热解及着火过程机理,是研究后期的火灾蔓延和火势发展过程的关键,为降低火灾危险性和控制火灾险情提供一定的理论基础。因此,研究热解及着火过程中物理化学变化过程防治火灾发生的重要手段,对火灾科学的发展具有重要的价值。

1.1 固体可燃物及其火灾危险性

1.1.1 固体可燃物分类

火灾可以从不同角度进行分类,根据火灾发生地点可分为地上火灾(地上火灾又可分为地上建筑火灾和森林火灾)、地下火灾、水上火灾和空间火灾;根据燃烧对象可分为固体可燃物火灾(又称 A 类火灾)、液体可燃物火灾(又称 B 类火灾)、气体可燃物火灾(又称 C 类火灾)和可燃金属火灾(又称 D 类火灾)[1]。根据固体材料热解产物不同,固体可燃物大致可分为碳化(charring)材料和非碳化(non-charring)材料两大类。

其中,碳化材料热解后会形成以碳为主要成分的固体残留物,定义为热解后所产生的碳的质量与原始质量的百分比大于 5% 的材料[2]。碳化材料的热解是分层进行且逐渐向材料内部推进的,随着热解的进行,碳化材料表面会有大量残留物覆盖,即形成碳层,碳层的形成会使表面热阻增大,阻碍表面热量的扩散,从而使表面温度不断升高,并在碳化可燃物内部形成温度梯度,进而影响其热解和燃烧速率。传统的生物质材料(如木材、纸张和棉麻制品等)及单体分子中碳元素含量比较高的高分子聚合物(如聚苯乙烯(polystyrene,PS)、聚氯乙烯(polyvinyl chloride,PVC)、聚甲醛(polyformaldehyde,POM)等)是碳化固体可燃物的典型代表。

非碳化材料与碳化材料的热解及着火有很大的区别。非碳化材料能够热解完全产生挥发分,其热解和着火行为类似于液体燃料,能够完全燃烧,热解后产生的碳含量很少或没有,一般不会留下残余物,也不会形成对外界热流有阻碍作用的碳层,在热解过程中表面温度基本保持恒定。此外,非碳化材料在燃烧过程中通常会产生比较多的有毒气体,并且伴随有熔融滴落和流动现象,因此非碳化材料在火灾中的危害性要远大于碳化材料。

1.1.2 固体可燃物火灾危险性

根据《建筑设计防火规范(2018年版)》(GB 50016—2014)的规定[3],物品的火灾危险性按物品本身的可燃性、氧化性和兼有毒害性、放射性、腐蚀性、忌水性等危险性的大小,在充分考虑其所处的盛装条件、包装的可燃程度和数量的基础上,按天干顺序将物品分为甲、乙、丙、丁、戊五类。这五类物品中涉及的固体可燃物包括以下几种。

1)甲类

(1)在常温下能自行分解或在空气中氧化,即能导致迅速自燃或爆炸的物质,如硝化棉、硝化纤维胶片、喷漆棉、火胶棉、赛璐珞棉、黄磷等易燃固体均属此类。

(2)常温下受到水或空气中水蒸气的作用能产生爆炸下限<10%的气体并引起着火或爆炸的物质,如钾、钠、锂、钙、锶等碱金属和碱土金属;氢化锂、四氢化锂铝、氢化钠等金属的氢化物;电石、碳化铝等固体物质均属此类。

(3)遇酸、受热、撞击、摩擦以及遇有机物或硫黄等易燃的无机物,极易引起着火或爆炸的强氧化剂,如氯酸钾、氯酸钠、过氧化钾、过氧化钠、硝酸铵等强氧化剂均属此类。

(4)受撞击、摩擦或与氧化剂、有机物接触时能引起着火或爆炸的物质,如赤磷、五硫化磷、三硫化磷等易燃固体均属此类。

2)乙类

(1)不属于甲类的氧化剂,如硝酸铜、铬酸、亚硝酸钾、重铬酸钠、铬酸钾、硝酸、硝酸汞、硝酸钴、发烟硫酸、漂白粉等氧化剂均属此类。

(2)不属于甲类的化学易燃固体,如硫黄、镁粉、铝粉、赛璐珞板(片)、樟脑、萘、生松香、硝化纤维漆布、硝化纤维色片等易燃固体均属此类。

（3）常温下与空气接触能缓慢氧化，积热不散能引起自燃的物品，如漆布、油布、油纸、油绸及其制品等自燃物品均属此类。

3）丙类

普通可燃固体，如化学、人造纤维及其织物，纸张、棉、毛、丝、麻及其织物，谷物、面粉、天然橡胶及其制品，竹、木、中药材及其制品，电视机、收录机、计算机及已录制的数据磁盘等电子产品，冷库中的鱼、肉等可燃性固体均属此类。

4）丁类

难燃固体，是指在空气中受到火烧或高温作用时，难起火、难微燃、难碳化，移走火源后燃烧或微燃立即停止的物品。

5）戊类

不燃固体，是指在空气中受到火烧或高温作用时，不起火、不微燃、不碳化的物品。

值得说明的问题有两点：①对于难燃固体、不燃固体，若为可燃固体包装，且包装重量超过了物品本身重量的1/4，则其火灾危险性应为丙类；②对于遇水生热不燃的戊类固体，因其存有引火危险，建议按丁类火灾危险性处理。

此外，为了便于对各种生产工艺进行消防安全管理，有效控制火灾的发生，《建筑设计防火规范（2018 年版）》[3]在充分考虑了以上各种影响因素的基础上，按照生产过程火灾危险性的大小，将生产工艺按天干顺序分为甲、乙、丙、丁、戊五个火灾危险性类别。该部分内容不在本书重点讨论的范围内，因此不做详细介绍。

1.2 固体可燃物着火测试方法

常用的中等尺度固体可燃物热解着火测试仪器包括锥形量热仪（conical calorimeter，CC）、火焰传播仪（fire propagation apparatus，FPA），以及一些为达到特定实验目的而设计的非标准实验仪器。其中，锥形量热仪是由 Hurley 等[4]于 1982 年设计的（遵行 ISO 5660[5]和 ASTM E1354[6]标准）基于耗氧原理测定中等尺寸样品热释放速率（heat release rate，HRR）的实验仪器，即燃烧可燃物时每消耗 1kg 氧所释放的平均热量为 13.1MJ。同时，该设备可在一次测试中同时测量有效燃烧热、着火时间、质量损失速率（mass loss rate，MLR）、可燃性、烟雾和烟尘产量及有毒气体浓度等参数。FPA 最初是由 Factory Mutual 公司（FM Global Research）设计的基于耗氧原理或二氧化碳生成速率测定 HRR、烟雾生成率和燃烧产物[7]等的设备。现阶段，FPA 已是与 ASTM E2058[8]和 ISO 12136[9]国际标准相关的标准仪器，用于测量火灾模型的燃料特征参数。而其他非标准仪器的代表包括中国科学技术大学火灾科学国家重点实验室（State Key Laboratory of Fire

Science,SKLFS)杨立中[10-19]设计的两个原理类似但尺寸不同的硅碳棒加热源着火实验装置、美国俄亥俄州立大学(The Ohio State University,OSU)设计的量热仪(ASTM E906[20]标准)、美国加利福尼亚大学伯克利分校 Fernandez-Pello[21-24]研发的强制对流着火和火蔓延实验(fire spread test,FIST)装置、南京工业大学龚俊辉设计的可编程的 PID(proportion integral differential,比例积分微分)温度控制时变热流着火实验装置、Bilbao 等[25]设计的随时间衰减热流着火实验装置、Santamaria 等[26]设计的线性增长热流着火实验装置、Fang 等[27]设计的周期热流着火实验装置、DiDomizio 等[28]设计的四阶多项式热流着火实验装置、Vermesi 等[29,30]设计的抛物线和两步时变热流(恒定热流后紧随上升热流)着火实验装置、美国杨百翰大学 Fletcher 等[31-39]设计的平面火焰燃烧加热着火实验装置、Roenner 等[40]设计的对流加热着火实验装置等。上述装置的测试原理、实验方法、实验步骤及注意事项、数据处理和分析方法等在作者发表的关于固体可燃物热解着火的综述中进行了较为详细的介绍[12],本节不再赘述。

1.3　自燃与引燃

自燃和引燃取决于热解产物和氧化剂(空气)形成的可燃气相区域中是否存在引火源。自燃须同时满足两个条件才能使气相发生燃烧反应:①气相中必须有足够的热解挥发物和氧气;②气相温度必须足够高。引燃只需要满足第一个条件即可通过分析固相过程来预测着火,而自燃必须考虑气相过程。自燃中,混合物须吸收足够的热量才能达到临界自燃温度,该热量与达姆科勒数(Da)相关[41],Da 用于描述同一系统中化学反应与其他现象的相对时间尺度。化学反应时间是指化学反应发生的持续时间,可通过反应速率的倒数来估算,反应速率通常以 Arrhenius(阿伦尼乌斯)方程来表示。因此,反应物温度直接影响化学反应时间,反应物温度越高,化学反应时间越短,反之亦然。停滞时间是指对应变量或反应物在一定位置上保持不变或持续接触的时间,它受速度场的影响。较大的局部流速或较大的速度梯度会导致较短的停滞时间。若化学反应时间比停滞时间短,则气相燃烧反应有足够的时间发生,火焰就能持续;若化学反应时间比停滞时间长,则火焰不能持续,即不能实现着火。因此,可定义一个自燃的临界 Da,超过该临界值自燃可以发生[41],反之不能。准确预测自燃需要对流场和温度场进行全面解析,并对燃烧反应动力学进行全面的了解。

若固体被热气流加热,即对流加热,如 Roenner 等[40]的实验中 700～800℃的气流,则混合气体达到临界 Da 所需的能量来自氧化剂,自燃主要由流速决定。若混合气体的加热速率比固体快,则自燃将发生在远离固体表面的位置,此时固体表面起散热作用。相反,若固体的加热速率比混合气体快,则自燃将发生在靠近燃料表面的位置,这种情况在碳化材料中非常常见,碳氧化放热导致表面温度较高。由于自燃过程复杂且对实验条件和环境较为敏感,实验结果只能作为特定测试条件下的参考值。通常情况下,即使是相同材料,不同文献中的实验结果也存在较大差异,如自燃温度的偏差可达 150℃。

与自燃相比,引燃在实际火灾中更为常见,因为在未燃固体附近通常有点火源,如火焰、火花和热表面等。点火源的存在大大简化了气相过程,并降低了对环境的敏感性。引燃最先发生在引火源位置,且在热解挥发分浓度达到其可燃性下限时发生。因此,引燃实验的重复性远优于自燃实验,这表明不同研究中的引燃数据具有一定的可比性。引燃实验的另一个优势在于可将气-固相分析过程解耦,引燃只需要考虑固相的物理化学过程,即可较好地预测着火时间,这比需要同时解决复杂的气-固相耦合问题要简单得多。

1.4　着火临界参数

已有的文献中给出了一些较为实用且简化的着火判据。这些着火判据侧重于临界条件的不同方面或采用不同的简化假设,但所有的着火临界判据都源于相同的气相临界条件,即在气相中形成持续火焰的必需条件。本节介绍这些临界判据的基本概念、适用性、局限性及常见材料的典型值。

1.4.1　临界温度

临界温度(T_{ig}),即固体可燃物的临界着火温度,一旦超过此温度,可燃物就会被点燃。该假设表明固体表面附近的物质将以无限快的速率分解为挥发分,而挥发分在固相和气相中扩散所需的时间忽略不计。该临界判据对大多数非碳化材料是有效的,但对碳化材料和自燃有明显的局限性,如木材着火很大程度上取决于炭氧化。图 1.2 为木材临界温度随热流的变化。在低热流区,T_{ig} 随着热流的增大而减小,当热流超过一定值时,T_{ig} 基本不变。在高低热流下,含水率(MC)较高的木材 T_{ig} 更高。在低热流下,高 MC 会增加木材的热惯性($k\rho C_p$),以及热解层温度的均匀性,最终导致着火前的炭层更厚,更大体积的炭层释放出更多的热量,因此 T_{ig} 更高;而在高热流下,产生的水蒸气稀释了气体中挥发分的浓度,推迟了着火时间。因此,为了达到热解挥发分的可燃浓度下限,需要更高的热解速率,即更高的 T_{ig}。Janssens[42] 的研究表明,MC 每增加 1%,T_{ig} 增大约 2K。

需要注意的是,实验测量 T_{ig} 的不确定度也限制了使用 T_{ig} 预测着火时间的精度。测量 T_{ig} 时需要使用高精度热电偶,以减少系统的误差。然而,实验中很难保

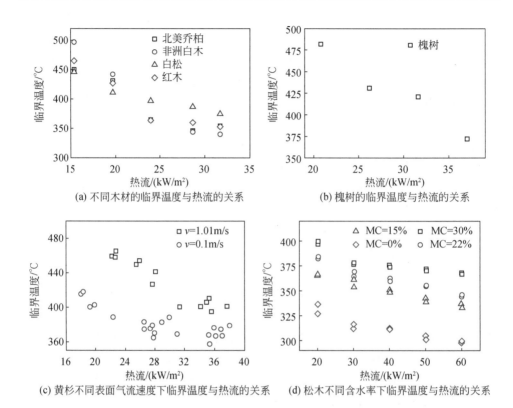

(a) 不同木材的临界温度与热流的关系　　　　(b) 槐树的临界温度与热流的关系

(c) 黄杉不同表面气流速度下临界温度与热流的关系　　(d) 松木不同含水率下临界温度与热流的关系

图 1.2　热流大小、表面气流速度和含水率对木材临界温度的影响

证热电偶与样品表面长期接触良好，许多材料在着火前会变形、熔化、起泡、开裂等。因此，测得的 T_{ig} 平均值只能视为近似和参考值。可采用光学非接触式温度测量技术来测量 T_{ig}，但样品表面的发射率不易准确测定，其大小与温度及材料表面纹理相关，因此同样难以保证测量精度[43]。此外，Gong 等[44]的研究表明，当考虑辐射深度吸收(in-depth absorption)和表面热损失时，材料最高温度位于表面以下。显然，T_{ig} 不适用于半透明固体。

1.4.2　临界质量损失速率

考虑到热解挥发分的可燃浓度下限，临界质量损失速率($\dot{m}''_{cri}$ 或 MLR$_{cri}$)是一个更合理的着火判据，其考虑了固相中的热解，通常用于数值模型中。当 $\dot{m}''_{cri}$ 恒定时，点火时刻的表面温度随着热流的增大而增大。在高热流下，热解区域仅限于表面附近的一个薄层，与低热流下较厚的热解层相比，该薄层须达到更高的温度才能热解出所需的 $\dot{m}''_{cri}$。引燃 $\dot{m}''_{cri}$ 通常比自燃 $\dot{m}''_{cri}$ 低得多，因为气态热解产物需要额外的加热时间才能达到自燃温度。与 T_{ig} 类似，$\dot{m}''_{cri}$ 对实验设备和环境的敏感性很强。同时，着火前的短时间内质量损失速率增加很快，因此实验测量的 $\dot{m}''_{cri}$ 不确定度较大，不同研究结果的数值差异往往很大，只能视为近似或参考值。例如，Deepak 等[45]早期测得的 PMMA(polymethyl methacrylate, 聚甲基丙烯酸甲酯)的 $\dot{m}''_{cri}$ 为 $4\sim5\text{g}/(\text{m}^2 \cdot \text{s})$，但在后期实验中，即使使用相同的实验设备，测得的 $\dot{m}''_{cri}$ 也为 $1.9\text{g}/(\text{m}^2 \cdot \text{s})$[46]。

环境条件可在一定程度上影响 $\dot{m}''_{cri}$，如辐射热流、含水率、强制对流流速、氧气浓度和环境压力等。当热流增大时，湿木材、干胶合板[47]、PMMA、聚丙烯-玻璃纤维复合材料[23]的 $\dot{m}''_{cri}$ 均会增加。高热流下能量集中在表面薄层中，由于氧气可穿透该层，在表面附近会发生强烈的氧化性热解，这意味着会有更多的氧化性物质被释放出来。被氧化的气体物质具有较低的燃烧热值，因此需要更多的热解挥发物以形成足够高温度的火焰，进而产生持续的火焰，相当于更大的 $\dot{m}''_{cri}$。在 McAllister[48]的实验中，木材 MC 每增加 1%，$\dot{m}''_{cri}$ 就增加 5%。产生的水蒸气稀释了气相热解产物的浓度，因此需要更高的 $\dot{m}''_{cri}$ 来达到热解产物的燃烧下限(lower flammable limit, LFL)。而随着氧化剂流速的增加，$\dot{m}''_{cri}$ 会稍有增加[23]。当气体流速低于 1m/s 时，$\dot{m}''_{cri}$ 几乎无变化，这是因为样品表面浮力驱动的流速与强制流速相当。当气体流速大于 1m/s 时，氧化剂将进一步稀释挥发分的浓度，因此需要更高的 $\dot{m}''_{cri}$。在 Rich 等[23]的测试中，PMMA 的 $\dot{m}''_{cri}$ 在氧气浓度为 18%~27% 的情况下变化不明显。Richard 等在固定辐射热流和气体流速下测量 PMMA 的 $\dot{m}''_{cri}$ 时发现，氧浓度低于 18% 时不能被点燃；当氧浓度从 19% 上升到 21% 时，$\dot{m}''_{cri}$ 迅速从 $10.4\text{g}/(\text{m}^2 \cdot \text{s})$ 下降到 $3.3\text{g}/(\text{m}^2 \cdot \text{s})$；而在氧气浓度为 21%~30% 时，$\dot{m}''_{cri}$ 几乎保持不变[49]。Fereres 等[22]和 McAllister 等[21]的研究发现，PMMA 的 $\dot{m}''_{cri}$ 分别在 101~7000Pa 和 101~37600Pa 情况下随着环境压力的减小而减小。

1.4.3 临界能量

临界能量的基本概念为固体可燃物在吸收一定热量后会着火，即

$$Q_{ig} = \int_0^{t_{ig}} \varepsilon \dot{q}''_{ext}(t) \mathrm{d}t \tag{1.1}$$

式中，t_{ig} 为着火时间；ε 为吸收率；$\dot{q}''_{ext}$ 为外部热流；Q_{ig} 为临界能量。

这一概念只有采用 T_{ig} 时才有效[50]。临界能量的典型值：恒定热流下 PMMA 为 $2.0\text{MJ}/\text{m}^2$、干燥木材为 $2.40\sim4.24\text{MJ}/\text{m}^2$，抛物线热流下 PMMA 为 $8.8\sim11.2\text{MJ}/\text{m}^2$[29]和幂指数上升热流下干燥木材为 $4.53\sim6.61\text{MJ}/\text{m}^2$。基于这一概念，Reszka 等[51]得到时变热流下着火时间的预测公式，即着火时间与入射热流的

积分平方相关(也称能量平方临界判据):

$$t_{ig} = \left[\frac{1}{\theta_{ig}\sqrt{\pi k\rho C_p}} \int_0^{t_{ig}} \varepsilon \dot{q}_e''(t)\,dt \right]^2 \tag{1.2}$$

或

$$t_{ig} = \left[\frac{2}{3\theta_{ig}\sqrt{\pi k\rho C_p}} \int_0^{t_{ig}} \varepsilon \dot{q}_{net}''(t)\,dt \right]^2 \tag{1.3}$$

式中,θ_{ig} 为相对着火温度,$\theta_{ig} = T_{ig} - T_0$,$T_{ig}$ 为临界着火温度,T_0 为初始温度;$\dot{q}_e''$ 和 $\dot{q}_{net}''$ 分别为外部热流和净热流。Reszka 等[51] 使用线性热流验证了该公式的准确性。

1.4.4 复合着火判据

仅使用单一的着火判据可能无法成功预测某些特定热环境下固体的着火,特别是时变热流下。Vermesi 等[29] 和 Gong 等[52] 在研究 PMMA 在抛物线和线性下降热流下的引燃和自燃时,分别提出了耦合 T_{ig} 和 $\dot{m}_{cri}''$ 的复合着火判据,即只有当最大温度和质量流率都超过相应的临界值时才会着火。在 Gong 等[52] 进行的部分无着火实验中,测得的最大质量流率超过了着火实验中的 $\dot{m}_{cri}''$,证明单一的 $\dot{m}_{cri}''$ 并不是合理的着火临界判据,利用 T_{ig} 和 $\dot{m}_{cri}''$ 的复合着火判据并结合数值模型,成功预测了着火时间。Yang 等[19] 基于线性上升热流木材着火实验研究,提出了热流上升速率-T_{ig} 的复合着火判据,若热流上升速率过低,则长时间加热形成的厚炭层会阻碍着火。

参 考 文 献

[1] 中国国家标准化管理委员会. 火灾分类. GB/T 4968—2008[S]. 北京:中国标准出版社,2009.

[2] Li J,Stoliarov S I. Measurement of kinetics and thermodynamics of the thermal degradation for non-charring polymers[J]. Combustion and Flame,2013,160 (7):1287-1297.

[3] 中华人民共和国住房和城乡建设部. 建筑设计防火规范(2018 年版). GB 50016—2014[S]. 北京:中国计划出版社,2015.

[4] Hurley M J,Gottuk D,Hall J R,et al. SFPE Handbook of Fire Protection Engineering[M]. 5th ed. New York:Springer,2016.

[5] International Organization for Standardization. Reaction to fire tests-heat release,smoke production and mass loss rate. ISO 5660-1-2002[S]. Geneva:ISO,2002.

[6] American Society for Testing and Materials. Standard test method for heat and visible smoke release rates for materials and products using an oxygen consumption calorimeter. ASTM E1354-2008[S]. West Conshohocken:ASTM International,2011.

[7] Tewarson A. Heat release rates from burning plastics[J]. Fire Flammability,1977,8:

115-130.

[8] American Society for Testing and Materials. Standard test methods for measurement of synthetic polymer material flammability using a fire propagation apparatus (FPA). ASTM E2058-2013[S]. West Conshohocken: ASTM International, 2013.

[9] International Organization for Standardization. Reaction to fire tests- measurement of material properties using a fire propagation apparatus. ISO 12136-2011 [S]. Geneva: ISO, 2011.

[10] Yang L Z, Zhou Y P, Wang Y F, et al. Predicting charring rate of woods exposed to time-increasing and constant heat fluxes[J]. Journal of Analytical and Applied Pyrolysis, 2008, 81(1): 1-6.

[11] Dai J K, Yang L Z, Zhou X D, et al. Experimental and modeling study of atmospheric pressure effects on ignition of pine wood at different altitudes[J]. Energy and Fuels, 2010, 24: 609-615.

[12] Zhai C J, Peng F, Zhou X D, et al. Pyrolysis and ignition delay time of poly (methyl methacrylate) exposed to ramped heat flux[J]. Journal of Fire Sciences, 2018, 36: 147-163.

[13] Lai D M, Gong J H, Zhou X D, et al. Pyrolysis and piloted ignition of thermally thick PMMA exposed to constant thermal radiation in cross forced airflow[J]. Journal of Analytical and Applied Pyrolysis, 2021, 155(5-6): 105042.

[14] Dai J K, Delichatsios M A, Yang L Z, et al. Piloted ignition and extinction for solid fuels[J]. Proceedings of the Combustion Institute, 2013, 34(2): 2487-2495.

[15] Qie J F, Yang L Z, Wang Y, et al. Experimental study of the influences of orientation and altitude on pyrolysis and ignition of wood[J]. Journal of Fire Sciences, 2011, 29: 243-258.

[16] Wu W, Yang L Z, Gong J H, et al. Experimental study of the effect of spark power on piloted ignition of wood at different altitudes[J]. Journal of Fire Sciences, 2011, 29(5): 465-475.

[17] Wu W, Zhou X D, Yang L Z, et al. Experimental study on the effect of the igniter position on piloted ignition of polymethylmethacrylate[J]. Journal of Fire Sciences, 2012, 30: 502-510.

[18] Yang L Z, Guo Z F, Chen X J, et al. Predicting the temperature distribution of wood exposed to a variable heat flux[J]. Combustion Science and Technology, 2006, 178(12): 2165-2176.

[19] Yang L Z, Guo Z F, Ji J W, et al. Experimental study on spontaneous ignition of wood exposed to variable heat flux[J]. Journal of Fire Sciences, 2005, 23(5): 405-416.

[20] American Society for Testing and Materials. Standard test method for heat and visible smoke release rates for materials and products. ASTM E906/E906M-2014[S]. West Conshohocken: ASTM International, 2014.

[21] McAllister S, Fernandez- Pello C, Urban D. The combined effect of pressure and oxygen concentration on piloted ignition of a solid combustible[J]. Combustion and Flame, 2010, 157(9): 1753-1759.

[22] Fereres S, Lautenberger C, Fernandez-Pello C. Mass flux at ignition in reduced pressure environments[J]. Combustion and Flame, 2011, 158(7): 1301-1306.

[23] Rich D, Lautenberger C, Torero J, et al. Mass flux of combustible solids at piloted ignition [J]. Proceedings of the Combustion Institute, 2007, 31(2): 2653-2660.

[24] McAllister S, Fernandez-Pello C, Urban D L, et al. Piloted ignition delay of PMMA in space exploration atmospheres [J]. Proceedings of the Combustion Institute, 2009, 32 (2): 2453-2459.

[25] Bilbao R, Mastral J F, Lana J A, et al. A model for the prediction of the thermal degradation and ignition of wood under constant and variable heat flux[J]. Journal of Analytical and Applied Pyrolysis, 2022, 62: 63-82.

[26] Santamaria S, Hadden R M. Experimental analysis of the pyrolysis of solids exposed to transient irradiation. Applications to ignition criteria[J]. Proceedings of the Combustion Institute, 2019, 37: 4221-4229.

[27] Fang J, Meng Y R, Wang J W, et al. Experimental, numerical and theoretical analyses of the ignition of thermally thick PMMA by periodic irradiation[J]. Combustion and Flame, 2018, 197: 41-48.

[28] DiDomizio M J, Mulherin P, Weckman E J. Ignition of wood under time-varying radiant exposures[J]. Fire Safety Journal, 2016, 82: 131-144.

[29] Vermesi I, Roenner N, Pironi P, et al. Pyrolysis and ignition of a polymer by transient irradiation[J]. Combustion and Flame, 2016, 163: 31-41.

[30] Vermesi I, Didomizio M J, Richter F, et al. Pyrolysis and spontaneous ignition of wood under transient irradiation: Experiments and a-priori predictions[J]. Fire Safety Journal, 2017, 91: 218-225.

[31] Safdari S, Amini E, Fletcher T H, et al. Comparison of pyrolysis of live wildland fuels heated by radiation vs. convection[J]. Fuel, 2020, 268: 117342.

[32] Smith S G. Effects of moisture on combustion characteristics of live California chaparral and Utah foliage[D]. Provo: University of Brigham Young, 2005.

[33] Safdari M S, Rahmati M, Amini E, et al. Characterization of pyrolysis products from fast pyrolysis of live and dead vegetation native to the Southern United States[J]. Fuel, 2018, 229: 151-166.

[34] Pickett B M. Effects of moisture on combustion of live wildland forest fuels[D]. Provo: University of Brigham Young, 2008.

[35] Pickett B M, Isackson C, Wunder R, et al. Experimental measurements during combustion of moist individual foliage samples[J]. International Journal of Wildland Fire, 2010, 19(2): 153-162.

[36] Engstrom J D, Butler J K, Smith S G, et al. Ignition behavior of live California chaparral leaves[J]. Combustion Science and Technology, 2004, 176: 1577-1591.

[37] Shen C, Fletcher T H. Fuel element combustion properties for live wildland Utah shrubs[J].

Combustion Science and Technology,2015,187(1/3): 428-444.

[38] Prince D, Shen C, Fletcher T H. Semi-empirical model for fire spread in shrubs with spatially-defined fuel elements and flames[J]. Fire Technology,2017,53(3): 1439-1469.

[39] Prince D R,Fletcher T H. Differences in burning behavior of live and dead leaves,part 1: Measurements[J]. Combustion Science and Technology,2014,186: 1844-1857.

[40] Roenner N,Rein G. Convective ignition of polymers: New apparatus and application to a thermoplastic polymer [J]. Proceedings of the Combustion Institute, 2019, 37 (3): 4193-4200.

[41] Williams F A. Combustion Theory[M]. 2nd ed. Boca Raton: CRC Press,2018.

[42] Janssens M. Piloted ignition of wood: A review[J]. Fire and Materials, 1991, 15 (4): 151-167.

[43] Linteris G,Zammarano M,Wilthan B,et al. Absorption and reflection of infrared radiation by polymers in fire-like environments[J]. Fire and Materials,2012,36: 537-553.

[44] Gong J H,Chen Y X,Li J,et al. Effects of combined surface and in-depth absorption on ignition of PMMA[J]. Materials,2016,9(10): 820.

[45] Deepak D,Drysdale D D. Flammability of solids: An apparatus to measure the critical mass flux at the firepoint[J]. Fire Safety Journal,1983,5(2): 167-169.

[46] Gong J H,Zhang M R,Jiang Y,et al. Limiting condition for auto-ignition of finite thick PMMA in forced convective airflow[J]. International Journal of Thermal Sciences,2020, 161: 106741.

[47] Delichatsios M A. Piloted ignition times,critical heat fluxes and mass loss rates at reduced oxygen atmospheres[J]. Fire Safety Journal,2005,40: 197-212.

[48] McAllister S. Critical mass flux for flaming ignition of wet wood[J]. Fire Safety Journal, 2013,61: 200-206.

[49] Richard S M,Rolf D R. Extinguishment of radiation augmented plastic fires by water sprays[J]. Symposium (International) on Combustion,1975,15: 337-347.

[50] Babrauskas V. Ignition Handbook[M]. Seattle: Fire Science Publishers,2003.

[51] Reszka P,Borowiec P,Steinhaus T,et al. A methodology for the estimation of ignition delay times in forest fire modelling[J]. Combustion and Flame,2012,159: 3652-3657.

[52] Gong J H,Zhang M R,Zhai C J. Composite auto-ignition criterion for PMMA (Poly methyl methacrylate) exposed to linearly declining thermal radiation [J]. Applied Thermal Engineering,2021,195: 117156.

第2章 固体可燃物热解机理及动力学参数确定方法

2.1 固体可燃物热解机理

2.1.1 固体可燃物组成及热解过程

固体可燃物种类有很多,包括单质金属,如碱金属(钠、钾等)和碱土金属(镁、钙)等活泼金属;易被氧化的无机单质及其化合物,如磷、硫、碳等单质及其固体化合物;固体有机化合物,如生物质材料、聚合物等。活泼金属一般极易与空气中的氧气发生反应,在表面生成金属氧化物或剧烈燃烧,其反应过程是金属中的原子与空气中的氧气直接反应,因此不存在热解过程。无机单质及其化合物在空气中的燃烧反应通常是较为简单的固体化学反应或是通过相变生成气相可燃物后在空气中的气相燃烧反应,因此也不存在热解过程。而复杂的固体高分子有机化合物在受热条件下会发生热解生成小分子可燃性气体,随后与空气中的氧气发生反应而燃烧。常见的固体可燃物燃烧引发的火灾都属于此类,如木材等生物质的燃烧、高分子聚合物(各类塑料)的燃烧等,本书后续章节的研究均围绕这两大类可燃物的热解着火开展。

1. 聚合物

聚合物是由大量结构简单、重复的有机单元聚合而成的一种大分子物质,其有非常长的分子链,这些结构简单、重复的单元称为单体。单体可以以任何方式连接在一起,但通常以最简单的长链形式存在。由两种及以上重复单元组成的物质称为共聚物。大多数聚合物是以碳元素为基础的,因此也称为有机聚合物。长链结构意味着聚合物只能以固体或液体的形式存在,因为分子量过大而不易挥发。聚合物是绝大多数火灾的燃料,如木材、纸张、织物、泡沫和塑料等。火焰燃烧是一个气相过程,因此有必要研究聚合物中长分子链转化为挥发性碎片或气体的转变过程。该过程通常称为热解或气化,热解通过在高温下裂解化学键将长分子链和复杂结构转化为挥发性碎片和单体,这是一个热化学过程。其涉及一系列复杂的化学和物理过程,产生挥发性易燃分子,这些过程均需要外部能量。传统意义上,热解是指在非氧化条件下发生的热解过程,若环境气氛中存在氧气,则称为氧化性热解。热解会产生气态和固态产物。一方面,它是一种生产高价值产品的技术,可以帮助处理固体废物,如从生物质中产生生物质油、生物质碳和其他热解气态副产物,或从废塑料和轮胎中获得高热值的可再生液体/气体燃料;另一方面,热解释放的可燃性挥发物在氧气环境中可能会引发火灾,对热解控制机理的全面认识有助于工业生产中反应器的优化设计和火灾的定量预测。

当聚合物温度超过某个临界值时,即玻璃态转变温度(T_g),其变得更像橡胶;相反,当温度降到 T_g 以下时,其表现得越来越脆,更像玻璃。玻璃态转变温度是使非晶态材料中的聚合物链能获得足够热量实现显著平移运动(具有液体或橡胶的流动特性)的临界温度。在 T_g 以下时,链被冻结成玻璃态,只有非常有限的局部原子运动,如振动。如果熔融的聚合物被快速冷却,在聚合物完全结晶之前就已达到 T_g,那么聚合物就会一直保持在玻璃态(无定形),直至温度升高到 T_g 以上。T_g 是一种以非晶相为特征的转变,它是选择材料的一个重要参数,如是否需要刚性或弹性。高于 T_g,但远低于熔点,未完全结晶的聚合物可以进一步结晶。

聚合物热解是化学过程,会导致挥发性分子的形成,并且在聚合物内部积累。若聚合物热解开始时是熔融状态,则挥发性气体气泡将在聚合物内部形成并向上迁移,最终从表面喷发。这会引起聚合物的物理膨胀,降低材料的热惯性,加速表面受热的速率,进而使着火过程提前。

2. 生物质材料

生物质材料,如木材、农作物、草、纸张等,其本质也是聚合物。生物质材料内含有自由水和结合水。自由水在水的沸点 373K 以下时可以被去除,而结合水在水的沸点 373K 以上的可逆过程中被释放。在较高温度下,化学脱水导致交联和炭生成的过程中,也可以观察到不可逆的水分损失。木质纤维素材料包括三种主要成分,即纤维素(40%～45%)、半纤维素(25%～35%)和木质素(20%～30%)[1]。这些成分作为一种骨架结构,无序地分布在细胞壁内[2,3]。纤维素聚集成纤维,形成细胞壁的框架,纤维素和木质素填充其中并起黏结剂的作用。半纤维素和木质素通过氢键与纤维素结合,而木质素和半纤维素以氢键和共价键结合[4-6]。热解通过在高温下裂解化学键将长分子链和复杂结构转化为挥发性碎片和单体[7],这是一个热化学过程。其涉及一系列复杂的化学和物理过程,产生挥发性易燃分子,这些过程均需要外部能量[8,9]。然而,这三种成分的热解并不完全是同时发生的。半纤维素,特别是它的戊聚糖,首先在 473～533K 的温度下分解,其次是纤维素(513～623K),最后是木质素(653～773K)。纤维素在热解的第一阶段就会析出水,然后才呈现出其他变化。在纤维素热解早期,葡萄糖单元之间的一些碳氧键会发生随机的链断裂。在热解过程中,水会在第一阶段出现,若还存在半纤维素,则其分解产生的酸也将出现,二者都能促进水解。热解过程继续进行,直至分子小到可以挥发出来。这些物质包括甲醛、丙酮、乙二醛、乙醇醛、乙醇酸、乳酸、二乳酸、甲酸、乙酸、水、一氧化碳和二氧化碳等。

2.1.2　固体可燃物热解测试方法

常用的固体可燃物热解测试方法包括热重分析(thermogravimetric analysis,TGA)法、差示扫描量热法(differential scanning calorimetry,DSC)、同步热分析(simultaneous thermal analysis,STA)法、微型燃烧量热法(microscale combustion calorimetry,MCC)、傅里叶变换红外分析(Fourier transform infrared analysis,FTIR)法、热裂解气相色谱质谱联用法(pyrolysis-gas chromatography mass spectrometry,PY-GCMS)。其中,将 TGA 法与一些经典的分析方法相结合,或将数值反演模型与优化算法相结合,可确定固体热解反应的动力学参数,包括指数因子(A)、活化能(E_a)、反应级数(n)、反应路径等;DSC 可确定固体反应过程中各阶段固体组分的比热容及各反应的反应热;STA 法旨在将 TGA 法和 DSC 的优点结合到一组测试中,通过这种方法可识别出特定的热过程。例如,在热解开始前是否存在吸热过程,或者确定质量损失部分是吸热过程还是放热过程,并且这种设计可获得热转化过程中特定的质量数据,即了解是何种物质给出的信息,从而可以应用于确定中间产物和最终产物的比热容[10];MCC 是火灾量热领域一个相对较新颖的量热测试方法[11],通过该方法可确定热解气相产物完全燃烧的燃烧热等参数;FTIR 法可进行气体成分或特定官能团及浓度分析,是传统红外分析的革新;PY-GCMS 可在特定温度范围内识别所有热解产生的气相产物。以上热解测试方法均较成熟,其中 TGA 法、DSC、STA 法、MCC 的测试原理、实验步骤、注意事项、数据分析及计算方法在作者发表的关于固体可燃物热解着火的综述中均进行了较为详细的介绍[12],本节不再赘述。FTIR 法和 PY-GCMS 的详细介绍可在较多参数工具书或文献中找到,本节也不再赘述[13,14]。

2.2　热解反应动力学参数确定

对于给定的实验结果,通过解析公式确定动力学参数的方法已进行大量研究且较为基础,此类方法虽然计算速度快且有唯一解,但在处理复杂热解过程时较为乏力。相比之下,采用数值反演模型耦合优化算法确定动力学参数的方法近年来备受关注且较为流行。解析方法在其他类似书籍和文献中可找到大量案例,因此本节不再展开介绍。本节主要介绍结合数值模型和优化算法,详细求解动力学参数的过程。该方法在处理其他复杂热解反应体系时同样适用。

2.2.1　数值模型

本节建立一个在厚度方向不考虑温度梯度的零维热解数值模型,用于模拟热重实验中的质量和质量损失速率曲线。热解反应方程表示为

$$\theta_i^1 \text{Comp}_1 + \theta_i^2 \text{Comp}_2 \longrightarrow \theta_i^3 \text{Comp}_3 + \theta_i^4 \text{Comp}_4 \tag{2.1}$$

式中,Comp 为反应物名称;θ 为质量化学计量系数;下标 i 表示第 i 个反应;上标数字表示组分序号。第 i 个反应的热解反应速率可通过阿伦尼乌斯公式计算:

$$r_i = A_i \exp\left(-\frac{E_i}{RT}\right) \rho_{\text{Comp}_1}^{\theta_i^1} \rho_{\text{Comp}_2}^{\theta_i^2} \tag{2.2}$$

式中,r 为反应速率;A 为指前因子;E 为活化能;R 为摩尔气体常数;ρ 为各个组分密度。各组分的瞬态质量变化率为

$$\frac{\partial \rho_j}{\partial t} = \sum_{i=1}^{N_r} \theta_i^j r_i \tag{2.3}$$

式中,j 表示第 j 个组分;N_r 为反应的总数。若第 j 个组分分别作为生成物和反应物,则 $\theta_i^j r_i$ 分别取正值和负值。总瞬态质量和质量损失速率可表示为

$$m = \sum_{j=1}^{N_s} \rho_j, \quad \text{MLR} = \sum_{j=1}^{N_g} \frac{\partial \rho_j}{\partial t} \tag{2.4}$$

式中,N_s 和 N_g 分别为固体和气体组分的总数。该模型可以计算出各组分随温度变化的质量和质量损失速率。起始反应物的质量初始值可根据其在材料中的质量分数设置,质量损失速率初始值设置为 0。中间产物的质量和质量损失速率的初始值都设置为 0。热解模型数值结果与实验结果的吻合度评价函数为

$$R^2 = 1 - \frac{\sum_{i=1}^{n}(y_{\text{exp},i} - y_{\text{num},i})^2}{\sum_{i=1}^{n}(y_{\text{exp},i} - \overline{y}_{\text{exp}})^2} \tag{2.5}$$

式中,y 表示 y 轴方向的数据,即质量或质量损失速率;下标 exp 表示实验值;下标 num 表示模拟值。

2.2.2　优化算法

反演算法是从实验结果出发,通过循环试探,不断修改数值模型特定的输入参数,使实验数据与模拟结果的误差最小化,从而确定目标参数的一种方法。

对于结构化的组合优化问题,当问题的规模逐渐增大时,求解问题最优解需要的计算量与存储空间随之快速增加,带来“组合爆炸”问题,使得在现有计算能力下,通过各种枚举方法、精确算法寻找并获得最优解变得十分困难,此时自动迭代的优化算法应运而生。现代自动迭代的优化算法可以在可接受的代价(指计算时

间和空间)内,借助直观经验或试探求得待组合优化问题的次优解,以一定概率求其最优解的启发式算法,以及模拟自然生物进化或者群体社会行为进行随机搜索的仿生算法为主。常用的启发式算法有模拟退火(simulated annealing,SA)算法、遗传算法(genetic algorithm, GA)、差分进化算法(differential evolution algorithm,DEA)、粒子群优化(particle swarm optimization,PSO)算法、混洗复杂进化(shuffled complex evolution, SCE)算法、人工神经网络(artificial neural netwrok,ANN)等,常用的仿生算法有遗传算法、粒子群优化算法、人工神经网络、蚁群算法(ant colony optimization, ACO)、蛙跳算法(frog leaping algorithm, FLA)等。目前优化热解动力学参数过程中比较常用的是遗传算法、粒子群优化算法、SCE 算法和模拟退火算法。

　　遗传算法也称进化算法,它将问题的求解寻优过程类比为遗传过程中染色体基因的选择、交叉和变异等,通过对比染色体不断地淘汰和进化,最终选出最优个体或最优群,具有较强的全局搜索能力。遗传算法的搜索过程总是通过随机生成一些候选解进行初始化[15,16]。所有候选解的整组数称为种群。每个候选解称为个体或染色体,它包含所有的目标参数,每个目标参数都是一个基因。Ferreiro 等[16]在保留热解过程质量分解特性的前提下,建立了一个使热解产率与预测产率偏差最小的目标函数,并采用遗传算法对麦秸、稻壳等农业残余物的动力学参数进行了优化。

　　粒子群优化算法的建立基于模拟生物群体社会活动,粒子群中的每一个粒子都代表一个可能解。该算法操作简单,收敛速度快,与其他算法相比,它具有较高的计算效率。粒子群优化算法可以应用于非线性、大搜索空间的问题,但其存在过早收敛、维数灾难、易陷入局部极值等问题。Song[17]在解决化工非线性模型的参数估计问题时,根据该优化算法,建设性地提出了一种新方法来寻找参数估计的最优解。Xu 等[18]还提出了一种结合粒子群优化算法的多组分平行反应机理来确定动力学参数。

　　SCE 算法[19]是一种综合自然进化、单纯形法、控制随机搜索的全局搜索方法。该算法全局搜索能力强,可以避免陷入局部最优,同时它能够很容易地建立高维问题的模型。Ding 等[20]将 SCE 算法用于热重分析的研究,将得到的动力学反应模型与该算法耦合来获得模型参数。Liu 等[21]采用 SCE 算法结合三组分平行反应机理估计动力学参数,结果发现,预测结果与实验数据吻合较好。值得说明的是,该优化算法会出现种群退化的问题[22]。

　　模拟退火算法[23,24]类似于金属液体退火冷却过程,是一种基于蒙特卡罗法的优化算法。该算法能够摆脱局部最优解,但它的收敛速度通常较慢。Xiao 等[25]在研究微藻渣氧化热解特性时,采用模拟退火算法对模型参数进行了估计。实际上,大多数材料的热解过程并不是单步反应,而是连续反应和多组分平行反应或它们之间的组合[26,27],需要通过反演大量的未知参数进行模型拟合,进而确定复杂的反应机理。作者将构建的热解数值模型、全局搜索能力强的遗传算法和反演模型相耦合,通过反演常用于建筑保温材料的酚醛泡沫的热重曲线,以确定该材料详细的热解反应机理和动力学参数,具体流程如图 2.1 所示。

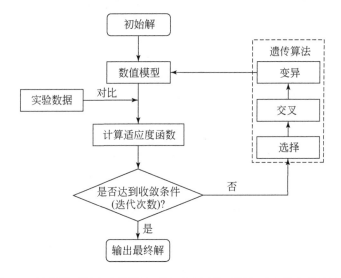

图 2.1　数值模型耦合遗传算法反演确定固体可燃物动力学参数的流程

通过热重实验数据结合数值模型及优化算法确定固体可燃物热解动力学参数的方法非本书重点,详细的操作及分析过程可参考作者发表的相关论文,其中对木材[28,29]、定向刨花板(oriented strand board,OSB)板材[30,31]、改性高抗冲聚苯乙烯(high impact polystyrene,HIPS)[32]等多种材料的动力学参数进行了详细的分析,并验证了所得参数在预测其热解着火行为方面的可靠性。

参 考 文 献

[1] Burhenne L, Messmer J, Aicher T, et al. The effect of the biomass components lignin, cellulose and hemicellulose on TGA and fixed bed pyrolysis[J]. Journal of Analytical and Applied Pyrolysis,2013,101: 177-184.

[2] Mettler M S, Vlachos D G, Dauenhauer P J. Top ten fundamental challenges of biomass pyrolysis for biofuels[J]. Energy and Environmental Science, 2012,5(7): 7797-7809.

[3] Dai L L, Wang Y P, Liu Y H, et al. A review on selective production of value- added chemicals via catalytic pyrolysis of lignocellulosic biomass [J]. Science of The Total Environment,2020,749: 142386.

[4] Collard F X, Blin J. A review on pyrolysis of biomass constituents: Mechanisms and composition of the products obtained from the conversion of cellulose, hemicelluloses and lignin[J]. Renewable and Sustainable Energy Reviews, 2014, 38: 594-608.

[5] Cui Y, Wang W, Chang J. Study on the product characteristics of pyrolysis lignin with calcium salt additives[J]. Materials, 2019, 12: 1609.

[6] Yaashikaa P R, Kumar P S, Varjani S J, et al. Advances in production and application of biochar from lignocellulosic feedstocks for remediation of environmental pollutants[J]. Bioresource Technology, 2019, 292(5): 122030.

[7] Yogalakshmi K N, Sivashanmugam P, Kavitha S, et al. Lignocellulosic biomass- based pyrolysis: A comprehensive review[J]. Chemosphere, 2022, 286(2): 131824.

[8] Zhang Y N, Cui Y L, Liu S Y, et al. Fast microwave-assisted pyrolysis of wastes for biofuels production- A review[J]. Bioresource Technology, 2020, 297: 122480.

[9] Du Y F, Ju T Y, Meng Y, et al. A review on municipal solid waste pyrolysis of different composition for gas production[J]. Fuel Processing Technology, 2021, 224: 1-13.

[10] Stoliarov S I, Li J. Parameterization and validation of pyrolysis models for polymeric materials[J]. Fire Technology, 2016, 52: 79-91.

[11] ASTM. Standard test method for determining flammability characteristics of plastics and other solid materials using microscale combustion calorimetry. ASTMD7309-21[S]. West Conshohocken: American Society for Testing and Materials, 2007.

[12] Gong J H, Yang L. A review on flaming ignition of solid combustibles: Pyrolysis kinetics, experimental methods and modelling, fire technology[EB/OL]. https://doi.org/10.1007/s10694-022-01339-7[2022-11-30].

[13] Javier O L, Farid C, Abdul J A G, et al. An investigation into the pyrolysis and oxidation of bio-oil from sugarcane bagasse: Kinetics and evolved gases using TGA-FTIR[J]. Journal of Environmental Chemical Engineering, 2021, 9(5): 106144.

[14] Bensidhom G, Arabiourrutia M, Trabelsi A B, et al. Fast pyrolysis of date palm biomass using Py-GCMS[J]. Journal of the Energy Institute, 2021, 99: 229-239.

[15] Niu H, Liu N. Thermal decomposition of pine branch: Unified kinetic model on pyrolytic reactions in pyrolysis and combustion[J]. Fuel, 2015, 160: 339-345.

[16] Ferreiro A I, Rabacal M, Costa M. A combined genetic algorithm and least squares fitting procedure for the estimation of the kinetic parameters of the pyrolysis of agricultural residues[J]. Energy Conversion and Management, 2016, 125: 290-300.

[17] Song C. Parameter estimation of the pyrolysis model for fir based on particle swarm algorithm[C]//The 2011 Second International Conference on Mechanic Automation and Control Engineering, 2011: 2354-2357.

[18] Xu L, Jiang Y, Wang L. Thermal decomposition of rape straw: Pyrolysis modeling and kinetic study via particle swarm optimization[J]. Energy Conversion and Management, 2017, 146: 124-133.

[19] Hasalova L, Ira J, Jahoda M. Practical observations on the use of Shuffled Complex Evolution (SCE) algorithm for kinetic parameters estimation in pyrolysis modeling[J]. Fire Safety Journal,2016,80: 71-82.

[20] Ding Y, Wang C, Chaos M, et al. Estimation of beech pyrolysis kinetic parameters by Shuffled Complex Evolution[J]. Bioresource Technology,2016,200: 658-665.

[21] Liu H, Chen B, Wang C J. Pyrolysis kinetics study of biomass waste using Shuffled Complex Evolution algorithm[J]. Fuel Processing Technology,2020,208: 106509.

[22] Chu W, Gao X G, Sorooshian S. Improving the shuffled complex evolution scheme for optimization of complex nonlinear hydrological systems: Application to the calibration of the Sacramento soil- moisture accounting model [J]. Water Resources Research, 2010, 46(9): W09530.

[23] Kerr A, Mullen K. A comparison of genetic algorithms and simulated annealing in maximizing the thermal conductance of harmonic lattices[J]. Computational Materials Science,2019,157: 31-36.

[24] Bu C, Tang Q, Liu Y, et al. Quantitative detection of thermal barrier coating thickness based on simulated annealing algorithm using pulsed infrared thermography technology[J]. Applied Thermal Engineering,2016,99: 751-755.

[25] Xiao J G, Cai J M, Xi Y. Kinetics and thermodynamics of microalgae residue oxidative pyrolysis based on double distributed activation energy model with simulated annealing method[J]. Journal of Analytical and Applied Pyrolysis,2021,154: 104997.

[26] Echeverri C N A, Navarro M V, Martínez J D. Pyrolysis kinetics of biomass wastes using isoconversional methods and the distributed activation energy model[J]. Bioresource Technology,2019,288: 121485.

[27] Mishra R K, Mohanty K. Pyrolysis kinetics and thermal behavior of waste sawdust biomass using thermogravimetric analysis[J]. Bioresource Technology,2018,251: 63-74.

[28] Shi L L, Zhai C J, Gong J H. A method for addressing compensation effect in determining kinetics of biomass pyrolysis[J]. Fuel,2023,335: 127123.

[29] Shi L L, Gong J H, Zhai C J. Application of a hybrid PSO-GA optimization algorithm in determining pyrolysis kinetics of biomass[J]. Fuel,2022,323: 124344.

[30] Gong J H, Zhang M R. Pyrolysis and autoignition behaviors of oriented strand board under power- law radiation[J]. Renewable Energy,2022,182: 946-957.

[31] Gong J H, Zhu H, Zhou H G, et al. Development of a pyrolysis model for oriented strand board. Part I: Kinetics and thermodynamics of the thermal decomposition[J]. Journal of Fire Sciences,2021,39(2): 477-494.

[32] Gong J H, Shi L L, Zhai C J, et al. Pyrolysis mechanism and combustion behaviors of high impact polystyrene improved by modified ammonium polyphosphate and graphene[J]. Journal of Thermal Analysis and Calorimetry,2022,147(22): 12815-12828.

第3章 辐射热流的表面与深度吸收

热辐射是物质在非零温度下通过辐射的形式发出的热量。虽然本书重点讨论固体表面间的辐射,但液体和气体也可能发生辐射。辐射的能量通过电磁波或光子传输。热传导和对流的热量传输需要物质介质存在,而辐射不需要,且辐射在真空中传输效率最高。聚合物着火前接收到的辐射热流一般来自火焰、高温固体(如电热丝、灯管)和气体(如火灾烟气)的辐射,材料对辐射热流的吸收程度决定了固相传热传质、热解动力学过程、着火时间、临界热流、临界质量损失速率等[1-3]。

在大规模火灾中,辐射传热是未燃材料接收到的火灾热反馈的主要传热形式[4,5],材料对辐射热流的吸收决定了着火延滞时间(t_{ig})、临界热流(HF$_{cri}$)、临界质量损失速率(MLR$_{cri}$)和燃烧速率的大小[6]。外部辐射热流到达聚合物材料(红外半透明介质)表面后在表面发生反射、表面吸收(surface absorption)和透射过表面三种现象[7],透射过表面进入材料内部的热流在传输过程中又逐渐被材料所吸收,即深度吸收。研究表明,对大部分聚合物而言,表面反射率不超过 3%[3],即绝大部分能量通过表面和深度吸收的方式用于预加热和热解材料。表面反射、吸收和透射所占百分比分别通过表面反射率 r、表面吸收率 τ 和表面透射率 ω 三个表面参数决定,它们的关系为 $r+\tau+\omega=1$。聚合物对进入材料内部辐射热流的吸收通过深度吸收系数这个特征参数 κ 来表征,它代表热流透射过单位长度介质时材料对辐射能量的吸收能力,聚合物内透射热流的大小与透射距离呈指数关系衰减。在发生热解前,表面反射、吸收和透射三者的关系及材料内部对透射热流的吸收过程如图 3.1 所示。

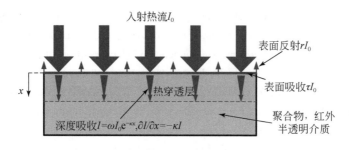

图 3.1 聚合物对入射热流吸收过程

3.1　辐射源的光谱特性

3.1.1　电阻型辐射加热源

　　电阻型辐射加热源的种类多样,其基本原理为向电阻丝加载较大电流,以实现电能转化为热能的目的,电阻丝温度较高,可向外辐射热量,生活中常见的电阻型辐射加热源有烤箱、电加热炉等。火灾科学研究中,特别是固体可燃物热解着火研究中最常见的电阻型辐射加热源为锥形量热仪加热器。另外,还有一些加热装置采用硅碳棒作为加热零件,如1.1.3节所述的非标准仪器,其工作温度范围及辐射热流光谱分布与电阻型加热器光谱分布类似,因此不再单独介绍。本节以锥形量热仪加热器为例,说明其辐射特性。锥形量热仪加热器是倒锥形的螺旋线圈。图3.2为锥形量热仪加热器在三个温度(720K、860K和933K)下的热流光谱分布及与黑体辐射对比曲线。可以明显地看出,锥形量热仪加热器的光谱特性和黑体的光谱特性很相似。实验曲线在某些波段内有一定的波动,这是大气中 H_2O 和 CO_2 的吸收导致的,黑体曲线(普朗克曲线)能较好地体现实验的真实情况,普朗克曲线与实验结果吻合最好的曲线对应的温度与实验所测锥形量热仪加热器的温度非常接近。对于 $10kW/m^2$、$20kW/m^2$ 和 $30kW/m^2$ 的辐射热流,实验所测锥形量热仪加热器的温度分别为 720K、860K 和 933K,而对应的黑体温度分别为 723K、858K、933K,说明锥形量热仪加热器的发射率接近 1。

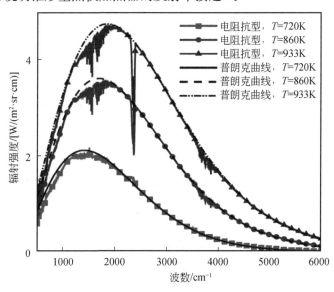

图 3.2　锥形量热仪加热器在三个温度下的热流光谱分布及与黑体辐射对比曲线

3.1.2　卤素灯型辐射源

卤素灯型辐射源为一组平行放置的卤钨灯光,火灾科学研究中最常见的此类加热源为 FPA 中所采用的四组加热源,其单个加热器结构如图 3.3 所示。

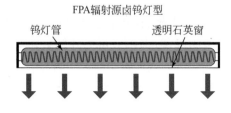

图 3.3　卤钨灯型辐射源结构

早期研究假定该辐射源为黑体辐射,即热流光谱服从普朗克定律(Planck's law),但 Boulet 等[8]对 FPA 进行实验分析发现,它的非朗伯热流光谱甚至不服从于灰体辐射。FPA 加热器辐射热流的光谱分布及相同温度下的灰体辐射光谱(发射率为 0.17)如图 3.4 所示。

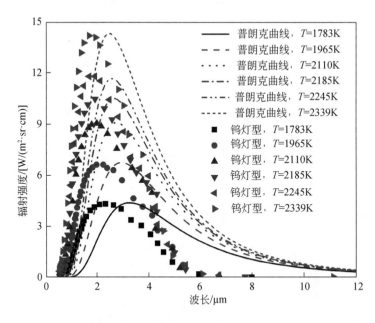

图 3.4　FPA 加热器辐射热流的光谱分布及相同温度下的灰体辐射
光谱(发射率为 0.17)

3.1.3　火焰辐射源

实际火灾中,火焰辐射热流光谱分布如图 3.5 所示。火焰热流主要来自气相高温燃烧产物辐射,绝大部分燃料燃烧产物主要成分为 CO_2,其辐射功率峰值对应的波数在 2300cm^{-1} 附近。因此,现有辐射源与真实火焰热流光谱有较大差异。此外,其他非标辐射源,如国内应用较多的硅碳棒加热源[9,10]、微波辐射源[11]、钨灯管非平面加热源[12]、室内火灾顶棚烟气辐射源等[13],其光谱分布均未知。

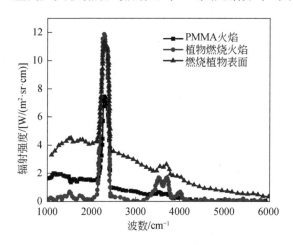

图 3.5　实际火焰辐射热流光谱分布

3.2　固体可燃物的辐射吸收

大部分研究聚合物材料热解着火和燃烧特性的模型都采用两种经典辐射热流吸收假设,即表面吸收和深度吸收。表面吸收($\omega=0$)认为热流只在材料表面被吸收,外部热流作为边界条件来处理;深度吸收($\tau=0$)认为热流在透射过材料时被逐渐吸收,外部热流作为控制方程中的能量源项。

3.2.1　固体可燃物热解着火及燃烧数值模型

当外部辐射热流到达固体可燃表面时,在材料表面发生反射、吸收和透射,三者的关系为

$$r+\tau+\omega=1 \qquad\qquad (3.1)$$

式中,r 为表面反射率;τ 为表面吸收率;ω 为表面透射率。

本节主要介绍固相一维数值计算模型,气相过程不在本模型考虑范围内。火

焰和外热源的辐射加热视为边界条件。该模型可计算多层复合材料体系的热解着
火及燃烧过程,且可包括任意复杂度的材料热解过程,模型几何结构如图 3.6 所
示。该模型可同时考虑表面吸收和深度吸收过程,若只考虑一种吸收过程,则可通
过调节表面吸收参数实现不同的目的。多层复合材料每层的特性(包括厚度、透明
度、热解复杂度等)均可不同,且可灵活调节,层与层之间存在传热过程。为简化计
算,忽略热解气在固相中的传输过程,即认为热解气在产生瞬间即析出。后续章节
大部分采用本模型进行相关计算,因此不再重复介绍。部分章节的数值计算采用
其他计算模型(如 FireFOAM 等)或部分计算过程与本模型不同等,均会单独说
明,下面详细介绍本模型。

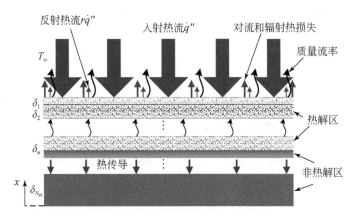

图 3.6　多层复合材料体系外界辐射加热条件下体系内部传热传质示意图

1. 控制方程

顶层的能量守恒方程为

$$\rho_1 C_{p,1} \frac{\partial T}{\partial t} = \frac{\partial}{\partial x}\left(k_1 \frac{\partial T}{\partial x}\right) + (1 - r_1 - \tau_1)\dot{q}'' \kappa_1 \mathrm{e}^{-\kappa_1(\delta_{\mathrm{sum}} - x)}$$
$$+ \rho_1 \sum_{j=1}^{N_{\omega,1}} \dot{\omega}_j \left[\Delta H_{\mathrm{v},j} + (T - T_0)(C_p - C_\mathrm{g})\right] - \dot{m}'' C_\mathrm{g} \frac{\partial T}{\partial x}$$

$$(3.2)$$

式中,ρ、C_p、T 和 k 分别为密度、比热容、温度和热导率;t 为时间;x 为原点位于底
层底部的空间变量;r 为表面反射率;τ 为表面吸收率;$\dot{q}''$ 为入射热流;κ 为深度吸收
系数;N_ω 为本层内总热解反应的数量;$\dot{\omega}$ 为热解反应速率;ΔH_v 为反应热;C_g 为气
体的比热容;$\dot{m}''$ 为局部质量流量;下标 1 和 j 分别表示第一层和第 j 个反应。方程
等号左侧为固体单位体积、单位时间内温度变化需要吸收的热量;方程等号右侧第

一项为热扩散项,第二项为深度吸收项,若为表面吸收,则该项为 0,第三项为材料热解和气化所需要的热量,最后一项为热解气在流动过程中对凝聚相的加热项。该方程同时考虑了热辐射的表面吸收和深度吸收。$\tau=0$ 表示纯深度吸收,$\tau=1-r$ 表示纯表面吸收。当 $0<\tau<1-r$ 时,二者均存在。体系的总厚度为

$$\delta_{sum}=\sum_{n=1}^{N_n}\delta_n \tag{3.3}$$

式中,N_n 为层数;δ_n 为第 n 层的厚度。除了第一层,其他层内的能量守恒方程为

$$\rho_n C_{p,n}\frac{\partial T}{\partial t}=\frac{\partial}{\partial x}\left(k_n\frac{\partial T}{\partial x}\right)+\dot{q}_n''\kappa_n e^{-\kappa_n(\delta_{sum,n}-x)}$$

$$+\rho_n\sum_{j=1}^{N_{\dot{\omega},n}}\dot{\omega}_j[\Delta H_j+(T-T_0)(C_p-C_g)]-\dot{m}''C_g\frac{\partial T}{\partial x} \tag{3.4}$$

$$\delta_{sum,n}=\sum_{l=n}^{N_n}\delta_l \tag{3.5}$$

式中,$\delta_{sum,n}$ 为当前层到底层的总厚度。到达第 n 层顶界面的透射热流为

$$\dot{q}_n''=\prod_{l=1}^{n-1}(1-r_l-\tau_l)\dot{q}''e^{-\kappa_l\delta_l} \tag{3.6}$$

第 n 层内,混合物的密度、比热容和热导率分别为

$$\rho_n=\sum_{i=1}^{N_{i,n}}\rho_{i,n} \tag{3.7}$$

$$C_{p,n}=\sum_{i=1}^{N_{i,n}}\xi_{i,n}C_{p,i,n} \tag{3.8}$$

$$k_n=\sum_{i=1}^{N_{i,n}}\xi_{i,n}k_{i,n} \tag{3.9}$$

式中,下标 i 为第 i 个固体组分;$N_{i,n}$ 为第 n 层中组分总数;$\xi_{i,n}$ 为第 i 个组分的瞬时质量分数,$\xi_{i,n}=\rho_{i,n}/\rho_n$。固体热解反应和对应的反应速率为

$$\theta_1 COMP_1+\theta_2 COMP_2\longrightarrow\theta_3 COMP_3+\theta_4 COMP_4 \tag{3.10}$$

$$\dot{\omega}_j=A\exp\left(-\frac{E_a}{RT}\right)\xi_{COMP_1}^{order_1}\xi_{COMP_2}^{order_2} \tag{3.11}$$

式中,θ 为按质量计算的化学计量系数;A 为指前因子;E_a 为活化能;R 为摩尔气体常数;$order_1$、$order_2$ 为反应阶。若只考虑一种反应物,则另一种反应物的指数设为零。质量守恒方程和由当前控制体积位置以下的所有固体热解产生的局部质量通量为

$$\frac{\partial\rho_n}{\partial t}=\sum_{i=1}^{N_{i,n}}\sum_{j=1}^{N_{\dot{\omega},n}}\rho_n\xi_{i,n}\dot{\omega}_{j,i} \tag{3.12}$$

$$\dot{m}'' = \int_0^x \sum_{i=1}^{N_{i,n}} \sum_{j=1}^{N_{\omega,n}} \rho_n \xi_{i,n} \dot{\omega}_{j,i} \mathrm{d}x \tag{3.13}$$

式中,$\dot{\omega}_{j,i}$ 为涉及第 i 个组分的第 j 个反应速率。当第 i 个组分分别表示生成物和反应物时,反应速率分别采用正值和负值。各种组分的瞬时质量分数可表示为

$$\frac{\partial \xi_{i,n}}{\partial t} = \sum_{j=1}^{N_{i,n}} \dot{\omega}_{j,i} \tag{3.14}$$

初始反应物的初始质量分数、每种组分的比热容和热导率均需在计算时指定。各层材料厚度的变化为

$$\frac{\mathrm{d}\delta_n}{\mathrm{d}t} = \frac{\dot{m}''_n}{\bar{\rho}_n} = \frac{\displaystyle\int_{\delta_{\mathrm{sum},n+1}}^{\delta_{\mathrm{sum},n}} \sum_{i=1}^{N_{i,n}} \sum_{j=1}^{N_{\omega,n}} \rho_n \xi_{i,n} \dot{\omega}_{j,i} \mathrm{d}x}{\displaystyle\int_{\delta_{\mathrm{sum},n+1}}^{\delta_{\mathrm{sum},n}} \rho_n \mathrm{d}x / \delta_n} \tag{3.15}$$

式中,$\dot{m}''_n$、$\bar{\rho}_n$ 分别为挥发分的质量生成速率和第 n 层固体的平均密度。在模拟时,每一层的网格总数保持不变,网格大小根据体积的变化而自动变化。

2.初始条件和边界条件

初始条件为

$$T(x,0) = T_0 \tag{3.16}$$

$$\rho_n(x,0) = \rho_{n,0}, \quad \rho_{n,i}(x,0) = \xi_{i,n,0}\rho_{n,0} \tag{3.17}$$

式中,下标 0 表示初始值。顶面暴露于空气和热辐射的边界条件为

$$x = \delta_{\mathrm{sum}} : k_1 \frac{\partial T}{\partial x} = \tau_1 \dot{q}'' - \varepsilon_1 \sigma(T^4 - T_\infty^4) - h_{\mathrm{conv}}(T - T_\infty) \tag{3.18}$$

式中,ε_1、σ、h_{conv} 分别为发射率、Stefan-Boltzmann(斯特藩-玻尔兹曼)常数和对流换热系数;下标 ∞ 表示环境值。将基尔霍夫定律应用于上表面进行化简,认为表面吸收率与发射率近似相等,即 $\varepsilon_1 = \tau_1$。对流换热系数 h_{conv} 采用推荐的自然对流中热平板上表面经验关系系数确定[7]:

$$h_{\mathrm{conv}} = \frac{k_{\mathrm{air}} Nu}{L} = \frac{k_{\mathrm{air}} C_{Nu}}{L} \left[\frac{g\beta(T - T_\infty)L^3}{\nu_{\mathrm{air}}\alpha_{\mathrm{air}}} \right]^\eta \tag{3.19}$$

$$\begin{cases} C_{Nu} = 0.54, \quad \eta = 1/4, \quad 10^4 \leqslant Ra \leqslant 10^7 \\ C_{Nu} = 0.15, \quad \eta = 1/3, \quad 10^7 < Ra \leqslant 10^{11} \end{cases} \tag{3.20}$$

式中,Nu 为努塞特数;L 为特征长度,其大小等于表面积与周长之比;C_{Nu}、η 均为常数;g 为重力加速度;β 为理想气体体积热膨胀系数,$\beta = 1/T$;ν 为运动黏度;α 为热扩散系数;Ra 为瑞利数;下标 air 表示空气。利用膜温[7]计算空气的热力学参数与温度的关系:

$$T_{\mathrm{air}} = (T_{\mathrm{s,top}} + T_\infty)/2 \tag{3.21}$$

式中，$T_{s,top}$ 为上表面温度。

空气的密度、热导率、比热容及动力黏度[14]为

$$\rho_{air} = pM_{air}/(RT) \tag{3.22}$$

$$k_{air} = -2.28 \times 10^{-3} + 1.15 \times 10^{-4} T - 7.90 \times 10^{-8} T^2$$
$$+ 4.12 \times 10^{-11} T^3 - 7.44 \times 10^{-15} T^4 \tag{3.23}$$

$$C_{p,air} = 1047.64 - 0.37T + 9.45 \times 10^{-4} T^2 - 6.02 \times 10^{-7} T^3 + 1.29 \times 10^{-10} T^4 \tag{3.24}$$

$$\mu_{air} = -8.38 \times 10^{-7} + 8.36 \times 10^{-8} T - 7.69 \times 10^{-11} T^2$$
$$+ 4.64 \times 10^{-14} T^3 - 1.07 \times 10^{-17} T^4 \tag{3.25}$$

相邻两层界面传热为

$$x = \delta_n : k_n \frac{\partial T}{\partial x} = \tau_n \dot{q}''_n + k_{n-1} \frac{\partial T}{\partial x} \tag{3.26}$$

在底面，采用绝热边界条件为

$$x = 0 : -k_{N_n} \frac{\partial T}{\partial x} = 0 \tag{3.27}$$

3. 计算方法

利用控制容积法对非线性偏微分方程进行积分，得到均匀网格大小的离散方程。非线性源项和与温度相关的热物性参数采用半隐式有限差分格式，并采用附加源项法来处理边界条件。对每个时间步进行内迭代，收敛条件为

$$\max_{\text{all points}} | T(x, t+\Delta t) - T(x, t) | < 0.001 \text{K} \tag{3.28}$$

该模型可考虑随时间变化的边界条件，即可进行变热流加热条件模型。默认时间步长和初始空间网格大小为 0.1s 和 0.01mm。所有计算过程均使用 MATLAB 软件完成。需要注意的是，本数值模型也可以用于模拟热薄材料的热解过程，如 TGA 的实验结果。此时，固体内部无温度梯度，计算区域只有一个网格，模型退化为 2.2.1 节所介绍的零维模型，此处的"零维"指的是零维的传热问题。

3.2.2　表面吸收

本节以在锥形量热仪下开展的惰性气氛下厚度为 6mm 的 PMMA 热解实验结果为例[15]，说明材料热流吸收方式对固体内部温度、热解过程、质量损失速率等参数的影响。实验中，样件上表面与空气接触，下表面与铝箔接触。为了分别模拟 PMMA 背面热电偶测温实验和红外热相仪测温实验，背面采用两种边界条件，即背面绝热边界和背面自然边界，实验设置如图 3.7 所示。当样件背面未与空气接触时，数值模型中下表面边界条件为

$$x=0: \varepsilon_{\text{bot,al}}\sigma(T_{\text{al}}^4-T_\infty^4)+h_{\text{conv,bot}}(T_{\text{al}}-T_\infty)=k_{\text{al}}\frac{\partial T_{\text{al}}}{\partial x}\bigg|_{x=0}=0 \qquad (3.29)$$

式中,下标 bot 代表下表面;al 代表铝箔。

下表面自然对流换热系数可通过热平板下表面的经验公式计算[7]:

$$h_{\text{conv,bot}}=\frac{k_{\text{mean,bot}}Nu_L}{L}=\frac{k_{\text{mean,bot}}C_{Nu}}{L}\left[\frac{g\beta(T-T_\infty)L^3}{v_{\text{mean,bot}}\alpha_{\text{mean,bot}}}\right]^n \qquad (3.30)$$

$$C_{Nu}=0.27, \quad n=1/4 \qquad (3.31)$$

式中,下标 mean 代表平均值。

当上表面温度从 300K 上升到 700K 时,$h_{\text{conv,top}}$ 从 0 增大到 13.26kW/m²。同样的温升过程,$h_{\text{conv,bot}}$ 从 0 增大到 4.3kW/m²。

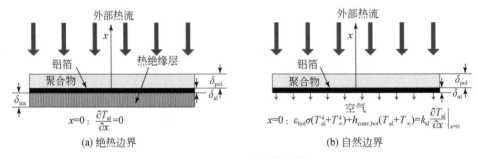

图 3.7　PMMA 热解物理模型

对于表面吸收情况,不同热流和背面绝热条件下 PMMA 顶部 10 层网格在加热过程中的温度模拟结果随时间变化曲线如图 3.8 所示。网格大小为 0.1mm,在表面吸收情况下,10 条曲线之间存在明显差异,即材料表面吸收情况下的这部分区域内存在较大的温度梯度,其导热热流可通过模拟结果来估算:

$$q''_{\text{cond}}=\frac{k_s\Delta T_s}{\Delta x} \qquad (3.32)$$

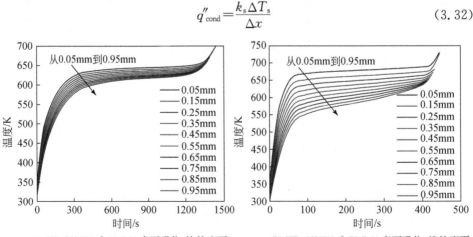

(a) HF=20kW/m², PMMA表面吸收,绝热底面　　(b) HF=40kW/m², PMMA表面吸收,绝热底面

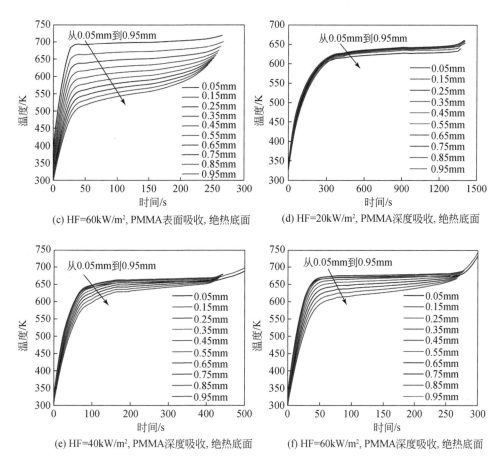

(c) HF=60kW/m², PMMA表面吸收, 绝热底面　　　(d) HF=20kW/m², PMMA深度吸收, 绝热底面

(e) HF=40kW/m², PMMA深度吸收, 绝热底面　　　(f) HF=60kW/m², PMMA深度吸收, 绝热底面

图 3.8　表面吸收不同热流和背面绝热条件下 PMMA 顶部 10 层网格温度模拟曲线

在 20kW/m²、40kW/m²、60kW/m² 热流下,顶部两层网格间的温度差分别为 4K、16K、28K,表面温度分别约为 645K、675K、700K,通过查阅参数可计算出材料的热导率分别为 0.1152W/(m·K)、0.1080W/(m·K)、0.1020W/(m·K),其相应的导热热流分别为 4.6kW/m²、17.28kW/m²、28.56kW/m²。同时,材料表面吸收的净流流大小可通过方程(3.18)的右半部分计算,分别为 5.6kW/m²、22.3kW/m²、39.2kW/m²,其中 $h_{conv,top}$ 通过方程(3.19)计算。在第一层网格内加热和热解 PMMA 材料的热量分别为 1.0kW/m²、5.02kW/m²、10.64kW/m²,到达材料表面被吸收后用于加热和热解的热量占总入射热流的比例分别为 28%、55.75%、65.33%,其他热量均以对流和辐射的形式通过表面散失到环境中。PMMA 两种背面边界条件下表面吸收模拟的材料内部温度分布如图 3.9 所示。在表面吸收情

况下，材料内部温度从底部到表面持续增大。

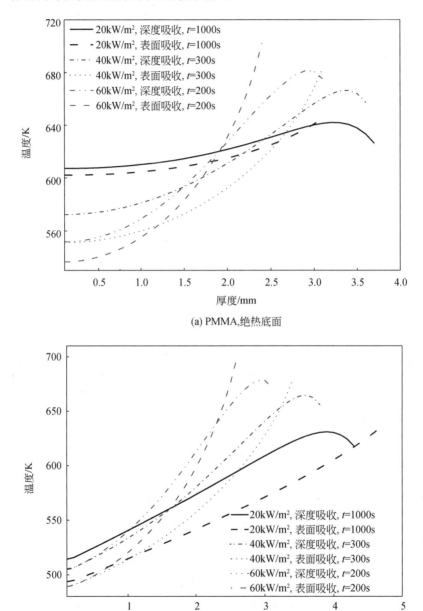

(a) PMMA,绝热底面

(b) PMMA,自然对流底面

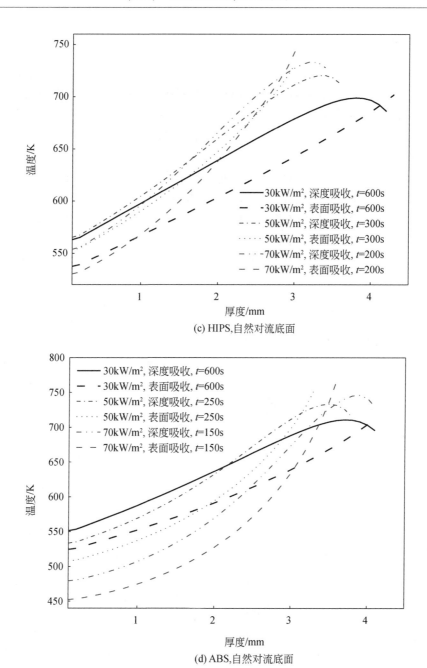

(c) HIPS, 自然对流底面

(d) ABS, 自然对流底面

图 3.9　PMMA 两种背面边界条件下表面吸收模拟的材料内部温度分布

3.2.3　深度吸收

　　续上例,对于深度吸收情况,不同热流和背面绝热条件下PMMA顶部10层网格在热解过程中的温度模拟结果随时间变化曲线如图3.10所示。与表面吸收的结果不同,深度吸收情况下顶部10层网格内温度梯度较小,特别是上面几层(热穿透层)基本没有温度差,这意味着这些体积内的材料主要通过深度吸收的方式加热而不是热传导,热穿透层下的传热过程主要受热传导控制,类似的现象在PMMA自然对流背面边界条件下同样存在,进而导致深度吸收情况下热穿透层内温度分布较均匀的另一个主要原因是材料表面的热损失。在最表层网格内,材料一方面被热流透射加热,另一方面又通过辐射和对流向环境中散热。在第二层及以下网格中,并没有向环境中散热导致热损失。因此,受表面热损失的影响,表层的网格温度实际上低于其下面几层的网格温度。

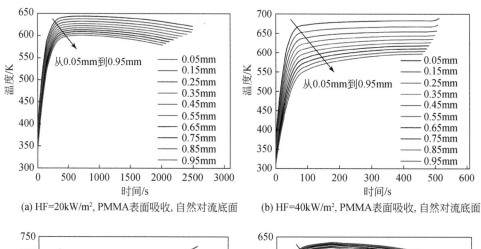

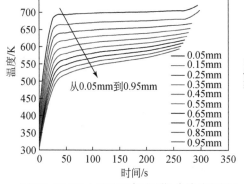

(a) HF=20kW/m², PMMA表面吸收,自然对流底面

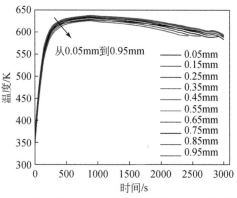

(b) HF=40kW/m², PMMA表面吸收,自然对流底面

(c) HF=60kW/m², PMMA表面吸收,自然对流底面

(d) HF=20kW/m², PMMA深度吸收,自然对流底面

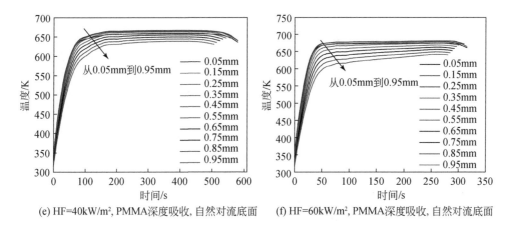

(e) HF=40kW/m², PMMA深度吸收, 自然对流底面   (f) HF=60kW/m², PMMA深度吸收, 自然对流底面

图 3.10 深度吸收不同热流和背面绝热条件下 PMMA 顶部 10 层网格温度模拟曲线

　　PMMA 两种背面边界条件下深度吸收模拟的材料内部温度分布如图 3.11 所示。在深度吸收情况下,材料内部温度从底部开始上升,接近表面时温度达到最大值,然后有所下降直至表面。$1/\kappa$ 可用于估算热流穿过材料的热穿透层厚度[16]。对于透明的 PMMA,当 $\kappa=1870\mathrm{m}^{-1}$ 时,大约 80% 的热量在表面厚度为 $0.534\mathrm{mm}$ 以下时被材料吸收,在这个厚度范围内深度吸收占主导,其他区域热传导占主导。对于本例,$\kappa=2250\mathrm{m}^{-1}$,相应的热穿透层厚度大约为 $0.44\mathrm{mm}$,即表面 4 层网格。

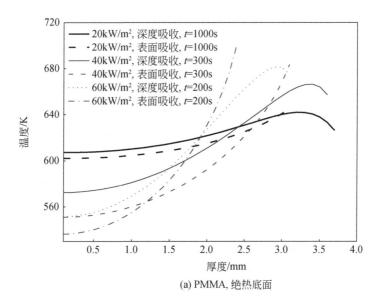

(a) PMMA, 绝热底面

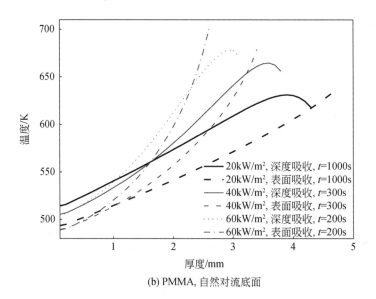

(b) PMMA, 自然对流底面

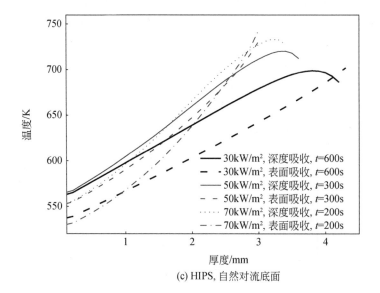

(c) HIPS, 自然对流底面

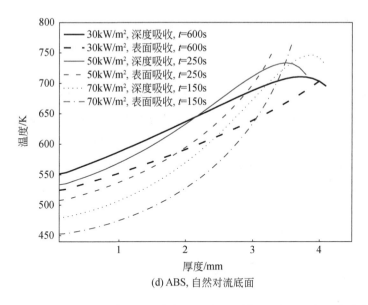

(d) ABS，自然对流底面

图 3.11 PMMA 两种背面边界条件下深度吸收模拟的材料内部温度分布

3.2.4 表面-深度耦合吸收及深度吸收系数的影响

本节利用理论分析和一维数值模拟研究表面-深度耦合吸收对 PMMA 着火的影响，解析模型和数值模型分别采用临界/着火温度和临界质量损失速率这两个典型的着火判据。为了了解着火机理，本节考察着火时间、固体瞬态温度以及黑色和透明 PMMA 这两种材料吸收方式的优化组合。通过对比发现，PMMA 采用恒定或随温度变化的热参数对模拟的着火时间几乎没有影响。在深度吸收条件下，解析模型和数值模型都低估了表面温度，高估了热穿透层下固体中的温度。不同于表面吸收，深度吸收的温度峰值存在于表面下方而不是表面。因此，在选择合适的着火判据条件下，数值模型比解析模型能更好地预测着火时间。随着入射热流增大，表面温度升高。在固定热流下，表面温度随表面吸收比例和深度吸收系数的增大而增大。下面给出详细的分析过程。

考虑一维热厚性半透明聚合物的传热，能量平衡方程可以表示为

$$\rho_s C_s \frac{\partial T_s}{\partial t} = \frac{\partial}{\partial x}\left(k_s \frac{\partial T_s}{\partial x}\right) + (1-\lambda)\dot{q}''_{ext}\kappa e^{-\kappa x} \tag{3.33}$$

初始边界条件为

$$\begin{cases} T_s(x,0) = T_0 \\ -k_s \dfrac{\partial T_s}{\partial x}\Big|_{x=0} = \lambda \dot{q}''_{ext} - \varepsilon\sigma(T_s^4 - T_0^4) - h_C(T_s - T_0) \\ T_s(\infty,t) = T_0 \end{cases} \tag{3.34}$$

式中，ρ_s 为固体的密度；C_s 为比热容；T_s 为温度；t 为时间；k_s 为热导率；x 为厚度方向上的空间变量；$\dot{q}''_{ext}$ 为外部热流；λ 为表面吸收的比例；κ 为深度吸收系数（或辐射消光系数）；ε 为表面发射率；σ 为 Stefan-Boltzmann 常数；h_C 为表面对流系数；T_0 为初始环境温度。在解析模型中，忽略分解反应、热参数随温度的变化。现定义一个相对温度：

$$\theta = T_s - T_0 \tag{3.35}$$

则本问题可转化为两个子问题的叠加：

$$\theta = (1 - \lambda)\theta_1 + \lambda\theta_2 \tag{3.36}$$

这两个问题等价于以下两个理想化的情况[17]。

1. 无表面热损失的深度加热

对于无表面热损失的深度加热，有

$$\frac{\partial \theta_1}{\partial t} = \alpha \frac{\partial^2 \theta_1}{\partial x^2} + \dot{q}''_{ext}\kappa e^{-\kappa x} \tag{3.37}$$

初始边界条件为

$$\begin{cases} \theta_1(x,0) = 0 \\ -k_s \dfrac{\partial \theta_1}{\partial x}\Big|_{x=0} = 0 \\ \theta_1(\infty,t) = 0 \end{cases} \tag{3.38}$$

通过拉普拉斯变换可得到其解析解[17]：

$$\theta_1(x,t) = \frac{\dot{q}''_{ext}}{2\kappa k_s}\left[4\kappa\sqrt{\alpha t}\, i\,\mathrm{erfc}\left(\frac{x}{2\sqrt{\alpha t}}\right) + e^{\kappa^2\alpha t + \kappa x}\,\mathrm{erfc}\left(\kappa\sqrt{\alpha t} + \frac{x}{2\sqrt{\alpha t}}\right) \right.$$
$$\left. + e^{\kappa^2\alpha t - \kappa x}\,\mathrm{erfc}\left(\kappa\sqrt{\alpha t} - \frac{x}{2\sqrt{\alpha t}}\right) - 2e^{-\kappa x} \right] \tag{3.39}$$

2. 表面加热与表面热损失

对于表面加热与表面热损失，有

$$\frac{\partial \theta_2}{\partial t} = \alpha \frac{\partial^2 \theta_2}{\partial x^2} \tag{3.40}$$

初始边界条件为

$$\begin{cases} \theta_2(x,0)=0 \\ -\dfrac{k_s}{\lambda}\dfrac{\partial \theta_2}{\partial x}\Big|_{x=0}=\dot{q}''_{ext}-\dfrac{h_C+\varepsilon h_R}{\lambda}\theta_2 \\ \theta_2(\infty,t)=0 \end{cases} \tag{3.41}$$

式中，h_R 为表面辐射换热系数[17]。

引入假设：

$$\sigma(T_s^4-T_0^4)=h_R(T_s-T_0) \tag{3.42}$$

因此，解析解为

$$\theta_2(x,t)=\frac{\lambda \dot{q}''_{ext}}{Hk_s}\left[\mathrm{erfc}\left(\frac{x}{2\sqrt{\alpha t}}\right)-\mathrm{e}^{H^2\alpha t+Hx}\,\mathrm{erfc}\left(\frac{x}{2\sqrt{\alpha t}}+H\sqrt{\alpha t}\right)\right] \tag{3.43}$$

其中，

$$H=(h_C+\varepsilon h_R)/k_s$$
$$h_C=10\mathrm{W}/(\mathrm{m}^2\cdot\mathrm{K})$$
$$h_R=20\mathrm{W}/(\mathrm{m}^2\cdot\mathrm{K}) \tag{3.44}$$

结合方程(3.36)、(3.39)、(3.43)可得到固体中瞬态温度。此外，当 $x=0$ 时，可得到表面温度为

$$\theta(0,t)=\frac{(1-\lambda)\dot{q}''_{ext}}{\kappa k_s}\left[2\kappa\sqrt{\frac{\alpha t}{\pi}}+\mathrm{e}^{\kappa^2\alpha t}\,\mathrm{erfc}(\kappa\sqrt{\alpha t})-1\right]$$
$$+\frac{\lambda\dot{q}''_{ext}}{Hk_s}[1-\mathrm{e}^{H^2\alpha t}\,\mathrm{erfc}(H\sqrt{\alpha t})] \tag{3.45}$$

在经典着火理论模型中，采用临界温度 T_{ig} 作为判据，忽略表面热损失，热流仅被表面吸收，即 $\lambda=1$，$h_C=h_R=0$，方程(3.41)的精确解为

$$\theta_2(x,t)=\frac{\dot{q}''_{ext}}{\sqrt{k\rho c_s}}\int_0^t \mathrm{erfc}\left(\frac{x}{2\sqrt{\alpha t}}\right)\cdot(t-\tau)^{-0.5}\mathrm{d}\tau \tag{3.46}$$

当发生着火时，有

$$x=0,\quad T_s=T_{ig} \tag{3.47}$$

可得经典着火关系式为

$$\frac{1}{\sqrt{t_{ig,\lambda=1}}}=\frac{2}{\sqrt{\pi}\cdot\sqrt{k_s\rho c_s}}\cdot\frac{\dot{q}''_{ext}}{T_{ig}-T_0} \tag{3.48}$$

文献中一些学者引用了临界热流来修正这一表达式[17]：

$$\frac{1}{\sqrt{t_{ig,\lambda=1}}}=\frac{2}{\sqrt{\pi}\cdot\sqrt{k_s\rho c_s}}\cdot\frac{\dot{q}''_{ext}-0.64\dot{q}''_{cri}}{T_{ig}-T_0} \tag{3.49}$$

当 $\lambda=0$ 时，只存在深度吸收，Delichatsios 等[17]在小于 80kW/m² 的低热流和大于 80kW/m² 的高热流情况下简化了 θ_1。

在低热流条件下得到[17]

$$\frac{1}{\sqrt{t_{ig,\lambda=0}}} = \frac{2\kappa\sqrt{\alpha}}{\sqrt{\pi} + 2\kappa\sqrt{\alpha}/t_{ig,\lambda=1}^{-0.5}} \qquad (3.50)$$

在高热流条件下得到[17]

$$\frac{1}{\sqrt{t_{ig,\lambda=0}}} = -\kappa\sqrt{\frac{\alpha}{\pi}} + \sqrt{\frac{\alpha\kappa^2}{\pi} + 2\kappa\sqrt{\frac{\alpha}{\pi}}\, t_{ig,\lambda=1}^{-0.5}} \qquad (3.51)$$

当 $0 < \lambda < 1$ 时，同时存在深度吸收和表面吸收[17]：

$$\frac{1}{\sqrt{t_{ig,\lambda}}} = \frac{2\kappa\sqrt{\alpha}}{\sqrt{\pi}(1-\lambda) + 2\kappa\sqrt{\alpha}/t_{ig,\lambda=1}^{-0.5}} \qquad (3.52)$$

此外，Tewarson 等[18]还提出了以下公式来定性评估深度吸收对着火的影响：

$$\frac{1}{\sqrt{t_{ig,\lambda}}} \sim \lambda \frac{\sqrt{2}\, \dot{q}_{ext}''}{\sqrt{k_s \rho c_s}(T_{ig} - T_\infty)} \qquad (3.53)$$

式(3.53)表明，$1/\sqrt{t_{ig,\lambda}}$ 与 λ 成正比。

下面采用 Delichatsios 等[17]提出的深度吸收和表面吸收的数值模型来检验 PMMA 的着火过程。加热器发射的辐射部分被 PMMA 表面反射，描述为反射率 r，剩余的部分能量 λ 被表面吸收，其余的部分能量 $1-\lambda$ 穿透表面，在衰减过程中被 PMMA 内部吸收。

此外，本节还采用 3.2.1 节中的数值模型对黑色和透明 PMMA 的着火时间进行了预测，结果如图 3.12 所示。对于纯表面吸收，数值模型研究了恒定热物性参数与随温度变化热物性参数对着火时间的影响，其结果如图 3.12 所示，其中点线为常参数模型结果，虚线为随温度变化参数模型结果，很明显二者的差异很小，因此可以推断随温度变化，热物性参数对着火时间的影响可以忽略。本节中数值模型所用着火判据为临界质量损失速率而不是临界温度，黑色 PMMA 的 $\dot{m}_{cri}''$ 为 2.42g/(m² · s)，透明 PMMA 的 $\dot{m}_{cri}''$ 为 2.5g/(m² · s)[19]。

另外，由图 3.12 还可以发现，当 λ 从深度吸收的 0 增加到表面吸收的 1 时，其对黑色和透明 PMMA 的着火时间都有显著的影响。实验结果（图 3.12 中的符号点）和模拟结果的比较表明，经典着火理论不适用于大热流、深度吸收情况下的着火时间预测。当考虑深度吸收时，应采用基于实验结果优化的 λ 来预测着火时间，该部分内容将在 3.3 节介绍。图 3.12 中表面有涂层样品的实验数据是当表面存在炭黑涂层时有部分热流依然能穿透该涂层被深度吸收得到的结果[17]。在解析模型中，方程(3.51)揭示了 $t_{ig,\lambda}^{-0.5}$ 和 $t_{ig,\lambda=1}^{-0.5}$ 在高热流下的关系。图 3.12(a)中，当 λ 从 0 增加到 1 时，模拟曲线逐渐接近经典着火理论曲线，这也验证了 $t_{ig,\lambda}^{-0.5}$ 与 λ 之间的定性关系。

当 λ 和 κ 取不同值时，可通过解析模型和数值模型得到黑色 PMMA 着火时间的预测结果，如图 3.13 所示。通过图 3.13 可比较在不同 κ 值下在 $\lambda=0$ 时深度吸

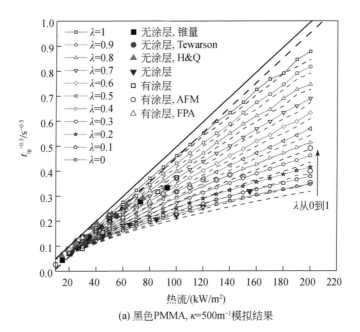

(a) 黑色PMMA, $\kappa=500\mathrm{m}^{-1}$模拟结果

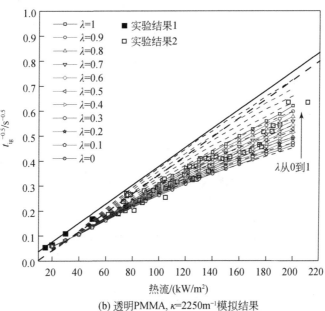

(b) 透明PMMA, $\kappa=2250\mathrm{m}^{-1}$模拟结果

图 3.12　表面吸收比例对 PMMA 着火时间的影响

点线为常参数模型结果；虚线为随温度变化参数模型结果

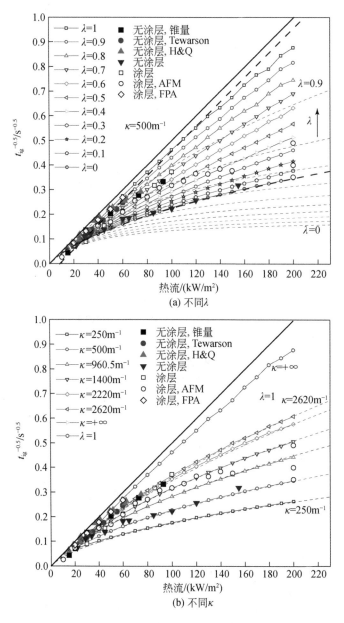

图 3.13 λ 和 κ 对黑色 PMMA 着火时间的影响

实线为经典模型;点线为数值模型;虚线为解析模型

收的结果。当 κ 从 250m⁻¹ 增加到 +∞ 时,解析模型和数值模型的结果都逐渐接近经典着火理论直线,说明深度吸收系数对深度吸收的着火时间有很大的影响。当 λ=1 和 κ=+∞ 时,二者模拟的结果完全相同,这表明当 κ 足够大时,深度吸收辐射穿透层深度接近于 0。图 3.13(b)中，数值模型与解析模型的结果吻合度很好，但图 3.13(a)中存在较大的差异，原因是方程(3.52)同时考虑了深度吸收和表面吸收，其应用范围为相对较低的热流率，即低于 $80kW/m^2$，当热流较大时，方程(3.52)的精度降低。方程(3.52)在仅有深度吸收的情况下能准确预测着火时间。

入射热流的表面吸收、深度吸收及表面-深度耦合吸收的吸收方式决定材料内部的温度分布。根据方程(3.36)、(3.39)和(3.43)，当只考虑深度吸收时，可以得到不同 λ 下材料的瞬态内部温度分布。Beaulieu 等[20]在只考虑表面吸收的情况下对有涂层的黑色 PMMA 的实验结果和解析模型进行了比较，二者的吻合度较好。然而，Jiang 等[2]的研究结果表明，涂层并没有消除材料的深度吸收，Delichatsios 等[17]考虑了深度吸收并建立了解析模型，但没有进行验证。对于深度吸收，将 Beaulieu 等[20]的实验测量结果与解析模型方程(3.36)得到的结果进行比较，结果如图 3.14 所示。

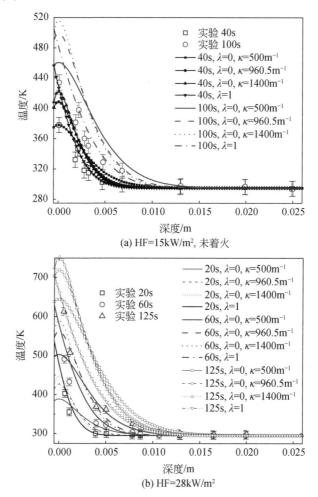

(a) HF=15kW/m², 未着火

(b) HF=28kW/m²

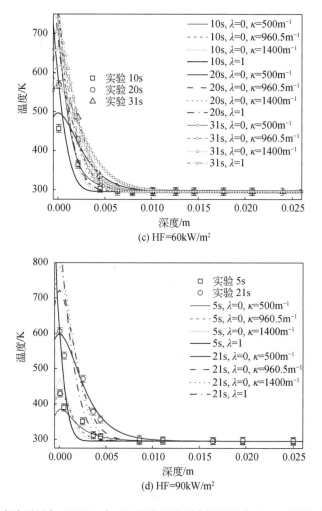

图 3.14　有涂层黑色 PMMA 表面和深度吸收瞬态温度的实验和解析模型结果比较

　　图 3.14 还给出了表面吸收的解析模型结果,本节采用三个不同的深度吸收系数,即没有表面涂层的黑色 PMMA,$\kappa=500\text{m}^{-1}$;没有表面涂层的黑色 PMMA,$\kappa=960.5\text{m}^{-1[17]}$;有表面涂层的黑色 PMMA,$\kappa=1400\text{m}^{-1[18]}$。在图 3.14(a)中,热流为 15kW/m² ,低于临界热流,没有发生着火。在所有表面吸收情况下,固体温度的最大值都在表面($x=0$),并在热穿透层(厚度为 $\sqrt{\alpha t}$)内急剧下降,随着深度的增加,下降速率减小。对于深度吸收,温度剖面的峰值出现在表面之下,这说明临界温度着火判据对深度吸收的情况并不适用。在达到峰值后,温度在热穿透层(厚度为 $1/\kappa$)内迅速降低。在热穿透层以下,深度吸收曲线高于表面吸收曲线,因此解析模型高估了实验温度。

在实验中,由于涂层的存在,表面吸收的实验结果和解析模型的吻合度较好。然而,在图 3.14 中,表面吸收解析模型高估了表面温度,尤其是在较高的热流下。同时,解析模型低估了深度吸收的表面温度,特别是深度吸收系数 κ 较小时,如 $500\mathrm{m}^{-1}$ 和 $960.5\mathrm{m}^{-1}$。方程(3.49)和(3.52)使用临界温度准则,所以解析模型的着火时间预测不够准确。方程(3.49)的经典着火理论、方程(3.50)在低热流率下的深度吸收、方程(3.51)在高热流率下的深度吸收解析模型预测结果及实验结果如表 3.1 所示。表 3.1 也验证了图 3.14 中表面温度较高和较低的预测结果。在 κ 为 $500\mathrm{m}^{-1}$ 和 $960.5\mathrm{m}^{-1}$ 时,预测值比实验值大,特别是在低热流下,这是因为实验中使用了涂层,较大的深度吸收系数与使用涂层的效果类似。

表 3.1　实验结果和解析模型不同热流吸收条件下预测着火时间 T_{ig} 比较

(单位:s)

$\dot{q}''_{ext}/(\mathrm{kW/m^2})$	实验值	方程(3.50),$\lambda=0$, $\kappa=500\mathrm{m}^{-1}$	方程(3.50),$\lambda=0$, $\kappa=960.5\mathrm{m}^{-1}$	方程(3.50),$\lambda=0$, $\kappa=1400\mathrm{m}^{-1}$	$\lambda=1$, 方程(3.49)
28	125	247.35	172.16	149.59	105.84
60	31	87.17	45.28	34.10	15.19
90	21	62.45	28.03	19.41	6.07
$\dot{q}''_{ext}/(\mathrm{kW/m^2})$	实验值	方程(3.51),$\lambda=0$, $\kappa=500\mathrm{m}^{-1}$	方程(3.51),$\lambda=0$, $\kappa=960.5\mathrm{m}^{-1}$	方程(3.51),$\lambda=0$, $\kappa=1400\mathrm{m}^{-1}$	$\lambda=1$, 方程(3.49)
28	125	202.36	158.83	143.08	105.84
60	31	48.28	33.64	28.31	15.19
90	21	25.94	17.18	14	6.07

在同样四个热流下数值模型模拟的材料内部温度分布曲线如图 3.15 所示。对于深度吸收,临界质量损失速率预测的温度与实验测量值较为接近。然而,与实验数据相比,表面吸收的温度要低得多,再次验证了在研究半透明材料的着火机理时必须考虑深度吸收。在图 3.15(b)~(d)中,t_{ig} 模拟值低于测量值(如图 3.15(b)中,在 $28\mathrm{kW/m^2}$ 下的 80s(模拟)<125s(测量值)),所以只绘制了表面吸收的着火时间的温度分布。无论在着火前还是着火时,数值模型的表面温度预测都不够准确,表面吸收高估了表面温度,深度吸收则低估了表面温度。深度吸收和表面吸收的内部温度曲线分别为非单调递减曲线和单调递减曲线。在热穿透层下,数值模型也高估了内部温度,这些结论与解析模型的结论是完全一致的。

用数值方法重新考查经典理论中的着火判据——临界温度,考虑到材料中的吸热热解,Lautenberger 等[21]提出了一种用于固体可燃物临界温度的近似解析解,该临界温度不是恒定值:

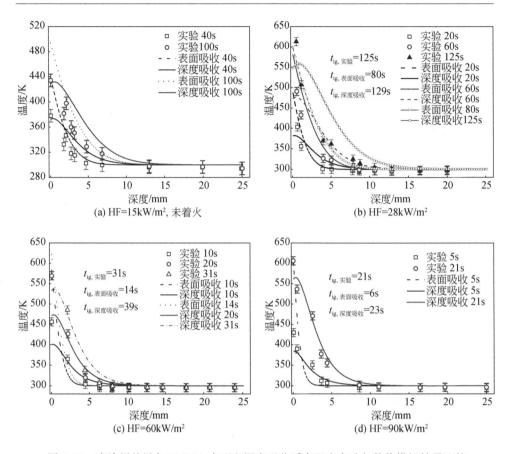

图 3.15　有涂层的黑色 PMMA 表面和深度吸收瞬态温度实验与数值模拟结果比较

$$T_{ig} = T_0 \left[\frac{E_s^v \dot{q}''_{ext} \dot{m}''_{cri}}{R^v k_s \rho \mu A_s T_0 e^{-E_s/(RT_1)}} \right]^{RT_2/E_s} \tag{3.54}$$

式中,$\mu = 341.3$,$v = 0.85$,$T_1 = 357\text{K}$,$T_2 = 615\text{K}$,这些常量均是由黑色 PMMA 的热特性参数决定的。黑色 PMMA 是通过添加少量染色剂制造的,这意味着其热特性几乎保持不变,但光学性能会受到很大的影响,因此同样的 μ、v、T_1、T_2 可以用于计算透明 PMMA 的着火时间。不同 λ 和 κ 的黑色和透明 PMMA 着火时刻表面温度和热流之间的关系如图 3.16 和图 3.17 所示。当使用临界质量损失速率作为着火标准判据时,着火时 PMMA 的表面温度随着入射热流的增大而增大,这与 Jiang 等[2]研究的结论一致。低热流下临界温度的增长率较高,随着热流的增大,增长率减小。当 λ 和 κ 较大时,表面温度较高,表明材料的不透明性能提高临界温度。显而易见,$\lambda = 0$,$\kappa = \infty$ 和 $\lambda = 1$ 条件下的模拟结果相同。根据方程(3.54)得出的较高表面温度可以归因于忽略了汽化热及表面的对流和辐射热损失。

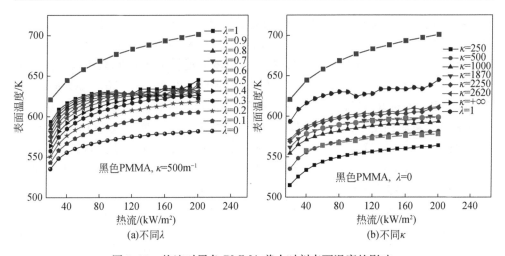

图 3.16　热流对黑色 PMMA 着火时刻表面温度的影响

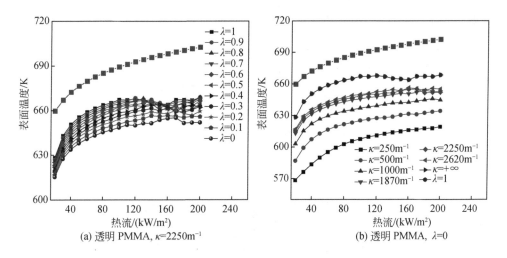

图 3.17　热流对透明 PMMA 着火时刻表面温度的影响

3.3　辐射热流光谱与深度吸收系数测定方法

3.3.1　辐射热流光谱测定方法

辐射热流的光谱分布可使用光谱仪进行测量。本节以 Bruker 公司生产的 VERTEX 80V 型光谱仪测量 FPA 辐射热流光谱分布为例简单说明测试过程,其他类型辐射源光谱可采用类似的方法测定。VERTEX 80V 型光谱仪可在可见光到近红外和中红外范围内测量任意辐射源的光谱。它将整个光谱分为几个需要连续测量的光谱段,根据需要的波长范围调整光谱仪使用的传感器和分束器。将高温黑体(Mikron M330 EU)作为测量参考发射体以提供校准数据,校准设定黑体温度为 1500℃。然后在子光谱范围内测量光谱,最后合并为一个 450～20000cm^{-1}或500nm～22μm 的单一光谱。在这个光谱范围外,设备的探测能力下降而无法进行准确测量。考虑到用于校正的黑体温度,测量结果的可信度应低于 15000cm^{-1}或小于 667nm。显然,这对由黑体提供的参考信号来说太微弱,无法进行高于该波数的校准,但本节不需要考虑这个问题,因为 667nm 的辐射强度已经很弱,450～15000cm^{-1}的传感器量程已经过检验并可直接使用。

　　光谱合并过程是在两个连续子光谱范围之间的一个足够大的共有光谱范围内进行的平均值计算。光谱仪使用的传感器和分束器设置如下:450～6000cm^{-1}的氘化三甘氨硫酸酯(deuterated triglycine sulfate,DTGS)传感器和 KBr/Ge 分束器,3000～10000cm^{-1}的 DTGS 传感器和 CaF$_2$ 分束器,9000～20000cm^{-1}的硅传感器和 CaF$_2$ 分束器。辐射热流光谱分布测量原理示意图如图 3.18 所示。

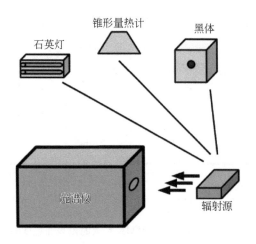

图 3.18　辐射热流光谱分布测量原理示意图

　　该装置能连续测定 FPA 中作为辐射源的卤素灯的发射光谱。光谱仪和卤素灯之间的距离为 16cm。为了进行对比测量,将黑体腔的入口放置在光谱仪的正前方,使其有可以"观察"到高温黑体"内部"从而获得准确、均匀的参考对象。膜片孔径取决于波长范围,应使其具有超过噪声水平的足够强的信号和无饱和度的信号,一般为 2mm 或 3mm,焦距为 100mm,聚光镜的半径为 20mm,这样所观察到的光束在一个 11°的锥形内。卤素灯位于距光谱仪 16cm 的位置,因此在卤素灯表面可以观察到与直径为 6cm 的圆盘相对应的表面,这是辐射源的代表性表面,若观察到的表面过小,这可能是因为测量的有效数据在辐射源的两个卤素灯的间隙中。

　　FPA 的卤素灯是一种钨丝灯加热器,由管状石英灯泡制成,将其放置在一个矩形盒中,后侧有一面反光镜,前侧有一个石英窗。FPA 在 120V 的额定电压下能提供 3kW 的功率。在正常使用时,需要用水对整个装置进行冷却,进而确定给定材料的辐射特性,测定实验在光谱仪垂直于玻璃窗方向时 60~135V 的给定电源下采集数据。

　　测量数据经过后处理,将收集到的信号转换为谱强度数据。为了确保重复性,每个工作电压下都有两组光谱测量实验数据,传感器和分束器的连续组合能确保信噪比低于 $15000cm^{-1}$。对于不同的波长范围,可进行 10 次或 20 次扫描得到光谱分布,通过对文献中所述的光谱特性进行补充重复性实验[22],可确保光谱测量结果的不确定度低于 5%,60~135V 的 FPA 特征电压下所测辐射光谱分布如图 3.19 所示。

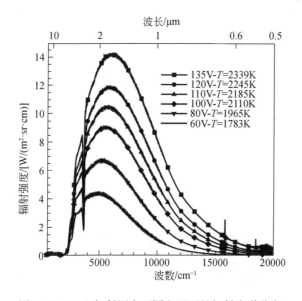

图 3.19　FPA 辐射源在不同电压下的辐射光谱分布

3.3.2　深度吸收系数测定方法

　　固体可燃物,特别是聚合物的深度吸收系数对材料所受辐射热流的吸收过程有显著影响,进而进一步影响固体内部的升温过程、着火时间和燃烧行为。因此,精确测定材料深度吸收系数十分重要。深度吸收系数是辐射热流光谱分布的函数,其随着材料厚度的变化而变化。目前,国际上详细测定材料深度吸收系数与辐射热流光谱及厚度定量关系的方法主要包括两种:①基于美国国家标准与技术研究院(National Institute of Standards and Technology,NIST)的气化装置(gasification device,GD)测量深度吸收系数;②基于 NIST 积分球(integrating sphere,IS)系统和傅里叶变换分光光度计测量深度吸收系数。详细的实验测试原理、实验仪器结构、测试方法以及常用材料的测试结果均在文献中可以找到,此部分内容对实验仪器条件要求较高且非作者所做,因此不再进行详细介绍。

半透明固体的辐射传热相当复杂,因为其涉及依赖光谱的光学特性、有限厚材料的多重反射,以及高温内部物质的再辐射等。经验证,利用宽光谱范围内的平均 κ 值模拟半透明固体的着火是一种较为可靠的方法,该方法虽忽略了深度吸收系数对光谱的依赖关系,但在模拟火灾过程中具有较高的准确性[21-25]。Linteris 等[26]通过宽波段法和光谱法实验确定了 11 种热塑性塑料的 κ 值。Jiang 等[2]、Dittrich 等[27,28]、Li 等[29]用类似的实验方法测量了其他几种聚合物及其复合材料的宽波段的平均 κ 值,这为后续的数值研究提供了可用的输入参数。测定装置如图 3.20 所示。在辐射源下方放置一块与实验样件相同大小的高岭棉板,在中心点处开设直径为 1cm 的孔,以便实验过程中只有该处热流能透过高岭棉板,在高岭棉板下方紧贴下表面放置待测材料样件,待测材料样件尺寸与热解实验样件尺寸相同。在样件中间开设直径为 12mm 的孔但并不打通,剩余厚度为 2mm,即材料的有效测量厚度。孔顶表面要求水平且与样件上表面光滑度相同,否则测量结果会有较大误差。在孔下表面放置水冷热流计,其表面与样件下表面平齐,以测量透过聚合物到达热流计表面的热流,实验热流设置为 40kW/m²。

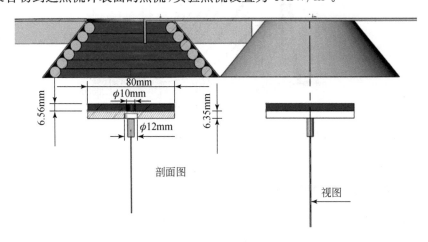

图 3.20 材料深度吸收系数实验测定装置图

实验开始前设置和调节热流,待热流稳定后关闭挡板,安装好其他装置后开始实验。先单击热流采集软件的"开始"按钮,再打开辐射源挡板,测量 20s 后迅速移走高岭棉板和样件,热流计再测量 20s 后结束实验。为保证实验的准确性,每种材料至少进行 5 次重复实验。由 Lambert-Beer(朗伯-比尔)定律可知:

$$I/I_0 = (1-r)^2 e^{-\kappa l} \tag{3.55}$$

式中,I_0 和 I 分别为通过样品前后测得的辐射;r 为表面平均总反射率;l 为辐射能穿透的样品厚度。根据测量结果,可间接测得材料的平均深度吸收系数为

$$\kappa = \frac{1}{l} \left[\ln I_0 (1-r)^2 - \ln I \right] \tag{3.56}$$

式中,表面反射率 r 均取 0.05,Tsilingiris[30] 的研究发现,不同材料的聚合物表面反射率在光滑度相同的情况下差别不大。实验最终测得 PMMA、HIPS、ABS 的深度吸收系数分别为 $2289 m^{-1}$、$2565 m^{-1}$、$2226 m^{-1}$。

3.3.3　深度吸收系数与热流光谱的关系

在针对不同类型辐射源开展固体可燃物热解着火实验时,由于辐射热流光谱之间存在较大的差异,通常无法比较相同材料在不同实验装置、同一辐射热流下测量的着火数据。实验中使用最多的两类辐射源是锥形量热仪中的电阻抗型加热线圈和 FPA 中的加热灯管。研究者在对锥形量热仪和 FPA 进行比较时发现,加热设备的类型、几何结构和样品的光学特性对辐射热流的吸收有很大的影响。锥形量热仪中的加热线圈、FPA 中的卤素灯、PMMA 燃烧火焰以及植被火灾[31,32] 的光谱强度随波数(或波长)的变化关系如图 3.21 所示。不同辐射源光谱特性部分内容已在 3.1 节详细介绍,此外不再赘述。锥形量热仪加热线圈的辐射特性在红外光谱范围内与黑体相似;而 FPA 中的卤素灯具有更复杂的非灰体辐射特性,在可见光和近红外光谱范围内占主导地位;硅碳棒的辐射特性近似为灰体辐射。锥形量热仪、FPA 及硅碳棒的光谱与固体的实际火焰的光谱有明显的差异。

早期在锥形量热仪和 FPA 测试中,通常假定对燃料的辐射为黑体辐射,并在样品表面以接近于常数的恒定吸收系数被吸收。然而,在很长一段时间内,研究者几乎没有提供支持这些假设的根据,相关问题的研究直至近年来才开始。光谱特性的差异是否会影响固体的热解和着火取决于受热材料的光学特性。如果辐射吸收与波长无关,那么对于一个给定的固体,在使用不同的加热设备进行测试时不会有差异。许多塑料的实验结果表明,大多数样品对辐射热流光谱表现出很强的依赖性,但有些样品的波长影响可以忽略不计。通过使用两种不同的热源(钨灯或苯火焰),Hallman[33] 测量了 36 种聚合物的辐射吸收率,并通过光谱分布解释了测量的着火时间变化。Thomson 等[34] 通过实验研究了加热器与样品距离对塑料着火行为的影响。Försth 等[35] 测量了 62 种材料的辐射吸收率,包括木制品、地毯、胶

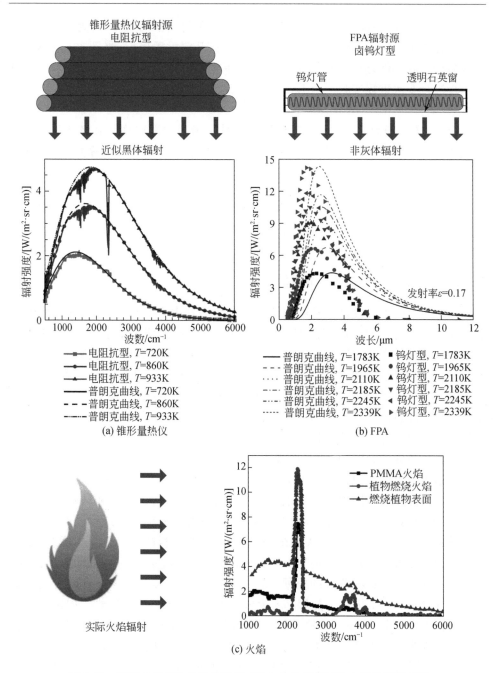

图 3.21　锥形量热仪中的加热线圈、FPA 中的卤素灯和火焰的辐射强度
随波数(或波长)的变化关系

合板上的油漆和塑料,所用加热源为固定波长范围的锥形量热仪。研究发现,辐射吸收率不仅取决于材料类型,还取决于热源的温度。同时,随着热解的进行,大多数木材和油漆产品的辐射吸收率下降在 10％ 以内,而大多数塑料的吸收率基本保持不变或略有增加。Boulet 等[36,37]测量了碳纤维复合材料、胶合板和透明 PMMA 在锥形量热仪 $30\sim65kW/m^2$ 热通量下的热解过程中吸收率的变化,测量的吸收率和发射率随着加热源温度的变化而变化,且均在 $0.9\sim0.95$ 的范围波动。材料在出现热解后表现出近似灰体辐射的现象。随着加热时间的增加,吸收率变化最高可达 10％。Monoda 等[38]和 Acem 等[39]分别定量测量了 6 种植物和松针的红外辐射特性,测量的吸收率高达 0.97,植物物种间的差异可以忽略不计,这些材料的差异在很大程度上取决于含水率。

　　辐射热流到达材料表面后,对不透明固体可通过表面吸收,而对透明或半透明材料通过深度吸收。在深度方向(穿透深度)x 处的光谱透射率可以表达为 $I(x)=I_0e^{-\kappa x}$,其中 I_0 为表面的辐射强度,κ 为量化介质每单位长度范围内被材料吸收的辐射热流,即深度吸收系数。若 κ 较小,则表现出对红外辐射的高透射率和透明度。κ 的大小与辐射热流光谱相关,这表明固体的透明度或不透明度是由辐射的光谱分布决定的。例如,透明的 PMMA 在可见光和近红外范围内接近透明,但在中红外的某些波段几乎不透明。理论上,所有的非反射辐射都会在一定的厚度内(穿透层)被深度吸收。若该层在表面附近非常薄,则表明 κ 很大,吸收过程可以近似简化为表面吸收。Bal 等[40]在 $10kW/m^2$ 和 $20kW/m^2$ 热流下,测量了锥形量热仪和 FPA 下不同厚度的透明 PMMA 的透射率,结果如图 3.22 所示。在厚度为 $0\sim1mm$ 时,来自电阻加热线圈的能量有 90％ 被吸收,而 FPA 灯管辐射能量只有 31％～37％ 被吸收。这表明对于锥形量热仪,表面吸收主导吸收过程,但对 FPA 来说,必须考虑深度吸收。透明 PMMA 具有近灰体特征,对锥形量热仪加热线圈辐射热流的平均吸收率较高,约为 0.91,而 FPA 中高温卤素灯辐射的光谱分布表现出非灰体特征,发射率为 0.32。为解决 FPA 深度吸收的问题,在 FPA 的测试标准中要求在样品表面涂覆一层薄的高吸收率的惰性涂层,以避免因辐射深度吸收而产生与锥形量热仪测试结果的差异,并确保实验时表面吸收率近似为 1。然而,Bal 等[40]的测量结果表明,这种由黑色涂层实现完全表面吸收的假设是不正确的,依然有高达 65％ 的辐射热流可通过涂层而被深度吸收。

　　在经典着火理论中,点火时间的 -0.5 次方与入射热流呈线性关系。然而,在考虑深度吸收特别是高热流时,并不存在这种线性关系。Delichatsios 等[41]通过考虑表面和深度吸收修正了经典的着火理论,并提出了一些有效方法来估算半透明固体的着火时间。改变固体的光学特性也能增加其阻燃性,Schartel 等[42]在 PA66(聚酰胺 66)和聚碳酸酯(polycarbonate,PC)上涂覆了三层(二氧化硅-铜-铬)涂

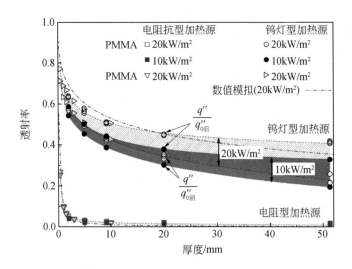

图 3.22　$10kW/m^2$ 和 $20kW/m^2$ 热流下锥形量热仪和 FPA 下不同厚度透明 PMMA 的透射率

层,以起到红外反射保护层的作用,其涂层厚度小于 $1~\mu m$。结果表明,表面吸收率明显降低,使着火时间推迟了数分钟,火蔓延和火灾增长指数降低到未涂层聚合物数值的 $1/10$,且其值低于 0.1。其他学者也采用类似的方法,通过在聚合物基体中添加添加剂或在表面涂覆一层涂层来实现聚合物的预期热辐射特性[43-46]。此类方法大大推迟了改性聚合物的着火时间,且在某些条件下,涂层使材料的辐射特性从热薄变为热厚。

参 考 文 献

[1] Morandini F,Silvani X,Dupuy J,et al. Fire spread across a sloping fuel bed:Flame dynamics and heat transfers[J]. Combustion and Flame,2018,190:158-170.

[2] Jiang F H,De Ris J L,Khan M M. Absorption of thermal energy in PMMA by in-depth radiation[J]. Fire Safety Journal,2009,44(1):106-112.

[3] Linteris G,Zammarano M,Wilthan B,et al. Absorption and reflection of infrared radiation by polymers in fire-like environments[J]. Fire and Materials,2012,36(7):537-553.

[4] Egolfopoulos F N,Hansen N,Ju Y,et al. Advances and challenges in laminar flame experiments and implications for combustion chemistry [J]. Progress in Energy and Combustion Science,2014,43:36-67.

[5] Mastorakos E. Ignition of turbulent non-premixed flames[J]. Progress in Energy and Combustion Science,2009,35(1):57-97.

[6] Fereres S,Fernandez-Pello C,Urban D L,et al. Identifying the roles of reduced gravity and pressure on the piloted ignition of solid combustibles[J]. Combust and Flame,2015,162(4):

1136-1143.

[7] Incropera F P,DeWitt D P,Bergman T L,et al. Fundamentals of Heat and Mass Transfer[M]. 6th ed. New York: John Wiley and Sons,2006.

[8] Boulet P,Parent G,Acem Z,et al. Radiation emission from a heating coil or a halogen lamp on a semitransparent sample[J]. International Journal of Thermal Sciences, 2014, 77: 223-232.

[9] 周宇鹏. 热解挥发份辐射衰减及流动特性对固体可燃物热解及着火影响研究[D]. 合肥：中国科学技术大学,2010.

[10] 戴佳昆. 固体可燃物热解气化及热解气对冲流场点燃过程模型与实验研究[D]. 合肥：中国科学技术大学,2012.

[11] 李柄缘,雍开祥,董优雅,等. 微波辐射对生物质热解过程的影响[J]. 环境工程学报,2015, 9(1)：413-418.

[12] Miyamoto K,Huang X,Fujita O,et al. Limiting oxygen concentration (LOC) of burning polyethylene insulated wires under external radiation[J]. Fire Safety Journal,2016,86: 32-40.

[13] 彭飞. 顶棚辐射与对流对 PMMA 热解及火蔓延的影响规律研究[D]. 合肥：中国科学技术大学,2016.

[14] 佚名. COMSOL Documentation and help[EB/OL]. https://doc.comsol.com/5.5/doc/com.comsol.help.comsol/comsol_ref_introduction.08.04.html[2019-11-20].

[15] Gong J H,Chen Y X,Jiang J C,et al. A numerical study of thermal degradation of polymers: Surface and in-depth absorption[J]. Applied Thermal Engineering,2016,106: 1366-1379.

[16] Lautenberger C,Fernadez-Pello C A. Fire safety science-proceedings of the 8th international symposium[C]//The International Association for Fire Safety Science,2005:445-456.

[17] Delichatsios M,Paroz B,Bhargava A. Flammability properties for charring materials[J]. Fire Safety Journal,2003,38(3):219-228.

[18] Tewarson A,Ogden S D. Fire behavior of polymethylmethacrylate[J]. Combust and Flame,1992,89(3-4):237-259.

[19] Delichatsios M A,Saito K. Upward fire spread: Key flammability properties, similarity solution and flammability indices[J]. Fire Safety Science,1991,(3):217-226.

[20] Beaulieu P A,Dembsey N A. Flammability characteristics at applied heat flux levels up to 200 kW/m² [J]. Fire and Materials,2008,32(2):61-86.

[21] Lautenberger C,Fernandez-Pello C. Generalized pyrolysis model for combustible solids[J]. Fire Safety Journal,2009,44(6):819-839.

[22] Bal N,Raynard J,Rein G,et al. Experimental study of radiative heat transfer in a translucent fuel sample exposed to different spectral sources[J]. Heat Mass Transfer, 2013,61(1):742-748.

[23] Beaulieu P A. Flammability characteristics at heat flux levels up to 200 kW/m² and the

effect of oxygen on flame heat flux[D]. Worcester: Worcester Polytechnic Institute, 2005.

[24] Stoliarov S I, Leventon I T, Lyon R E. Two-dimensional model of burning for pyrolyzable solids[J]. Fire and Materials, 2014, 38(3): 391-408.

[25] McGrattan K, Hostikka S, Floyd J, et al. Fire dynamics simulator (version 6) technical reference guide, Vol 1: Mathematical mode[R]. Gaithersburg: National Institute of Standards and Technology, 2013.

[26] Linteris G, Zammarano M, Wilthan B, et al. Absorption of thermal radiation by burning polymers[C]//The 12th International Conference, 2011: 559-570.

[27] Dittrich B, Wartig K, Hofmann D, et al. Flame retardancy through carbon nanomaterials: Carbon black, multiwall nanotubes, expanded graphite, multi-layer graphene and graphene in polypropylene[J]. Polymer Degradation and Stability, 2013, 98(8): 1495-1505.

[28] Dittrich B, Wartig K, Hofmann D, et al. Carbon black, multiwall carbon nanotubes, expanded graphite and functionalized graphene flame retarded polypropylene nanocomposites[J]. Polymers for Advanced Technologies, 2013, 24(10): 916-926.

[29] Li J, Gong J H, Stoliarov S I. Gasification experiments for pyrolysis model parameterization and validation[J]. International Journal of Heat and Mass Transfer, 2014, 77: 738-744.

[30] Tsilingiris P T. Comparative evaluation of the infrared transmission of polymer films[J]. Energy Conversion and Management, 2003, 44(18): 2839-2856.

[31] Boulet P, Parent G, Collin A, et al. Spectral emission of flames from laboratory- scale vegetation fires[J]. International Journal of Wildland Fire, 2009, 18(7): 875-884.

[32] Parent G, Acem Z, Lechêne S, et al. Measurement of infrared radiation emitted by the flame of a vegetation fire[J]. International Journal of Thermal Sciences, 2010, 49(3): 555-562.

[33] Hallman J. Ignition characteristics of plastics and rubber[D]. Norman: University of Oklahoma, 1971.

[34] Thomson H E, Orysdale D D. Flammability of plastics I: Ignition temperatures[J]. Fire and Materials, 1987, 11: 163-172.

[35] Försth M, Roos A. Absorptivity and its dependence on heat source temperature and degree of thermal breakdown[J]. Fire and Materials, 2011, 35(5): 285-301.

[36] Boulet P, Parent G, Acem Z, et al. Characterization of the radiative exchanges when using a cone calorimeter for the study of the plywood pyrolysis[J]. Fire Safety Journal, 2012, 51: 53-60.

[37] Boulet P, Brissinger D, Collin A, et al. On the influence of the sample absorptivity when studying the thermal degradation of materials[J]. Materials, 2015, 8(8): 5398-5413.

[38] Monoda B, Collin A, Parent G, et al. Infrared radiative properties of vegetation involved in forest fires[J]. Fire Safety Journal, 2009, 44(1): 88-95.

[39] Acem Z, Parent G, Monod B, et al. Experimental study in the infrared of the radiative properties of pine needles[J]. Experimental Thermal and Fluid Science, 2010, 34(7): 893-899.

[40] Bal N, Rein G. Numerical investigation of the ignition delay time of a translucent solid at high radiant heat fluxes[J]. Combustion and Flame, 2011, 158(6): 1109-1116.

[41] Delichatsios M A, Zhang J P. An alternative way for the ignition times for solids with radiation absorption in-depth by simple asymptotic solutions[J]. Fire and Materials, 2012, 36(1): 41-47.

[42] Schartel B, Beck U, Bahr H, et al. Sub-micrometre coatings as an infrared mirror: A new route to flame retardancy[J]. Fire and Materials, 2012, 36(8): 671-677.

[43] Davesne A, Jimenez M, Samyn F, et al. Thin coatings for fire protection: An overview of the existing strategies, with an emphasis on layer-by-layer surface treatments and promising new solutions[J]. Progress in Organic Coatings, 2021, 154: 106217.

[44] Davesne A, Bensabath T, Sarazin J, et al. Low-Emissivity metal/dielectric coatings as radiative barriers for the fire protection of raw and formulated polymers[J]. ACS Applied Polymer Materials, 2020, 2(7): 2880-2889.

[45] Casetta M, Michaux G, Ohl B, et al. Key role of magnesium hydroxide surface treatment in the flame retardancy of glass fiber reinforced polyamide 6[J]. Polymer Degradation and Stability, 2018, 148: 95-103.

[46] Apaydin K, Laachachi A, Ball V, et al. Layer-by-layer deposition of a TiO_2-filled intumescent coating and its effect on the flame retardancy of polyamide and polyester fabrics[J]. Colloids and Surfaces A: Physicochemical and Engineering Aspects, 2015, 469: 1-10.

第4章 恒定热流与时变热流特性

4.1 恒定热流特性

4.1.1 恒定热流标准

在实际生活中,辐射源对周围环境的热辐射在很多情况下都属于功率恒定的热辐射,因此研究外加恒定热流下材料的热解及着火行为是非常必要的。恒定热流在实验研究中是一种常见的简化热流的方式。标定恒定热流的实验中,辐射源与热流计距离为 25mm、50mm 和 100mm 时得到几组典型的热流曲线,如图 4.1 所示。由图可见,热流先达到一个峰值,随后略有下降,直至达到一个恒定值。略有下降的原因是隔热板从样品上方被移开后冷空气向上流动,冷空气对流冷却加热器导致其温度下降,进而造成热流的短暂下降。当挡板在样品上方时,由于加热器和隔热板的间隙很小,不会产生这种冷空气流动。当气相过程和辐射源温度稳定时,热流达到恒定值。

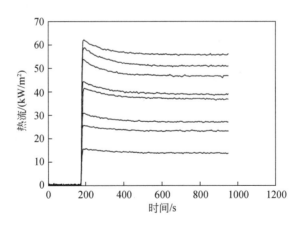

图 4.1 恒定热流实验前热流标定结果曲线

研究发现,着火时间与恒定热流有直接关系,但是热流在实验开始时是不稳定的,这会给实验结果带来额外的复杂性。热流对计算理论着火时间非常重要,理论模型中输入的热流应尽可能地接近样品接收到的热流,所以通常用样品在一定时

间内接收到的热流的平均值近似代替:

$$\bar{I} = \frac{1}{t_i} \int_0^{t_i} I(t) \mathrm{d}t \qquad (4.1)$$

式中，$I(t)$ 为图 4.1 中热流曲线的函数；t_i 为着火时间。

4.1.2　恒定热流时空稳定性

　　在实验中，常使用水冷式热流计对恒定热流进行标定，标定过程中热流计固定在加热器的下方，以实时监测接收到的热流。例如，标定 20～60kW/m²（间隔 10kW/m²）的恒定热流，使用水冷式 Schmidt-Boelter 热流计，量程为 0～100kW/m²，精度为 0.01kW/m²，响应电压为 5.243(kW/m²)/mV，反应时间为 80ms，重复性为±0.5%，辐射接收靶直径为 12.5mm，表面覆有高吸收率的惰性无光泽黑色涂层，吸收率为 0.92，如图 4.2 所示。将热流计水平放置在加热器下方 30mm 处（锥形量热仪标准高度为 25mm），以保证该高度为实验时样件上表面所在平面。在设定的热流稳定至少 20min 后，测量的恒定热流误差小于 0.3kW/m²。保持高度不变，在水平方向上距离中心 30mm 处沿四个不同方向（间隔 90°）移动热流计，直至到达与样件边缘相对应的位置，热流下降要求不超过中心最大值的 4%。整个标定过程中，要求环境无明显外界气流干扰，环境温度稳定，加热源附近无其他加热源干扰，以保证热流在水平面上的时间稳定性和空间均匀性。

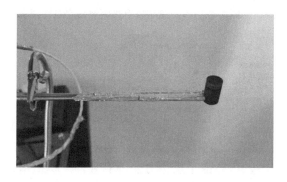

图 4.2　水冷式 Schmidt-Boelter 热流计实物图

4.2　上升型时变热流

4.2.1　线性上升热流

　　为简化分析，早期研究将火灾中材料接收到的热流大小视为常数，而实际火灾中未燃材料接收到的热流会因火蔓延、火势变化和高温物体温度变化而改变,形成时变热流[1]。线性上升热流是变化热流情况中较为简单的一种,Ji 等[2]、Yang 等[3,4]和 Santamaria 等[5]在实验中均设计了线性上升热流,以探究在线性上升热流下材料的热解着火特性。郭再富[6]通过调节火灾早期特性实验台热辐射源的加热功率,根据热辐射源的升温过程得到几组不同的线性上升热流,在不同加热功率下热流随时间的变化曲线及拟合结果如图 4.3 所示。

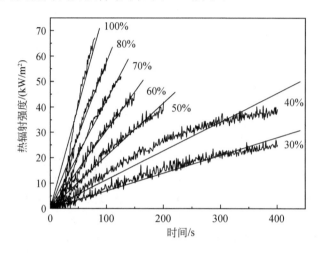

图 4.3　不同加热功率下样品表面热辐射强度线性拟合曲线

　　Zhai 等[7]采用测量实时热流及控制辐射源电流的方法,通过反馈的方式实时控制辐射源的电流,以得到需要的时变热流,但实验过程中出现了因反馈量过大而导致的参数不易调节及热流发生振荡的问题。随后,Zhai 等在反馈的基础上进一步结合前馈思想提出混合控制方法,并最终实现了线性热流的精确控制,得到的五组线性上升热流曲线如图 4.4 所示。改变常数 a 可设计热流表达式,设计热流结果与实测结果一致性较好,验证了反馈方法的有效性。类似地,Gong 等[8]通过调整温度控制器参数设计了六组线性上升热流。将 Delta DT320 温度控制器的控制模式调为 PID 模式(PID 参数由温度控制器自动调整),控制模式设置为可程序化温度模式,该模式下可选择每组程序样式下的步骤,每个步骤有设定温度和设定时间两个参数,温度控制器通过控制加热圈加热功率使加热圈实时温度在设定时间内达到设定温度。例如,实验中设置温度控制器使加热圈分别在 6min、8min、10min、12min 内从室温上升至 600℃。最终的热流形式为

$$\dot{q}''_{in} = \dot{q}''_0 + at \qquad (4.2)$$

式中,$\dot{q}''_{in}$ 为入射热流;$\dot{q}''_0$ 为任意初始热流;t 为时间;a 为可调节的常数。当 $\dot{q}''_0 =$

$6.5kW/m^2$时,通过对温度控制器的温度增长速率进行调节,以获得不同温度增长速率下的线性上升热流,实际测量热流和拟合曲线如图 4.5 所示,拟合优度 R^2 均大于 0.99。

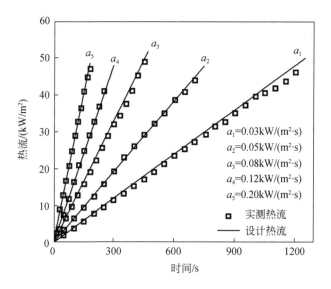

图 4.4　Zhai 等设计并实现的五组线性上升热流曲线

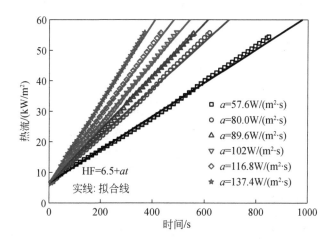

图 4.5　Gong 等设计并实现的六组线性上升热流曲线

4.2.2　平方上升热流

Zhai 等在设计并实现线性上升热流后,又将该设计方法延伸到平方上升热流

研究中[7]，设计平方上升热流表达式为

$$\dot{q}''_{in} = at^2 \tag{4.3}$$

Zhai 等设计的平方上升热流表达式如表 4.1 所示。实验所测实际热流与设计热流对比曲线如图 4.6 所示。

表 4.1　Zhai 等设计的平方上升热流表达式

a	表达式
a_1	$\dot{q}''_{in} = 4.84 \times 10^{-4} t^2$
a_2	$\dot{q}''_{in} = 9.32 \times 10^{-4} t^2$
a_3	$\dot{q}''_{in} = 1.70 \times 10^{-3} t^2$
a_4	$\dot{q}''_{in} = 2.40 \times 10^{-3} t^2$
a_5	$\dot{q}''_{in} = 3.55 \times 10^{-3} t^2$

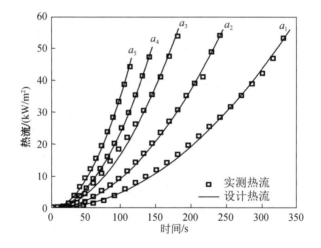

图 4.6　Zhai 等设计并实现的平方上升热流曲线

4.2.3　自然指数上升热流

在实际火灾场景中，当火焰不断蔓延并逐渐靠近可燃物时，未燃材料接收到的热流通常呈指数上升趋势，Cohen[9]和 Manzello 等[10]在野火和森林火灾中测量的固定位置入射热流随时间的变化曲线如图 4.7 所示。

指数变化热流针对火焰蔓延和火灾位置移动过程中火焰前方的辐射热流强度，其表达式为

$$\dot{q}''_{in} = ab^t \tag{4.4}$$

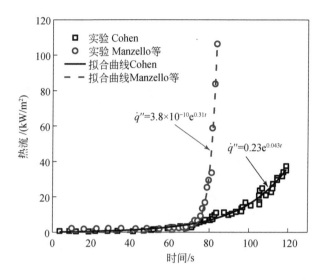

图 4.7　Cohen 和 Manzello 等在野火和森林火灾中测量的自然指数上升热流曲线

自然指数上升热流的增长速率由火焰蔓延速率和辐射角系数决定,在模拟其对材料热解着火过程的影响时体现为系数 a 和 b 的大小。

4.2.4　多项式上升热流

现有文献中关于时变热流对热解着火过程的影响主要集中在单调变化的热流。而多项式上升热流主要针对火灾中火焰和未燃材料位置相对固定,但火焰辐射热流随火灾发展经历了增长和衰退整个火灾过程的加热情景。Lamorlette[11]讨论并研究了多项式上升热流下材料的热解着火,使用多个幂指数函数之和表示多项式热流,其表达式为

$$\dot{q}''_{\text{in}} = \sum_{i=0}^{N} a_i t^i \tag{4.5}$$

多项式上升热流实现较为复杂,因此 Lamorlette 并没有开展相关的实验研究,只是通过理论分析,给出了多项式上升热流下着火时间的解析模型。Didomizio 等[12]利用锥形量热仪加热器得到四阶多项式热流,具体方法为:维持锥形量热仪加热器温度随时间线性增加到 1073.15K,温度上升速率为 1K/s,根据辐射定律,辐射热流与温度的 4 次方成正比,因此热流也随时间呈四阶多项式增长,所得到的几组热流曲线如图 4.8 所示。

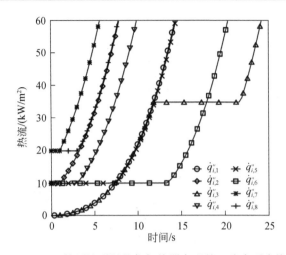

图 4.8　Didomizio 等用锥形量热仪加热器实现的四阶多项式热流曲线

4.2.5　幂指数上升热流

在实际火灾场景中,火源传递给未燃可燃物的热流通常随火灾发展或火焰蔓延而变化。上述 Cohen[9] 测量的森林火灾中火焰对其前方未燃可燃物的辐射热流也可近似用幂指数形式来表达,如图 4.9 所示。Vermesi 等[13] 在研究中也采用了二阶和三阶幂指数上升热流。很明显,线性上升热流和平方上升热流分别是幂指数上升热流的特殊和简单形式。

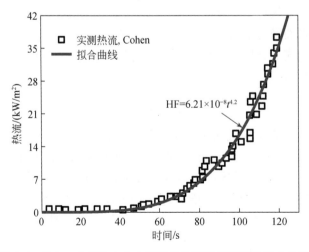

图 4.9　Cohen 在森林火灾中测量的热流及其幂指数拟合曲线

Gong 等[14]通过调整温度控制器参数设计了四组幂指数上升热流,方法同 4.2.1 节中线性热流的实现过程。图 4.10 给出了 Gong 等在实验中设计的四组幂指数上升热流曲线,图中实线为拟合曲线,拟合优度 R^2 均大于 0.99。拟合后的热流表达式为

$$\dot{q}''_{in} = at^b \tag{4.6}$$

式中,$\dot{q}''_{in}$ 为入射热流;t 为时间;a 和 b 均为正有理数。所设定的热流包含不同的热流增长率,对应于从慢到快的火势蔓延速度,具有独立的参数 a 和 b。

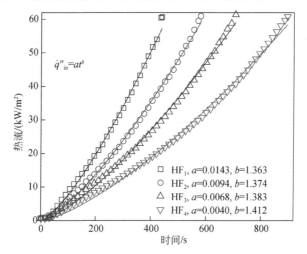

图 4.10 Gong 等在实验中设计的四组幂指数上升热流曲线

4.3 衰减型时变热流

4.3.1 自然冷却衰减热流

Bilbao 等[15]研究了辐射加热锥自然冷却条件下的衰减热流对材料热解着火的影响。在自然冷却热流测量实验中,先将加热器上升到一定温度(对应一定的热流),移除热流计上方的挡板后通过手动修改加热器的功率得到了一系列衰减热流,在完全切断电源后得到了最大递减速率下的下降热流,其得到的几组衰减热流曲线如图 4.11 所示。

Gong 等[16]在实验中将锥形量热仪辐射源温度升高到一定值,切断电源后加热器在自然冷却降温过程中实现了热流的自然衰减。同样,加热器的自然冷却代表该装置可实现最大热流下降速率。在自然冷却条件下,初始热流分别为 20kW/m²、30kW/m²、40kW/m² 和 50kW/m² 时测得的衰减热流曲线如图 4.12(a)所示。图中,实线为拟合曲线。

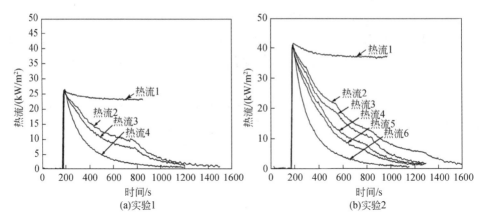

图 4.11　Bilbao 等在自然冷却条件下得到的衰减热流曲线

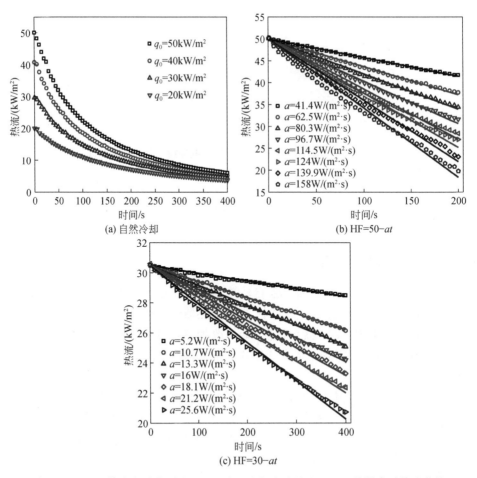

图 4.12　Gong 等在实验中测试的四组自然冷却衰减热流及两组线性衰减热流曲线

4.3.2　线性衰减热流

前人已开展了大量固体可燃物在常热流和随时间增长的热流下的热解着火机理研究。加热过程中产生的气体和烟雾对辐射热流的吸收、腔室火灾中冷却过程中的高温烟气的辐射、停电后辐射加热器的热流,以及逐渐衰减的火焰对可燃物辐射的热流逐渐下降等,会导致随时间衰减的热流,在此类辐射条件下可燃物的热解着火机理很少受到关注。因此,Gong 等[16]设计了两组线性衰减热流并开展相关实验,初始热流分别为 30kW/m² 和 50kW/m²,表达式如下:

$$\dot{q}''_{in} = \dot{q}''_0 - at \tag{4.7}$$

式中,$\dot{q}''_{in}$ 和 $\dot{q}''_0$ 分别为瞬态入射热流和初始热流;a 为衰减速率;t 为时间。在热流标定过程中,首先对加热器进行编程,使其在 5min 内达到目标恒定初始热流,再将该热流保持 20min,随后该热流按照不同的下降速率衰减。标定后的两组热流分别如图 4.12(b)和(c)所示。在衰减速率较低时,热流的线性度较好,但随着衰减速率的增大,线性度也逐渐变差。在较大的衰减速率下进行非线性热流实验结果的数值模拟,发现采用非线性热流的模拟结果与采用近似线性热流的模拟结果偏差在可接受的范围内,因此对实验过程采用近似线性热流进行分析。这些非线性主要是由衰减速率较高时,基于反馈信号的温度控制器在调节辐射源温度时的时间延迟增加造成的。

4.4　其他形式时变热流

4.4.1　抛物线型时变热流

Vermesi 等[13]在利用 FPA 探索 PMMA 和木材的热解着火特性时采用抛物线型时变热流,实验中采用了不同的峰值热流、峰值热流时间,以及不同的热流持续时间,如表 4.2 和图 4.13 所示。

表 4.2　Vermesi 等实验中抛物线热流参数

峰值热流/(kW/m²)	峰值热流时间/s	热流持续时间/s
30	320	640
45	320	640
25	320	640
30	480	960
30	260	520

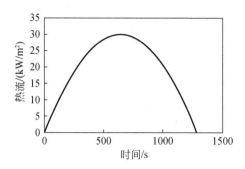

图 4.13　Vermesi 等实验中抛物线型时变热流曲线

4.4.2　周期热流

在真实火场中,由于火焰浮力羽流的作用,火焰前沿常出现湍流运动,进而产生周期性或振荡的火焰,可能会引燃周围的可燃物。因此,研究振荡/周期热流下固体可燃物的着火机理具有重要的现实意义。孟雅茹等[17]在正弦振荡周期热流下进行了着火机理研究,周期热流的获得方式为:推杆电机连接隔热石棉板,通过时间继电器调节推杆电机的伸缩时间,以模拟正弦辐射的周期。推杆电机处于收缩状态,热流辐射到样品上,对应正弦曲线的前半周期;推杆电机处于伸出状态,热流被隔热石棉板挡住,对应正弦曲线的后半周期,周期为 4s,在每个周期内,先加热 2s,再通过隔热石棉板隔热 2s。选取的热流周期 τ 分别为 4s、24s、44s、64s,通过水冷热流计测得四组周期热流曲线如图 4.14 所示,获得的真实辐射表达式为

$$\begin{cases} \dot{q}''_{\text{电机缩}}=20\text{kW/m}^2, & N\leqslant\dfrac{t}{\tau}\leqslant N+\dfrac{1}{2} \\[2mm] \dot{q}''_{\text{电机伸}}=2\text{kW/m}^2, & N+\dfrac{1}{2}<\dfrac{t}{\tau}\leqslant N+1 \end{cases} \tag{4.8}$$

式中,N 表示周期数,$N=0,1,2,\cdots$。

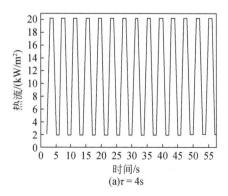

(a)$\tau=4$s

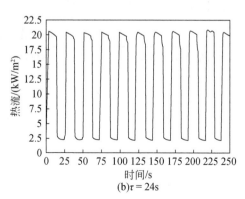

(b)$\tau=24$s

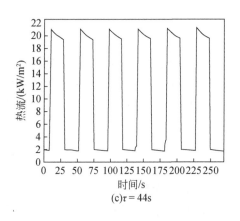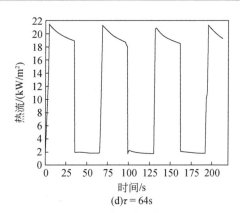

图 4.14　孟雅茹等的实验中测得的周期热流曲线

随后,Fang 等[18]采用类似的方法,推杆电机以 9cm/s 的速度在加热器下方移动 10mm 厚的隔热石棉板,以获得周期性热流。隔热石棉板的位置高于样品表面 10.5cm,能够在短时间内移入或移出。每次实验前应接通加热器至少 10min,并在加热器下方移动隔热石棉板,以实现稳定的周期热流。但经过这一预热步骤后,隔热石棉板会有一定的温升,即使隔热石棉板已挡住加热器,其高温也会向样件辐射一部分热量,即有一个小的加热热流。实验发现,当着火时间小于 5min 时,所测得的周期热流非常稳定,热流最大值和最小值分别为 20kW/m² 和 2kW/m²,该热流范围与孟雅茹等的实验中测得的热流范围相同,如图 4.15 所示。图中辐射热流曲线表明,热流为方波,但在开启和关闭隔热石棉板时存在时间延迟,一般约 1s。其实验中所采用的周期热流的周期分别为 4s、24s、44s、64s 和 84s,频率为 0.01～0.25Hz。

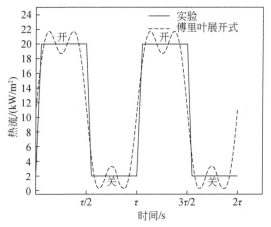

图 4.15　Fang 等的实验中测得的周期热流曲线

4.4.3　上升-恒定热流

在室内火灾轰燃前,燃烧热释放速率在增长阶段随时间增加,并在达到稳定阶段后保持近似恒定,火灾增长阶段常用线性上升热流和平方上升热流来预测室内火灾行为,在地面面积不变的情况下,其接收的入射热流与热释放速率呈相似的变化趋势。基于此火场条件,Gong 等[19]研究了上升-恒定热流,其表达式为

$$\dot{q}''_{in} = \begin{cases} at^b, & t \leqslant t_t \\ c, & t > t_t \end{cases} \tag{4.9}$$

式中,a 和 b 为决定增长阶段热流上升速率的常数;t_t 为热流增长阶段终止时间;c 为热流到达恒定阶段的常热流。Gong 等研究了四种情况下的上升-恒定热流,如图 4.16 所示,得到了表面温度及着火的解析解,但其未开展相关实验研究。

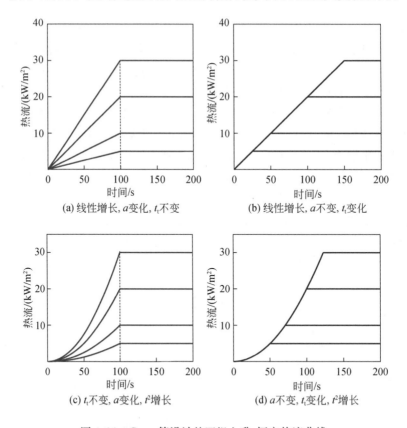

图 4.16　Gong 等设计的四组上升-恒定热流曲线

参 考 文 献

[1] Reszka P, Borowiec, P, Steinhaus T, et al. A methodology for the estimation of ignition delay times in forest fire modelling[J]. Combustion and Flame, 2012, 159(12): 3652-3657.

[2] Ji J W, Cheng Y P, Yang L Z, et al. An integral model for wood auto-ignition under variable heat flux[J]. Journal of Fire Science, 2006, 24(5): 413-425.

[3] Yang L Z, Guo Z F, Zhou Y P, et al. The influence of different external heating ways on pyrolysis and spontaneous ignition of some woods[J]. Journal of Analytical and Applied Pyrolysis, 2007, 78(1): 40-45.

[4] Yang L Z, Guo Z F, Ji J W, et al. Experimental study on spontaneous ignition of wood exposed to variable heat flux[J]. Journal of Fire Sciences, 2005, 23(5): 405-416.

[5] Santamaria S, Hadden R M. Experimental analysis of the pyrolysis of solids exposed to transient irradiation. Applications to ignition criteria[J]. Proceedings of the Combustion Institute, 2019, 37(3): 4221-4229.

[6] 郭再富. 线性上升热流下木材热解过程的温度分布及炭化速率研究[D]. 合肥: 中国科学技术大学, 2006.

[7] Zhai C J, Gong J H, Zhou X D, et al. Pyrolysis and spontaneous ignition of wood under time-dependent heat flux[J]. Journal of Analytical and Applied Pyrolysis, 2017, 125: 100-108.

[8] Gong J H, Zhang M R, Zhai C J, et al. Experimental, analytical and numerical investigation on auto-ignition of thermally intermediate PMMA imposed to linear time-increasing heat flux [J]. Applied Thermal Engineering, 2020, 172: 115137.

[9] Cohen J D. Relating flame radiation to home ignition using modeling and experimental crown fires[J]. Canadian Journal of Forest Research, 2004, 34(8): 1616-1626.

[10] Manzello S, Park S, Cleary T, et al. Fire mater[C]//The 11th International Conference, 2009: 215-224.

[11] Lamorlette A. Analytical modeling of solid material ignition under a radiant heat flux coming from a spreading fire front[J]. Journal of Thermal Science and Engineering Applications, 2014, 6(4): 044501.

[12] Didomizio M J, Mulherin P, Weckman E J. Ignition of wood under time-varying radiant exposures[J]. Fire Safety Journal, 2016, 82: 131-144.

[13] Vermesi I, Didomizio M J, Richter F, et al. Pyrolysis and spontaneous ignition of wood under transient irradiation: Experiments and a-priori predictions[J]. Fire Safety Journal, 2017, 91: 218-225.

[14] Gong J H, Cao J L, Zhai C J, et al. Effect of moisture content on thermal decomposition and autoignition of wood under power-law thermal radiation[J]. Applied Thermal Engineering, 2020, 179: 115651.

[15] Bilbao R, Mastral J F, Lana J A, et al. A model for the prediction of the thermal degradation and ignition of wood under constant and variable heat flux[J]. Journal of Analytical and

Applied Pyrolysis,2002,62(1)：63-82.

[16] Gong J H,Zhai C J,Cao J L,et al. Auto-ignition of thermally thick PMMA exposed to linearly decreasing thermal radiation[J]. Combustion and Flame,2020,216：232-244.

[17] 孟雅茹,方俊,王静舞,等. 振荡辐射下 PMMA 热解与着火过程研究[J]. 火灾科学,2018,27(4)：205-212.

[18] Fang J,Meng Y R,Wang J W,et al. Experimental,numerical and theoretical analyses of the ignition of thermally thick PMMA by periodic irradiation[J]. Combust and Flame,2018,197：41-48.

[19] Gong J H,Zhai C J. Estimating ignition time of solid exposed to increasing-steady thermal radiation[J]. Journal of Thermal Analysis and Calorimetry,2022,147(5)：3763-3778.

第 5 章　恒定热流下固体可燃物热解着火

本章讨论恒定热流下热厚固体可燃物在考虑纯表面吸收、纯深度吸收及表面-深度耦合吸收情况下的热解着火问题,在考虑固相热解的情况下,发展基于临界质量损失速率的解析着火模型。在此基础上,结合 3.2.1 节发展的数值模型,对作者得到的一些实验结果进行深入分析。在三种热流吸收模式下,材料的受热过程如图 5.1 所示。

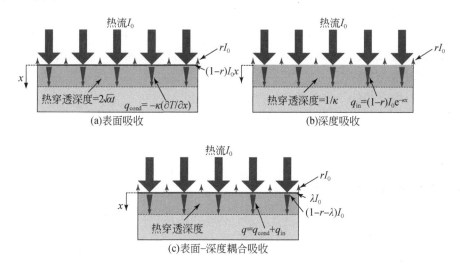

图 5.1　恒定热流下热厚固体可燃物对热流的吸收及内部传热过程

5.1　恒定热流下表面吸收热解着火

本节结合已有的研究结果,基于阿伦尼乌斯方程的近似简化表达式,发展新的基于纯表面吸收的着火时间解析公式,并与经典着火理论进行比较。如第 3 章所述,表面吸收会将吸收的热量集中在表层附近,表层内温度较高,易达到热解温度,并提供着火需要的热解气质量流率,进而缩短着火时间。

5.1.1　解析模型

考虑一维热厚材料受外界热流加热,其传热过程为一维,辐射热流通过表面吸收的形式被材料吸收。本节采用 Lautenberger 等[1]提出的对热解方程的近似方法,研究表面吸收情况下包括固相热解反应的解析模型。类似的方法在 5.2 节分析深度吸收过程中着火问题时同样会用到,该解析模型采用临界质量损失速率作为着火临界判据。在推导解析模型之前,进行如下假设:

(1)加热对象为一维热厚材料。

(2)忽略表面的热流反射部分。

(3)材料热物性参数不随温度变化。

(4)用一个简化的指数表达式简化在假设条件(1)～(3)的前提下得到的温度解析公式。

(5)用 Lautenberger 等的研究中的指数近似代替阿伦尼乌斯方程。

在以上假设条件下计算着火前的质量损失速率和着火时间。为简化分析过程,本节在忽略表面热损失的情况下计算基于临界质量损失速率的着火时间解析解,即将固相热解反应考虑在解析模型中,以常用的典型固体可燃物黑色 PMMA 为例说明其推导过程。

热厚材料受热的一维能量守恒方程为

$$\frac{\partial T_s}{\partial t} = \alpha \frac{\partial^2 T_s}{\partial x^2} \tag{5.1}$$

初始条件和边界条件为

$$\begin{cases} T_s(x,0) = T_0 \\ -k_s \left. \frac{\partial T_s}{\partial x} \right|_{x=0} = \dot{q}''_{ext} \\ T_s(\infty, t) = T_0 \end{cases} \tag{5.2}$$

其解析解为

$$T_s - T_0 = \frac{\dot{q}''_{ext} \delta_c}{k_s} ierfc(\xi) = \frac{\dot{q}''_{ext} \delta_{in}}{2k_s} \cdot 4\varphi i erfc(\xi) \tag{5.3}$$

其中,

$$\delta_c = 2\sqrt{\alpha t} \tag{5.4}$$

$$\delta_{in} = 1/\kappa \tag{5.5}$$

$$\xi = x/\delta_c \tag{5.6}$$

$$\varphi = \delta_c/(2\delta_{in}) \tag{5.7}$$

Lautenberger 等[1]采用近似方法 $ierfc(\xi) = (\sqrt{\pi} + a\xi^b)^{-1}$ 对误差函数 $ierfc(\xi)$ 进行近似,其中 $a = 7.14, b = 1.32$。本节采用一种不同的近似函数来简化温度曲线:

$$ierfc(\xi) \approx 0.565 e^{-2.56\xi^{1.2}} \tag{5.8}$$

这里定义

$$f_C(\varphi,\xi)=4\varphi i\,\mathrm{erfc}(\xi)\approx2.26\varphi\mathrm{e}^{-2.56\xi^{1.2}} \tag{5.9}$$

该近似函数的精确度在图 5.2 中进行了验证。

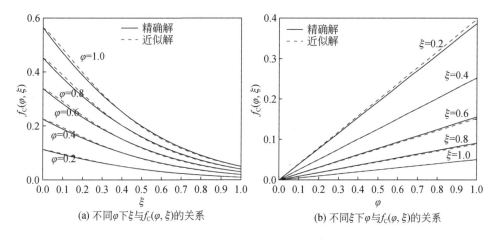

图 5.2　式(5.9)中精确函数和近似函数对比图

着火前,厚度为 L 的材料内部通过热解反应产生的热解气总质量流率可表示为

$$\dot{m}''=\rho_s Z\int_0^L\exp(-T_a/T_s)\mathrm{d}x\approx\rho_s Z\delta_c\int_0^1\exp(-T_a/T_s)\mathrm{d}\xi \tag{5.10}$$

在着火前,应该考虑整个固体区域的热解,但实际上高温区只是在表面附近,即在热穿透层内,因此热解气主要在该层内产生。在上面的积分中,积分上限可用 1 代替。为简化阿伦尼乌斯方程,采用 Lautenberger 等[1] 的简化方法对上述方程进行简化:

$$\exp\left(-\frac{T_a}{T_s}\right)\approx A\left(\frac{T_s}{T_r}\right)^B \tag{5.11}$$

$$A=\exp\left(-\frac{T_a}{T_1}\right),\quad T_1\approx357\mathrm{K} \tag{5.12}$$

$$B=T_a/T_2,\quad T_2\approx615\mathrm{K} \tag{5.13}$$

式中,A 和 B 均为常数。结合方程(5.3)、方程(5.9)~(5.11),可得总质量流率为

$$\frac{\dot{m}''}{\rho_s AZ\delta_c}=\int_0^1\left[1+\frac{\delta_c}{l}\left(0.56\mathrm{e}^{-2.56\xi^{1.2}}\right)\right]^B\mathrm{d}\xi \tag{5.14}$$

式中,$l=k_s T_0/\dot{q}''_{\mathrm{ext}}$。为进一步简化式(5.14),需要对积分括号内的表达式进行进一步简化:

$$\frac{\dot{m}''}{\rho_s AZ\delta_c}\approx\int_0^1\left[\left(1+0.56\frac{\delta_c}{l}\right)\mathrm{e}^{-0.95\xi}\right]^B\mathrm{d}\xi \tag{5.15}$$

括号中近似表达式的可靠性在三种热流（100kW/m²、150kW/m² 和 200kW/m²）下进行了验证，结果如图 5.3 所示。很明显，当 $0 \leqslant \xi \leqslant 0.4$ 时，近似的精确度是可靠的。

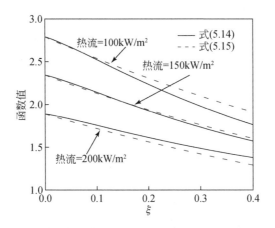

图 5.3 式(5.14)和式(5.15)中积分括号内近似表达式比较

因此，质量流率的最终表达式为

$$\frac{\dot{m}''}{\rho_s A Z \delta_c} = \left(1 + 0.56\frac{\delta_c}{l}\right)^B \frac{1}{0.95B}(1 - e^{-0.95B}) \tag{5.16}$$

即

$$\frac{\dot{m}''}{\rho_s A Z \delta_c} = C_C \left(1 + 0.56\frac{\delta_c}{l}\right)^B \tag{5.17}$$

$$C_C = \frac{1}{0.95B}(1 - e^{-0.95B}) \tag{5.18}$$

重新整理式(5.16)，有

$$t_{\mathrm{ig,sur}}^{-0.5} = \frac{1.13}{\sqrt{k_s \rho C_p}} \cdot \frac{\dot{q}''_{\mathrm{ext}}}{T_{\mathrm{ig,sur}}^* - T_0} \approx \frac{2}{\sqrt{k_s \rho C_p \pi}} \cdot \frac{\dot{q}''_{\mathrm{ext}}}{T_{\mathrm{ig,sur}}^* - T_0} \tag{5.19}$$

其中，

$$T_{\mathrm{ig,sur}}^* = T_0 \left[\frac{\dot{m}''_{\mathrm{ig}} \dot{q}''_{\mathrm{ext}}}{2\rho_s Z k T_0 C_C \exp(-T_a/T_1)}\right]^{T_2/T_a} \tag{5.20}$$

不难发现，式(5.19)与经典着火公式具有完全相同的形式：

$$t_{\mathrm{ig,surf}}^{-0.5} = \frac{2}{\sqrt{k_s \rho C_p \pi}} \cdot \frac{\dot{q}''_{\mathrm{ext}}}{T_{\mathrm{ig}} - T_0} \tag{5.21}$$

图 5.4 为经典着火理论（式(5.21)）、Lautenberger 等[1] 的着火时间公式、本节所得着火时间公式（式(5.19)）及文献中实验所测着火时间与热流的关系对比。理

论上 Lautenberger 等的公式和近似公式中着火时间的 -0.5 次方与热流为非线性关系,但三条曲线的差异非常小,说明本节推导的着火时间公式可用于表面吸收情况下固体着火时间的预测,且精确度较高。式(5.20)与 Lautenberger 等[1]研究中的等效着火临界温度随热流的增大而增大。此外,虽然图 5.4 中三条曲线的差异很小,但它们与实验所测着火时间和热流的关系有较大差异,特别是在高热流情况下,说明表面吸收假设并不适用于预测半透明材料的着火时间。本例及后续所用的黑色 PMMA 参数如表 5.1 所示。

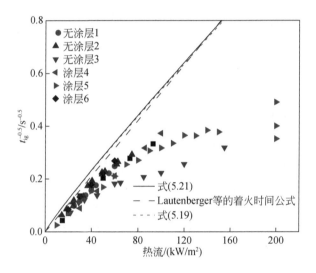

图 5.4　式(5.21)、Lautenberger 等的着火时间公式、式(5.19)及实验结果对比

表 5.1　黑色 PMMA 参数

参数	数值	参考文献
密度 $\rho/(\mathrm{kg/m^3})$	1190	[1]
指前因子 $Z/10^8\mathrm{s}^{-1}$	5	[1]
活化温度 $T_a/10^4\mathrm{K}$	1.5	[1]
深度吸收系数 κ/m^{-1}	500	[2]
	960	[3]
	1400	[4]
比热容 $C_p/[\mathrm{J/(g\cdot K)}]$	1.42	[1]
热导率 $k/[\mathrm{W/(m\cdot K)}]$	0.22	[1]
反射率 r	0	[1]
临界质量损失速率 $\dot{m}''_{ig}/[\mathrm{g/(m^2\cdot s)}]$	2.42	[4]

续表

参数	数值	参考文献
临界温度 T_{ig}/K	655.1	[5]
环境温度 T_{∞}/K	300	—
$A/10^{-19}$	5.654	[1]
B	24.39	[1]
T_1/K	357	[1]
T_2/K	615	[1]
υ	0.85	[1]
μ	341.3	[1]

5.1.2　数值模型及实验

本节利用 3.2.1 节所建立的数值模型对恒定热流下三种多层结构的固体可燃物复合体系进行数值模拟,以研究其热解着火及着火后的燃烧行为,模型中只考虑表面吸收。本节第一个案例通过模拟文献中的数据对数值模型进行验证;第二个案例为人为设计的一个多层复合体系,是数值模型的扩展应用,并未开展相关实验;第三个案例为表面涂有不同厚度涂层的木材的热解着火,该案例开展了实验和数值模拟研究。下面对这三种复合体系进行简单介绍。

1. GA 和 PSO 算法

在利用数值模型模拟之前,通常利用零维模型(只考虑热解,内部没有温度梯度的热薄材料)来反演 TGA 的实验结果,进而确定热解反应的动力学参数,或利用一维数值模型结合中等尺寸实验的表面温度、内部温度和质量损失速率来确定可燃物的热力学参数(主要包括热导率和比热容)。在介绍案例前,先简单介绍本书中用到的两种优化算法,即遗传算法(GA)[6,7]和粒子群优化(PSO)算法[8]。通过反演模拟 TGA 结果获取热解反应动力学参数时,只有一个网格作为计算区域,以确保加热过程为热薄条件,即无传热过程。反应动力学的初始解是通过分析方法或人工调整得到的,然后通过优化算法反演模拟,以保证测量曲线和模拟曲线之间的误差最小。而在反演模拟中等尺寸实验结果确定热力学参数的过程中,计算区域为多个网格,考虑固相内部传热。热力学参数通常假设为温度的线性函数,且其初始解为人工初步调整得到的,随后进行进一步优化得到最优值。本节的案例中,采用 GA 和 PSO 算法优化时种群的大小和迭代的代数分别为 1000 和 200 代,两种优化算法采用相同的目标函数。反演 TGA 数据获取热解动力学参数时的目

标函数为

$$\text{Fitness}_{\text{TGA}} = \frac{\sum\limits_{l=1}^{N} |m_{l,\text{exp}} - m_{l,\text{num}}|}{\sum\limits_{l=1}^{N} |m_{l,\text{exp}} - m_{\text{mean}}|} + \frac{\sum\limits_{l=1}^{N} |\text{MLR}_{l,\text{exp}} - \text{MLR}_{l,\text{num}}|}{\sum\limits_{l=1}^{N} |\text{MLR}_{l,\text{exp}} - \text{MLR}_{\text{mean}}|} \tag{5.22}$$

式中，N 为实验数据的总数；下标 exp、num 和 mean 分别表示实验结果、数值结果和平均结果。通过反演着火实验数据获得热力学参数时的目标函数为

$$\text{Fitness}_{\text{ignition}} = \frac{\sum\limits_{l=1}^{N} |T_{l,\text{s},\text{exp}} - T_{l,\text{s},\text{num}}|}{\sum\limits_{l=1}^{N} |T_{l,\text{s},\text{exp}} - T_{l,\text{s},\text{mean}}|} + \frac{\sum\limits_{l=1}^{N} |T_{l,x\text{mm},\text{exp}} - T_{l,x\text{mm},\text{num}}|}{\sum\limits_{l=1}^{N} |T_{l,x\text{mm},\text{exp}} - T_{l,x\text{mm},\text{mean}}|}$$

$$\tag{5.23}$$

式中，下标 s 和 $x$mm 分别表示表面和 $x$mm 深度处的内部温度，若实验中只测量了表面温度，则目标函数中只有第一项；若实验中只测量了内部温度，则只有第二项；同理，若实验中测量了多个内部温度，则可在目标函数中添加类似第二项的更多项，以包含额外的内部温度测量结果。

2. PC-PE-PC 复合体系

通过数值模型模拟 Park[9] 在 35kW/m² 、40kW/m² 和 50kW/m² 三个恒定热流下测量的三层复合材料（顶层和底层为 1mm 厚的聚碳酸酯（PC），中间层为 40mm 厚的聚乙烯（polyethylene，PE）泡沫）表面温度和质量损失速率（MLR）来验证模型的预测能力。通过 PSO 算法耦合 Park 研究中报道的单步全局反应热解模型，得到用于数值模型计算的各层材料的反应动力学和热物性参数，通过优化得到的参数如表 5.2 所示。实验中三个热流下的着火时间分别为 57s、50s 和 41s，因此在这三个时刻分别施加额外的 30kW/m² 热流作为火焰的反馈热流，以模拟其后的燃烧过程。

表 5.2　PC 和 PE 泡沫的热力学和反应动力学参数

参数	PC	PE 泡沫
密度 $\rho/(10^5\text{g/m}^3)$	6.38	1.31
比热容 $C_p/[\text{J}/(\text{g} \cdot \text{K})]$	6.64	0.101
热导率 $k/[\text{W}/(\text{m} \cdot \text{K})]$	0.206	1.0
炭层比热容 $C_{p,\text{char}}/[\text{J}/(\text{g} \cdot \text{K})]$	5.69	6.26
炭层热导率 $k_{\text{char}}/[\text{W}/(\text{m} \cdot \text{K})]$	0.096	1.16
指前因子 A/s^{-1}	1.01×10^5	2.02×10^7

续表

参数	PC	PE 泡沫
活化能 $E_a/(10^5 \text{J/mol})$	1.16	3.82
化学计量系数 V	0.25	0.056
反应热 $\Delta H/(10^3 \text{J/g})$	2.45	8.73
反射率 r	0.05	0.05
表面吸收率 λ	0.95	0.95
发射率 ε	0.95	0.95
环境温度 T_∞/K	300	300

数值模型模拟结果与实验结果的对比如图 5.5 所示。图 5.5(a)中数值模拟的 MLR 出现显著上升的起始时间略晚于实验结果,但其相对较好地预测了三种加热条件下两个峰值的总体变化趋势、幅度和位置。产生这种差异的主要原因是样件受热后出现明显变形和加热后表面出现炭层。图 5.5(b)对比了前 80s 的表面温度实验值与模拟值。初始阶段二者基本保持一致,但当接近 80s 时,模拟曲线明显低于实验曲线,这是由于样品厚度发生了变化,安装的热电偶脱离样件表面,此时测量的温度实际上是火焰温度,因此远高于表面温度[9]。

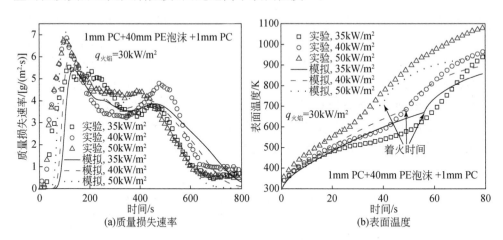

图 5.5　PC-PE-PC 三层复合材料质量损失速率和前 80s 的表面温度实验与数值结果对比

模拟的内部温度和归一化密度(由各层初始密度计算)的变化如图 5.6 所示,虚线表示厚度变化。随着时间的推移,在 800s 内,由图 5.6(d)~(f)可以观察到,在 35kW/m² 、40kW/m² 和 50kW/m² 热流下,样件厚度从 42mm 分别减小到了4.2mm、3.3mm 和 2.7mm,顶部和底部的 PC 层厚度也逐渐减小。与预测一致,热

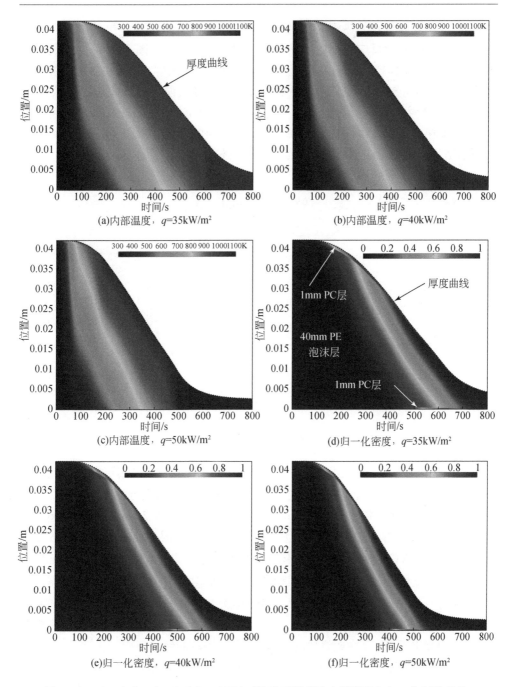

图 5.6 35kW/m²、40kW/m² 和 50kW/m² 热流下模拟的内部温度和归一化密度变化

流越大,三层复合材料的热解时间越短。在 $50kW/m^2$ 热流下,各层的瞬态质量分数和质量生成率(由反应物初始质量归一化)如图 5.7 所示,图 5.7(b)中的负值表示消耗率。顶部的 PC 层(记为第 1 层)在前 160s 完成热解,其余两层分别在 500s 和 590s 左右停止热解,图 5.7(b)中第 1 层较大的峰值说明其热解速率较大,第 1 层和第 2 层产生的炭层具有阻止进一步加热的作用,进而使第 3 层的热解持续时间更长,而第 2 层由于厚度较大,热解时间最长。在 $35kW/m^2$ 和 $40kW/m^2$ 热流下的模拟结果也出现了类似的现象,此处不再赘述。

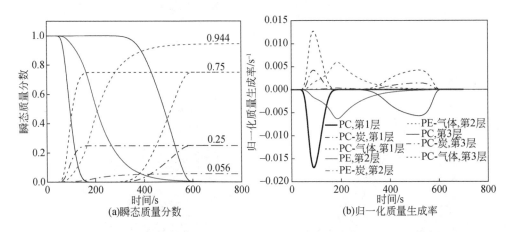

图 5.7　$50kW/m^2$ 热流下模拟的三层复合材料各组分瞬态质量分数和归一化质量生成率

3. PVC-Kydex-木材复合材料

在上述模型验证中,只涉及简单的一步热解反应。本节采用更复杂的反应过程来验证数值模型在模拟多层复合材料时的热解着火和燃烧行为方面的能力。采用的三层复合材料结构为:顶层为 2mm 厚的 PVC,中间层为 2mm 厚的 Kydex(丙烯酸/聚氯乙烯共聚物),底层为 20mm 厚的木材。将 PVC 层表面进行 $50kW/m^2$ 的辐射热流加热。PVC、Kydex 和木材的体积密度从文献中获取,分别为 $1385kg/m^{3[10]}$、$1409kg/m^{3[11]}$ 和 $552kg/m^{3[12]}$(不同种类木材的平均值)。本节利用 Grønli 等[7] 和 Richter 等[6] 提出的木材两种反应路径分别研究复合体系的燃烧过程,这两种反应路径的木材分别用木材 1 和木材 2 表示,其反应过程如图 5.8 所示。在热解情况下,不涉及氧化反应,而在燃烧情况下,包括虚线表示的氧化反应。

表 5.3 和表 5.4 列出了计算中使用的三层材料的化学反应过程、化学计量系数、热解动力学和热物性参数。文献[6]和[7]中未报道木材的反应热,因此木材 1 和木材 2 的反应热分别用文献[13]和文献[14]中的山毛榉木的参数来计算。木材中每个组分的热导率和比热容均未知,根据 Glass 等[15] 的结论,木材的比热容受种类和密度

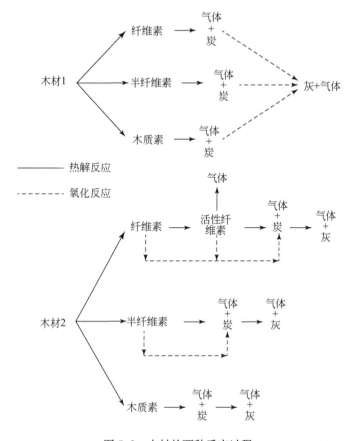

图 5.8　木材的两种反应过程

的影响较小,因此所有组分均采用相同的值。木材热物性和炭氧化动力学参数来自文献[12]和文献[16]。由于木材不透明,其辐射深度吸收系数$(1.0 \times 10^9 \, \mathrm{m}^{-1})$非常大,此数值适用于所有木材组分。木材 2 的反应式中含高阶反应。

表 5.3　数值模拟中 PVC-Kydex-木材三层复合体系的反应动力学参数

材料	反应	A/s^{-1}	$E_a/$ (J/mol)	$\Delta H/$ (J/g)	反应级数
PVC[10]	(1)PVC$\longrightarrow$0.96PVC_Res1+0.04PVC_Gas1	1.4×10^{31}	3.36×10^5	3.00^*	1
	(2)PVC_Res1$\longrightarrow$0.78PVC_Res2+0.22PVC_Gas2	1.4×10^{45}	5.11×10^5	6.20×10^1	1
	(3)PVC_Res2$\longrightarrow$0.57PVC_Res3+0.43PVC_Gas3	1.4×10^9	1.28×10^5	1.28×10^2	1
	(4)PVC_Res3$\longrightarrow$0.90PVC_Res4+0.10PVC_Gas4	3.0×10^{10}	1.70×10^5	-1.48×10^2	1
	(5)PVC_Res4$\longrightarrow$0.49PVC_Char+0.51PVC_Gas5	3.0×10^{10}	1.80×10^5	6.70×10^1	1

续表

材料	反应	A/s^{-1}	$E_a/$ (J/mol)	$\Delta H/$ (J/g)	反应级数
Kydex[11]	(1)Kydex ⟶0.45Kydex_int+0.55Kydex_Gas1	6.03×10^{10}	1.41×10^5	1.80×10^2	1
	(2)Kydex_int ⟶0.31Kydex_Char+0.69Kydex_Gas2	1.36×10^{10}	1.74×10^5	1.25×10^2	1
木材1 (42%纤维素+36%半纤维素+22%木质素)[12]	(1)Hemicellulose ⟶0.34Char+0.66Hemicellulose_Gas	5.24×10^6	1.00×10^5	2.48×10^2	1
	(2)Cellulose ⟶0.39Char+0.61Cellulose_Gas	3.80×10^{17}	2.36×10^5	6.00×10^2	1
	(3)Lignin ⟶0.1Char+0.9Lignin_Gas	3.98	0.46×10^5	-9.23×10^2	1
	(4)Char+Oxygen ⟶0.03Ash+0.97Volatiles	5.62×10^9	1.60×10^5	-1.19×10^4	1
木材2 (47%纤维素+24%半纤维素+29%木质素)[12]	(1)Cellulose ⟶1Active_Cellulose	3.16×10^{19}	2.43×10^5	0	1
	(2)Active_Cellulose ⟶1Volatiles	1.26×10^{14}	1.98×10^5	2.6×10^2	1
	(3)Active_Cellulose ⟶0.35Char+0.65Volatiles	4.90×10^9	1.53×10^5	2.6×10^2	1
	(4)Cellulose+Oxygen ⟶0.13Char+0.87Volatiles	1.48×10^{14}	1.79×10^5	2.6×10^2	1
	(5)Active_Cellulose+Oxygen ⟶0.13Char+0.87Volatiles	1.48×10^{14}	1.79×10^5	2.6×10^2	1
	(6)Hemicellulose ⟶0.29Char+0.71Volatiles	3.16×10^{12}	1.66×10^5	2.6×10^2	1
	(7)Hemicellulose+Oxygen ⟶0.1Char+0.9Volatiles	1.00×10^7	0.96×10^5	2.6×10^2	0.5
	(8)Lignin ⟶0.33Char+0.67Volatiles	1.00×10^4	0.72×10^5	2.6×10^2	4
	(9)Char+Oxygen ⟶0.03Ash+0.97Volatiles	5.62×10^9	1.60×10^5	-1.19×10^4	1

*代表正值。

表5.4　数值模拟中PVC-Kydex-木材三层复合材料的热物性参数

材料	序号	组分	$C_{p,char}/[J/(g\cdot K)]$	$k/[W/(m\cdot K)]$	κ/m^{-1}
PVC[10]	1	PVC	$-2.26+1.00\times10^{-2}T$	$0.13+0.8\times10^{-4}T$	3.66×10^3
	2	PVC_Res1	$-0.04+4.00\times10^{-3}T$	$0.13+1.6\times10^{-4}T$	3.66×10^3
	3	PVC_Res2	$-0.46+3.85\times10^{-3}T$	$0.13+2.4\times10^{-4}T$	7.22×10^4
	4	PVC_Res3	$-0.46+3.85\times10^{-3}T$	$0.13+2.4\times10^{-4}T$	7.22×10^4
	5	PVC_Res4	$-0.88+3.7\times10^{-3}T$	$0.13+3.2\times10^{-4}T$	1.41×10^5
	6	PVC_Char	$-0.88+3.7\times10^{-3}T$	$0.13+3.2\times10^{-4}T$	1.41×10^5
Kydex[11]	1	Kydex	$-0.62+5.93\times10^{-3}T$	$0.28-2.9\times10^{-5}T$	1.94×10^3
	2	Kydex_int	$0.27+3.01\times10^{-3}T$	$0.55+3.0\times10^{-5}T$	1.02×10^3
	3	Kydex_Char	$1.15+9.50\times10^{-5}T$	$0.28+8.4\times10^{-5}T$	8.00×10^3

续表

材料	序号	组分	$C_{p,\text{char}}/[\text{J}/(\text{g}\cdot\text{K})]$	$k/[\text{W}/(\text{m}\cdot\text{K})]$	κ/m^{-1}
木材 1(42%纤维素+36%半纤维素+22%木质素)[12]	1	半纤维素	$1.03+1.62\times10^{-3}T$	$0.16+2.79\times10^{-4}T$	1.00×10^{9}
	2	纤维素	$1.03+1.62\times10^{-3}T$	$0.16+2.79\times10^{-4}T$	1.00×10^{9}
	3	木质素	$1.03+1.62\times10^{-3}T$	$0.16+2.79\times10^{-4}T$	1.00×10^{9}
	4	炭	$1.39+3.60\times10^{-4}T$	$0.08-3.93\times10^{-5}T$	1.00×10^{9}
	5	灰	$0.058^{[16]}$	$1.244^{[16]}$	1.00×10^{9}
木材 2(47%纤维素+24%半纤维素+29%木质素)[12]	1	纤维素	$1.03+1.62\times10^{-3}T$	$0.16+2.79\times10^{-4}T$	1.00×10^{9}
	2	活性纤维素	$1.03+1.62\times10^{-3}T$	$0.16+2.79\times10^{-4}T$	1.00×10^{9}
	3	半纤维素	$1.03+1.62\times10^{-3}T$	$0.16+2.79\times10^{-4}T$	1.00×10^{9}
	4	木质素	$1.03+1.62\times10^{-3}T$	$0.16+2.79\times10^{-4}T$	1.00×10^{9}
	5	炭	$1.39+3.60\times10^{-4}T$	$0.08-3.93\times10^{-5}T$	1.00×10^{9}
	6	灰	0.058	1.244	1.00×10^{9}

图 5.9(a)和(b)为模拟 10K/min 和 30K/min 加热条件下,毫克级 PVC 和 Kydex 的质量和 MLR 曲线。加热时,PVC 的 MLR 曲线出现四个峰值,Kydex 的 MLR 曲线出现两个峰值。图 5.9(c)和(d)为 10K/min 升温速率下,两种反应路径的木材的热重数值模拟结果,分别代表木材的热解和氧化热解行为。图 5.10 为模拟木材 1 和木材 2 在 10K/min 升温速率下,炭的归一化质量和归一化炭质量生成率的变化,研究碳氧化反应对残炭量和残炭生成率的影响。假设木材 1 中的氧化反应只发生在氧和生成的炭之间,木材的原始三要素,即纤维素、半纤维素和木质素均不发生氧化反应。因此,在 650K 之前,两条计算曲线重叠,图 5.9(c)和图 5.10(a)中在 650K 之后都出现了与炭氧化相关的明显差异。木材 1 反应路径中的炭氧化反应导致最终的残炭量下降 31%,炭质量生成率减小。如图 5.8 所示,木材 2 的两种起始反应物纤维素和半纤维素会同时发生氧化和非氧化反应,因此在图 5.9(d)和图 5.10(a)中,两条模拟曲线在整个加热过程中均有明显的偏差,并且图 5.9(d)中氧化曲线的第一个峰值的温度远低于热解的温度。木材 2 中纤维素和半纤维素的氧化反应也产生炭,因此如图 5.10 所示,纤维素和半纤维素的氧化反应有利于降低残炭量和残炭率。然而,在后期阶段,炭的氧化反应占主导地位,消耗生成的炭,加快了炭的消耗速率,图 5.10(a)中木材 2 的热解与燃烧反应方案的残炭量的差约为 17%。

图 5.11 和图 5.12 分别为木材两种反应路径下模拟的三层体系内部温度和归一化密度(用初始密度归一化)的变化,由于每层材料的初始密度有很大的不同,为更清楚比较,采用归一化密度。如图 5.11(b)和(d)所示,在每种反应路径中,氧化

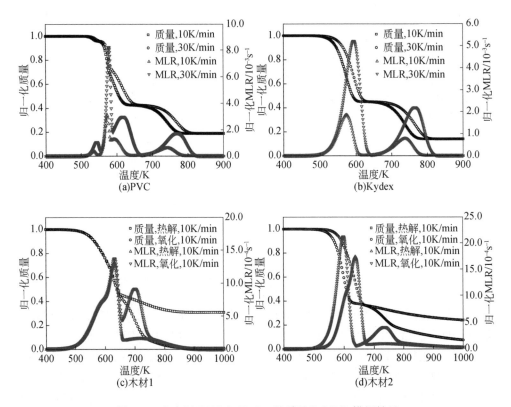

图 5.9　毫克级 PVC 和 Kydex 的质量和 MLR 模拟结果

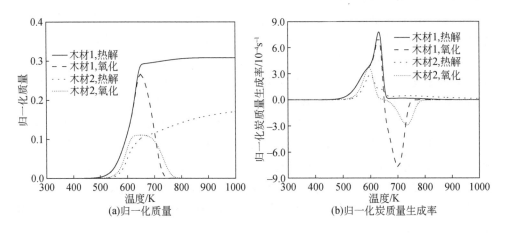

图 5.10　10K/min 升温速率下氧化反应对木材 1 和木材 2
归一化质量和归一化炭质量生成率的影响

反应均加快了厚度变化的过程,导致残留物层更薄,残留物密度更低。如图5.9(c)和(d)所示,对于热解反应,木材1和木材2的MLR曲线中的峰值温度大致相同,因此在这两种反应方案中,图5.11(a)和(c)之间的差异很小;如图5.9所示,对于燃烧反应,木材2的MLR曲线的第一个峰值温度低于木材1,因此由图5.11(d)和图5.12(d)可以观察到在燃烧的初始阶段,木材2存在更明显的厚度变化,然而在图5.9中,木材2的MLR曲线中的第二个峰值温度(对应于高温范围内的炭氧化)比木材1的温度要高,这导致在燃烧的后期阶段,木材2的厚度变化率较小,残留层较厚。

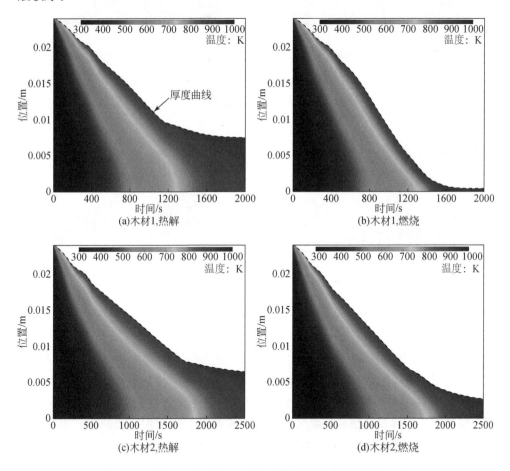

图5.11　木材两种不同反应路径下模拟的体系内部温度变化

　　图5.13(a)为采用木材1的燃烧反应方式模拟的复合材料的表面和两个内部界面的温度。在早期阶段,越接近表面温度越高;在最后阶段,由于各层的厚度变

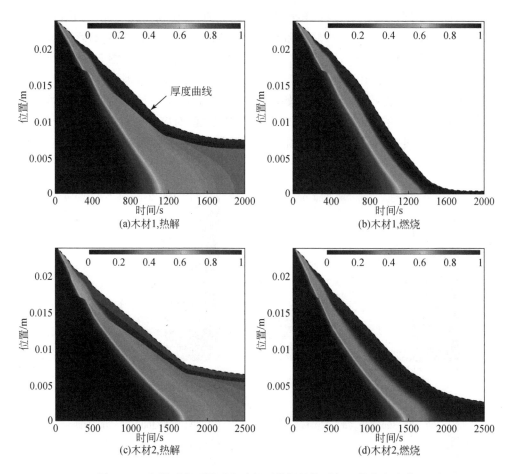

图 5.12　木材两种不同反应路径下模拟的体系归一化密度变化

化,三条曲线最终趋于同一个温度。在其他加热条件下的模拟案例中也可以发现类似的变化趋势,在此不做赘述。图 5.13(b)~(d)为木材在不同反应方式下体系表面和内部两个界面模拟温度的对比,可以观察到距离木材层越近,木材 1 和木材 2 两组曲线的差异及热解和燃烧两种反应方式各组曲线的偏差都越小。木材 1 中未直接氧化的三种基础组分在燃烧反应中均转化为炭,因此与图 5.9(d)中的木材 2 相比,图 5.9(c)中的 MLR 曲线存在更高的炭氧化峰,图 5.9(d)中部分原始木材通过氧化反应分解,产生的炭较少。图 5.9 中的木材 1 和木材 2 炭氧化反应热相同,因此木材 1 的炭氧化引起的较大的 MLR 导致图 5.13(b)~(d)中三个位置的温度偏高。

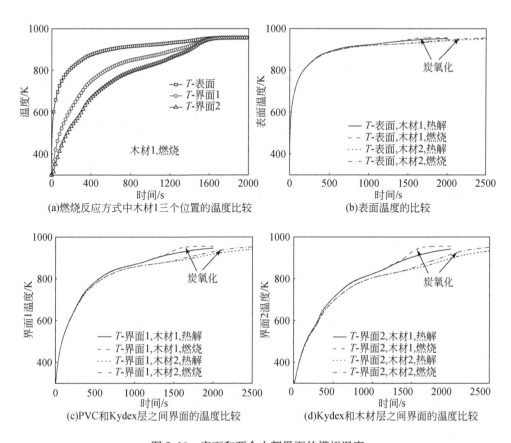

(a)燃烧反应方式中木材1三个位置的温度比较

(b)表面温度的比较

(c)PVC和Kydex层之间界面的温度比较

(d)Kydex和木材层之间界面的温度比较

图 5.13　表面和两个内部界面的模拟温度

　　图 5.14 为木材 1 和木材 2 的热解和燃烧过程 MLR 模拟值的比较,同时,也对各层的 MLR 进行了展示。在前 300s,PVC 和 Kydex 层的热解占主导地位,两条曲线之间没有明显的差异,第一个峰和最高峰分别是由 PVC 和 Kydex 的热解引起的。在 300～500s,木材 1 和木材 2 的热解曲线与氧化曲线之间没有明显的偏差,这与木材 1 中木材组分未氧化,木材 2 中部分木材被氧化的原因相同。在 500s 后,木材层中开始出现炭化,木材 1 出现明显的差异。如上所述,木材中原始木材未直接氧化有利于炭的产生,从而导致图 5.14(a)中在约 1350s 处产生较高的 MLR 峰值。

4.表面涂层木材的热解着火

　　本节先采用热重实验分析表面涂层水性丙烯酸和山毛榉木的热解过程,利用 3.2.1 节中所发展的零维热解模型和遗传算法优化得到这两种材料的热解反应路

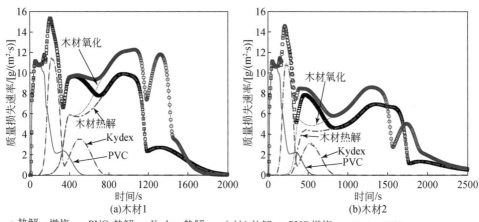

图 5.14　模拟三层复合材料热解和燃烧过程的 MLR

径和反应动力学参数。随后,作者通过在南京工业大学搭建的热解着火实验平台上,开展在 $25kW/m^2$、$30kW/m^2$、$40kW/m^2$ 和 $50kW/m^2$ 常热流下,不同表面涂层厚度条件下的热解着火实验,测量材料的临界着火温度、质量损失速率、着火时间、表面和内部温度等参数。随后,采用一个热流下的实验结果,利用 3.2.1 节中发展的一维数值模型和遗传算法优化得到两种材料的热力学参数。最后,用得到的反应动力学和热力学参数在其他加热条件下(未参与优化过程)对实验结果进行对比分析,验证所得参数的可靠性。下面分别介绍这些内容。

　　热解着火实验所用木材样品为 15mm 厚的山毛榉木板材,通过研磨和切割,分别制备了木材细粉末(热重实验)和直径为 60mm 的圆形样品(自燃实验)。干燥的圆形木材样品的平均堆密度为 $(654\pm20)\,kg/m^3$。在样品底面钻了一个直径为 0.5mm、深度为 12mm 的孔,以方便实验中测量 3mm 深度位置的温度。表面涂层为丙烯酸基水性涂料(白色高黏度液体),其组分为 80% 的丙烯酸树脂和 20% 的未知添加剂。在准备表面有涂层的样品时,先在木材表面涂上所需数量的湿涂层,然后自然干燥 15 天。干燥涂层的密度为 $1413kg/m^3$。为研究涂层厚度 (δ_c) 对自燃的影响,共设置了四种不同的 δ_c。实验中采用两种方法确定涂层厚度:①用游标卡尺直接测量;②根据涂层质量和密度计算。两种方法测量的表面涂层厚度如表 5.5 所示。显然,两种方法测量的 δ_c 基本相同。制备的 TGA 粉末和用于热解着火的样品如图 5.15 所示。

表 5.5　两种方法测量的表面涂层厚度　　　　　　（单位：mm）

序号	方法 1	方法 2
1	0.05±0.02	0.054±0.003
2	0.11±0.02	0.107±0.008
3	0.16±0.02	0.158±0.011
4	0.21±0.02	0.212±0.008

(a)木材粉末　　　　(b)木材样品　　　　(c)干涂层粉末　　　　(d)涂层+木材样品

图 5.15　制备的木材和涂层样品

粉末为 TGA 实验样品，圆形样品为热解着火实验样品

　　为了获得涂层和木材的热解动力学参数，使用梅特勒-托利多同步热分析仪对这两种样品进行热重测试，实验采用氮气惰性气氛。本实验中样品为约 5.6mg 的粉末（采用孔径为 75 μm 的筛网过滤）。将样品放入有盖氧化铝坩埚中，然后以 5K/min、10K/min 和 20K/min 三个加热速率从室温加热到 1000K，每种加热速率下实验重复三次，以减小误差。

　　热解着火实验在自行搭建的小型实验平台上进行，结构如图 5.16 所示。该装置主要由加热圈、挡板、电绝缘热电偶、电动机传动装置和控制箱等组成。加热器与锥形量热仪加热器完全相同，额定功率为 5kW，恒定热流输出范围为 0～100kW/m²。加热器加热线圈上固定安装两个直径为 1mm 的 K 型热电偶，以测定加热线圈的实时温度。控制箱由 Delta DT320 温度控制器、挡板开关、电火花点火器开关和加热开关组成。Delta DT320 温度控制器的控制信号为加热线圈热电偶反馈信号，温度控制器根据加热线圈的实时温度及设定温度来调节控制加热锥功率。打开加热开关，加热线圈按温度控制器设定的方式加热，关闭开关，即停止加热，温度控制器失去对加热线圈的控制。加热器不锈钢外壳下开口处有一个直径为 160mm、厚度为 8mm 的圆形隔热挡板。挡板固定在一个可旋转的支撑杆上，通过底座下方的电动机传动装置来控制杆转动，以实现挡板的打开和关闭。电动机由控制箱供电，由控制箱上的挡板开关控制动作。挡板的打开或闭合动作完成时间应小于 1s。电火花点火器位于挡板正下方 25mm 处，与电极距离 1.5mm，打开点火器开关可实现点火器持续点火。点火器固定在一垂直杆上，杆底部连接底座，固定杆可转动和调节高度。本节研究自燃着火，因此整个实验过程中不使用点火器。

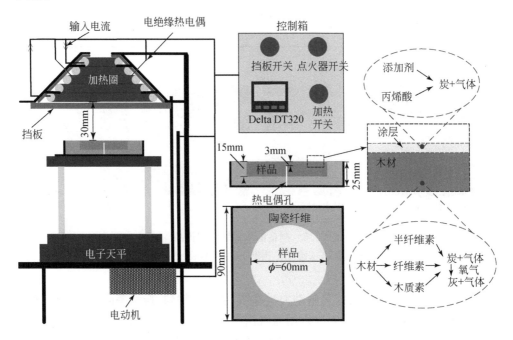

图 5.16　热解着火实验装置结构示意图

利用 2.2 节介绍的动力学参数确定方法，结合零维数值模型，分别用 GA 和 PSO 算法对表面涂层和木材的热重结果进行反演模拟，得到其反应路径和动力学参数。最终涂层和木材的模拟结果与实验结果对比如图 5.17 和图 5.18 所示，与

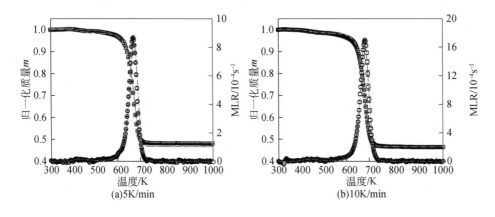

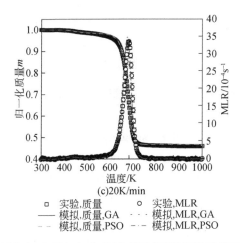

图 5.17 5K/min、10K/min、20K/min 加热速率下表面涂层热重实验结果与模拟结果对比

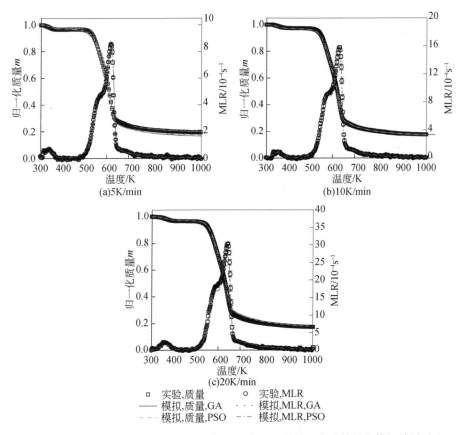

图 5.18 5K/min、10K/min、20K/min 加热速率下木材热重实验结果与模拟结果对比

之对应的反应动力学参数如表 5.6 和表 5.7 所示。明显可见,两种算法的模拟结果与实验结果均吻合较好,且得到的动力学参数较为接近。因此,在后续计算中,采用两组优化结果的平均值作为其最终的动力学参数。

表 5.6　表面涂层反应路径及热解动力学参数

算法	反应方程	A/s^{-1}	$E_a/(J/mol)$	n
GA	(1)Coating_comp1 ⟶0.025Coating_Res1＋0.975Coating_Gas1	$7.29×10^{16}$	$9.50×10^4$	5.45
	(2)Coating_comp2 ⟶0.96Coating_Res2＋0.04Coating_Gas2	$3.94×10^{10}$	$1.54×10^5$	0.76
	(3)Coating_Res2 ⟶0.50Coating_Res3＋0.50Coating_Gas3	$3.58×10^{18}$	$2.68×10^5$	1.60
PSO	(1)Coating_comp1 ⟶0.00Coating_Res1＋1.00Coating_Gas1	$1.02×10^{17}$	$1.01×10^5$	5.03
	(2)Coating_comp2 ⟶0.92Coating_Res2＋0.08Coating_Gas2	$2.54×10^{10}$	$1.55×10^5$	0.71
	(3)Coating_Res2 ⟶0.52Coating_Res3＋0.48Coating_Gas3	$8.75×10^{19}$	$2.86×10^5$	1.64
GA算法和PSO算法的平均结果	(1)Coating_comp1 ⟶0.013Coating_Res1＋0.987Coating_Gas1	$8.76×10^{16}$	$9.79×10^4$	5.24
	(2)Coating_comp2 ⟶0.94Coating_Res2＋0.06Coating_Gas2	$3.24×10^{10}$	$1.55×10^5$	0.73
	(3)Coating_Res2 ⟶0.51Coating_Res3＋0.49Coating_Gas3	$4.56×10^{18}$	$2.77×10^5$	1.62

表 5.7　木材反应路径及热解动力学参数

算法	反应方程	A/s^{-1}	$E_a/(J/mol)$	n
GA	(1)Water ⟶Vapor	$9.33×10^7$	$5.72×10^4$	1.97
	(2)Cellulose ⟶0.308Char＋0.692Gas_C	$1.36×10^{15}$	$2.06×10^5$	0.97
	(3)Hemicellulose ⟶0.005Char＋0.995Gas_H	$2.28×10^{17}$	$2.00×10^5$	2.82
	(4)Lignin ⟶0.029Char＋0.971Gas_L	$6.28×10^3$	$5.58×10^4$	3.62
PSO	(1)Water ⟶Vapor	$4.26×10^8$	$6.31×10^4$	1.83
	(2)Cellulose ⟶0.309Char＋0.691Gas_C	$1.21×10^{15}$	$2.06×10^5$	0.97
	(3)Hemicellulose ⟶0.00Char＋1.00Gas_H	$1.38×10^{17}$	$1.98×10^5$	2.77
	(4)Lignin ⟶0.10Char＋0.90Gas_L	$7.04×10^3$	$6.00×10^4$	3.11
GA算法和PSO算法的平均结果	(1)Water ⟶Vapor	$2.60×10^8$	$6.02×10^4$	1.90
	(2)Cellulose ⟶0.308Char＋0.692Gas_C	$1.29×10^{15}$	$2.06×10^5$	0.97
	(3)Hemicellulose ⟶0.002Char＋0.998Gas_H	$1.83×10^{17}$	$1.99×10^5$	2.80
	(4)Lignin ⟶0.064Char＋0.936Gas_L	$6.66×10^3$	$5.79×10^4$	3.36

　　随后,利用中等尺寸木材样件的热解着火实验结果中的表面和内部温度,以及表面涂有厚度为 0.16mm 涂层的木材样品实验结果中的表面和内部温度,在不同热流下结合一维数值模型和 PSO 算法,确定木材和涂层材料的两个主要热力学参

数,即比热容($C_{p,\text{wood}}$)和热导率(k_{wood})。模拟结果与实验结果的对比如图 5.19 所示,最终优化的木材和涂层 $C_{p,\text{wood}}$ 和 k_{wood} 如表 5.8 和表 5.9 所示。由图 5.19 可见,实验结果与模拟结果吻合较好,且优化的热力学参数在室温到热解温度范围内与文献结果较为一致。

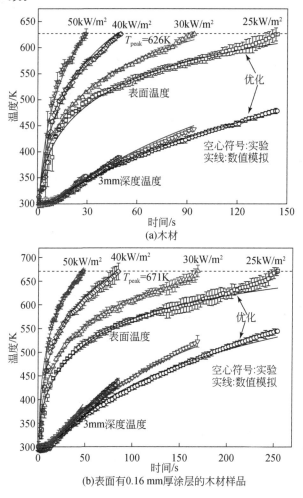

图 5.19　不同热流下表面和 3mm 深内部温度实验与模拟结果对比

表 5.8　优化的木材 k_{wood} 和 $C_{p,\text{wood}}$ 及与文献值比较

参数	优化结果	文献[17]	文献[12]	文献[12]	文献[18]
k_{wood}/[W/(m·K)]	$0.097+2.72\times10^{-4}T$	0.098	$0.056+2.6\times10^{-4}T$	$0.048+3\times10^{-4}T$	0.106
$C_{p,\text{wood}}$/[J/(g·K)]	$0.988+4.80\times10^{-3}T$	1.221	$1.5+1\times10^{-3}T$	$0.1031+3.867\times10^{-3}T$	1.7

表 5.9　优化的表面涂层热力学参数及其他用于模拟计算的参数

参数	数值	来源
密度/(g/m³)	$\rho_{coating}=1.413\times10^5$	测量值
	$\rho_{wood}=6.54\times10^5$	测量值
	$\rho_{in}=2.00\times10^5$	测量值
比热容/[J/(g·K)]	$C_{p,coating}=1.32+2.5\times10^{-3}T$	优化结果
	$C_{p,coating\_Res1}=0.85+3.2\times10^{-3}T$	优化结果
	$C_{p,coating\_Res2}=1.32+2.5\times10^{-3}T$	优化结果
	$C_{p,coating\_Res3}=0.85+3.2\times10^{-3}T$	优化结果
	$C_{p,wood}=0.988+4.8\times10^{-3}T$	优化结果
	$C_{p,char}=1.39+3.6\times10^{-4}T$	文献[12]
	$C_{p,ash}=1.244$	文献[16]
	$C_{p,water}=4.2$	文献[19]
	$C_{p,in}=0.67$	厂家提供
热导率/[W/(m·K)]	$k_{coating}=0.3-1.0\times10^{-4}T$	优化结果
	$k_{coating\_Res1}=0.05+1.0\times10^{-4}T$	优化结果
	$k_{coating\_Res2}=0.3-1.0\times10^{-4}T$	优化结果
	$k_{coating\_Res3}=0.05+1.0\times10^{-4}T$	优化结果
	$k_{wood}=0.097+2.72\times10^{-4}T$	优化结果
	$k_{char}=0.08-3.93\times10^{-5}T$	文献[12]
	$k_{ash}=0.058$	文献[16]
	$k_{water}=0.658$	文献[20]
	$k_{in}=0.06$	厂家提供
反应热/(J/g)	$\Delta H_{coating}=774$	文献[21]
	$\Delta H_{wood}=200$	文献[22]
	$\Delta H_{water}=2400$	文献[23]
吸收率/发射率	$\tau_{coating}=\varepsilon_{coating}=0.95$	文献[24]
	$\tau_{wood}=\varepsilon_{wood}=0.85$	文献[25]
环境温度/K	300	—

图 5.20 为不同热流下木材表面和内部温度及质量损失速率实验和模拟结果对比。实验结果与 Boonmee 等[26]的研究结果类似。木材在低于 40kW/m² 的恒定热流下有强烈的炭氧化现象,并在着火前出现炭氧化燃烧[27]。在低热流条件下,临界温度(T_{ig})远高于 TGA 测试中的峰值温度,并且出现明显的炭氧化现象,

如图 5.20(a)所示。在高热流下,模型中的表面温度(T_s)与实验结果一致性较好,而在 25kW/m² 热流下,数值模型预测的 T_s 曲线偏低,T_{3mm} 曲线偏高。这主要是因为表面热解产生的炭层出现了裂纹,裂纹的产生导致氧气扩散到了炭层内部,加快了炭氧化放热。裂纹的形成破坏了数值模型的一维假定。图 5.20(b)中,在 25kW/m² 热流下的质量损失速率偏低,在实验结束时观察到 T_{3mm} 的质量损失速率偏高,这主要是因为加热样品的膨胀导致热电偶脱离固体表面。在所有加热情况下,图 5.20(b)中模拟曲线的初始上升阶段都有水蒸发平台。图 5.20(b)中,特别是在高热流下,数值模型成功地预测了质量损失速率的变化趋势和大小。

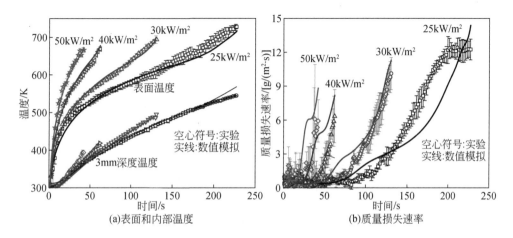

图 5.20　不同热流下木材实验和模拟结果对比

　　图 5.21 为 30kW/m² 热流下,涂层厚度(δ_c)从 0 增加到 0.21mm 时,涂层木材复合材料实验测量和模拟的 T_s 和 MLR。当 δ_c 变大时,T_s 和 MLR 均降低,涂层厚度为 0.16~0.21mm 时的结果无明显差异,说明应用较厚的涂层不能进一步抑制自燃。因此,0.16mm 为临界厚度。在热重实验中测量的涂层峰值温度较高,且表面涂层温度远高于木材表面温度。与木材相比,涂层样品的临界质量损失速率(MLR_{cri})更大,说明涂层中挥发出来的热解气燃烧极限高于木材。在 T_s 曲线的后段,测量的 T_s 偏高,这主要是因为涂层的残留层中产生了微裂纹,残留物没有明显的氧化反应。该模型较好地预测了 T_s 和 MLR 的变化趋势和大小。

　　图 5.22 为不同热流下 0.16mm 厚涂层木材的表面温度和 MLR 实验与模拟结果对比。热流为 25kW/m² 时没有发生着火。实验测量的着火时间(t_{ig})、T_{ig} 和 MLR_{cri} 均大于木材,表明在木材表面加涂层可显著提高其耐火性能。热流为 25kW/m² 时,实验后期测量的 T_s 几乎不变,但模拟的 T_s 急剧增加。随着涂层的

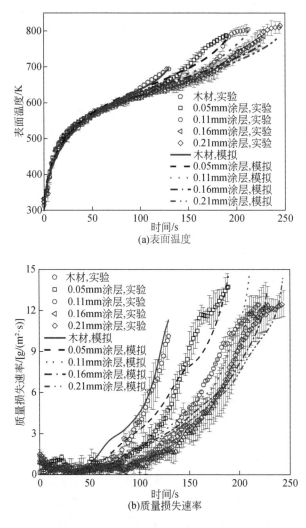

图 5.21　30kW/m² 热流下不同厚度表面涂层木材实验与模拟结果对比

热解,表面产生不可燃的残留层,限制了氧气从空气向木材区域扩散,因此炭氧化释放的热量也比较有限。然而,在数值模型中炭完全氧化导致 T_s 偏高。当热流较高时,着火前的加热时间较短,因此 T_s 升高并不明显。数值模型在一定范围内与实验结果吻合较好。

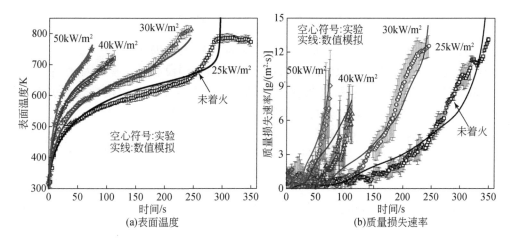

图 5.22　不同热流下 0.16mm 厚涂层木材实验与模拟结果对比

5.2　恒定热流下深度吸收热解着火

根据 5.1 节的内容,研究图 5.1(b)中深度吸收情况下半透明材料热解着火的解析模型,模型中同样考虑热解反应,并采用临界质量损失速率作为着火判据。

5.2.1　解析模型

1. 深度吸收无热损

当热通量较高时,表面对流和辐射造成的总热损失小于点火前总能量的10%,因此热损失可以忽略不计,只考虑深度吸收时有

$$\rho_{s}C_{s}\frac{\partial T_{s}}{\partial t}=\frac{\partial}{\partial x}\left(k_{s}\frac{\partial T_{s}}{\partial x}\right)+\dot{q}''_{ext}\kappa e^{-\kappa x} \tag{5.24}$$

初始条件和边界条件为

$$\begin{cases} T_{s}(x,0)=T_{0} \\ -k_{s}\dfrac{\partial T_{s}}{\partial x}\bigg|_{x=0}=0 \\ T_{s}(\infty,t)=T_{0} \end{cases} \tag{5.25}$$

该方程解析解可通过拉普拉斯变换获得,即

$$T_{s}-T_{0}=\frac{\dot{q}''_{ext}}{2\kappa k_{s}}\left[4\kappa\sqrt{\alpha t}\,i\,\mathrm{erfc}\left(\frac{x}{2\sqrt{\alpha t}}\right)+e^{\kappa^{2}\alpha t+\kappa x}\,\mathrm{erfc}\left(\kappa\sqrt{\alpha t}+\frac{x}{2\sqrt{\alpha t}}\right)\right.$$

$$+ e^{\kappa^2 \alpha t - \kappa x} \operatorname{erfc}\left(\kappa \sqrt{\alpha t} - \frac{x}{2\sqrt{\alpha t}}\right) - 2e^{-\kappa x}\Big] \tag{5.26}$$

若忽略固体中的热解且使用临界温度作为点火判据,即 $x=0$、$t=t_{ig}$、$T_s=T_{ig}$,则可通过式(5.26)得到着火时间与临界温度的关系,但没有显式解。因此,本节基于式(5.26),考虑固相热解,发展基于临界质量损失速率的着火模型。当引入式(5.4)和式(5.5)定义的两个热穿透深度时,式(5.26)可简化为

$$T_s - T_0 = \frac{\dot{q}''_{\text{ext}}\delta_{\text{in}}}{2k_s}\left[\frac{2\delta_c}{\delta_{\text{in}}}i\operatorname{erfc}\left(\frac{x}{\delta_c}\right) + e^{\frac{\delta_c^2}{4\delta_{\text{in}}^2}+\frac{x}{\delta_{\text{in}}}}\operatorname{erfc}\left(\frac{\delta_c}{2\delta_{\text{in}}}+\frac{x}{\delta_c}\right)\right.$$
$$\left. + e^{\frac{\delta_c^2}{4\delta_{\text{in}}^2}-\frac{x}{\delta_{\text{in}}}}\operatorname{erfc}\left(\frac{\delta_c}{2\delta_{\text{in}}}-\frac{x}{\delta_c}\right) - 2e^{-\frac{x}{\delta_{\text{in}}}}\right] \tag{5.27}$$

同样,引入式(5.6)和式(5.7)定义的两个无量纲距离后,式(5.27)可以进一步简化为

$$T_s - T_0 = \frac{\dot{q}''_{\text{ext}}\delta_{\text{in}}}{2k_s}\left[4\varphi i\operatorname{erfc}(\xi) + e^{\varphi^2+2\varphi\xi}\operatorname{erfc}(\varphi+\xi) + e^{\varphi^2-2\varphi\xi}\operatorname{erfc}(\varphi-\xi) - 2e^{-2\varphi\xi}\right]$$

$$\tag{5.28}$$

定义

$$f_A(\xi,\varphi) = 4\varphi i\operatorname{erfc}(\xi) + e^{\varphi^2+2\varphi\xi}\operatorname{erfc}(\varphi+\xi) + e^{\varphi^2-2\varphi\xi}\operatorname{erfc}(\varphi-\xi) - 2e^{-2\varphi\xi} \tag{5.29}$$

瞬态总质量损失速率可表示为

$$\dot{m}'' = \rho_s Z \int_0^L \exp(-T_a/T_s)\,\mathrm{d}x \approx \rho_s Z\delta_c \int_0^1 \exp(-T_a/T_s)\,\mathrm{d}\xi \tag{5.30}$$

同样,使用式(5.11)~式(5.13)的近似方法并采用 $T_r = T_0$,式(5.30)可简化为

$$\frac{\dot{m}''}{\rho_s AZ\delta_c} = \int_0^1 \left[1 + \frac{\dot{q}''_{\text{ext}}\delta_{\text{in}}}{2k_s T_0}f_A(\xi,\varphi)\right]^B \mathrm{d}\xi \tag{5.31}$$

为进一步简化式(5.28),函数 $f_A(\xi,\varphi)$ 可以近似表示为

$$f_A(\xi,\varphi) \approx 1.12\varphi^{1.67}e^{-1.03\varphi^{0.79}\xi^{1.6}} \tag{5.32}$$

当 $0 \leqslant \xi \leqslant 1, 0 \leqslant \varphi \leqslant 1$ 时,式(5.29)与式(5.32)的比较如图5.23所示。明显可见,该近似表达式非常接近精确解。将式(5.32)代入式(5.31),式(5.31)可进一步简化为

$$\frac{\dot{m}''}{\rho_s AZ\delta_c} = \int_0^1 \left[1 + \frac{\dot{q}''_{\text{ext}}\delta_{\text{in}}}{2k_s T_0}(1.12\varphi^{1.67}e^{-1.03\varphi^{0.79}\xi^{1.6}})\right]^B \mathrm{d}\xi \tag{5.33}$$

式(5.33)不能直接积分计算,仍需进一步简化:

$$\frac{\dot{m}''}{\rho_s AZ\delta_c} \approx \int_0^1 \left[\left(1 + 1.12\frac{\delta_{\text{in}}}{2l}\varphi^{1.67}\right)e^{-0.3\varphi^{1.89}\xi}\right]^B \mathrm{d}\xi \tag{5.34}$$

式中,l 为特征长度,$l = k_s T_0/\dot{q}''_{\text{ext}}$,其大小与存在高温梯度的区域厚度有关。如图5.24所示,当 $0 \leqslant \xi \leqslant 0.5, 0 \leqslant \varphi \leqslant 1$ 时,式(5.33)和式(5.34)积分项内括号中二

者一致性较好。因此,式(5.34)可积分为

$$\frac{\dot{m}''}{\rho_s AZ\delta_c}=\left(1+1.12\frac{\delta_{in}}{2l}\varphi^{1.67}\right)^B\frac{1}{0.3B\varphi^{1.89}}\left(1-\exp^{-0.3B\varphi^{1.89}}\right) \quad (5.35)$$

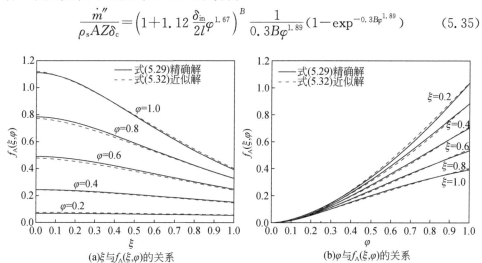

(a)ξ与$f_A(\xi,\varphi)$的关系　　　　　(b)φ与$f_A(\xi,\varphi)$的关系

图 5.23　精确函数式(5.29)与式(5.32)的比较

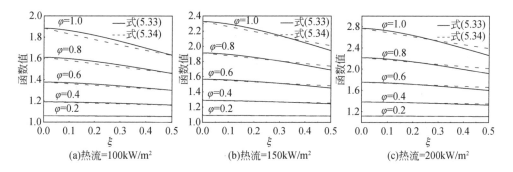

(a)热流=100kW/m²　　　(b)热流=150kW/m²　　　(c)热流=200kW/m²

图 5.24　100kW/m²、150kW/m² 和 200kW/m² 热流下式(5.33)和
式(5.34)中积分项内括号中表达式比较

2. 深度吸收有热损

对于深度吸收模型,当引入表面对流和辐射造成的表面热损失时,传热方程为

$$\rho_s C_s\frac{\partial T_s}{\partial t}=\frac{\partial}{\partial x}\left(k_s\frac{\partial T_s}{\partial x}\right)+\dot{q}''_{ext}\kappa e^{-\kappa x} \quad (5.36)$$

初始条件和边界条件为

$$\begin{cases} T_s(x,0) = T_0 \\ -k_s \dfrac{\partial T_s}{\partial x}\bigg|_{x=0} = -h_c(T_s - T_0) - \varepsilon\sigma(T_s^4 - T_0^4) \\ T_s(\infty, t) = T_0 \end{cases} \quad (5.37)$$

其中,表面热损失可近似表达为

$$h_c(T_s - T_0) - \varepsilon\sigma(T_s^4 - T_0^4) = (h_c + \varepsilon h_R)(T_s - T_0) \quad (5.38)$$

式中,h_R 为辐射换热系数。其解析解可由拉普拉斯变换得到

$$T_s - T_0 = \frac{\dot{q}''_{ext}}{2\kappa k_s}\Bigg[e^{\kappa^2 \alpha t - \kappa x} \mathrm{erfc}\Big(\kappa\sqrt{\alpha t} - \frac{x}{2\sqrt{\alpha t}}\Big) + \frac{1+\beta_L}{1-\beta_L} e^{\kappa^2 \alpha t + \kappa x} \mathrm{erfc}\Big(\kappa\sqrt{\alpha t} + \frac{x}{2\sqrt{\alpha t}}\Big) - 2e^{-\kappa x}$$

$$-\frac{2}{\beta_L(1-\beta_L)} e^{\beta_L^2 \kappa^2 \alpha t + \beta_L \kappa x} \mathrm{erfc}\Big(\beta_L \kappa \sqrt{\alpha t} + \frac{x}{2\sqrt{\alpha t}}\Big) + \frac{2(1+\beta_L)}{\beta_L} \mathrm{erfc}\Big(\frac{x}{2\sqrt{\alpha t}}\Big)\Bigg]$$

$$(5.39)$$

式中,β_L 为从表面到环境的对流和辐射热损失与材料内部传热能力的比值,$\beta_L = (h_c + \varepsilon h_R)/(\kappa k_s)$。式(5.39)可以进一步简化为

$$T_s - T_0 = \frac{\dot{q}''_{ext}\delta_{in}}{2k_s}\Bigg[e^{\varphi^2 - 2\varphi\xi} \mathrm{erfc}(\varphi - \xi) + \frac{1+\beta_L}{1-\beta_L} e^{\varphi^2 + 2\varphi\xi} \mathrm{erfc}(\varphi + \xi) - 2e^{-2\varphi\xi}$$

$$-\frac{2}{\beta_L(1-\beta_L)} e^{\beta_L^2 \varphi^2 + 2\beta_L \varphi\xi} \mathrm{erfc}(\beta_L\varphi + \xi) + \frac{2(1+\beta_L)}{\beta_L} \mathrm{erfc}(\xi)\Bigg] \quad (5.40)$$

定义函数

$$f_B(\xi, \varphi) = e^{\varphi^2 - 2\varphi\xi} \mathrm{erfc}(\varphi - \xi) + \frac{1+\beta_L}{1-\beta_L} e^{\varphi^2 + 2\varphi\xi} \mathrm{erfc}(\varphi + \xi) - 2e^{-2\varphi\xi}$$

$$-\frac{2}{\beta_L(1-\beta_L)} e^{\beta_L^2 \varphi^2 + 2\beta_L \varphi\xi} \mathrm{erfc}(\beta_L\varphi + \xi) + \frac{2(1+\beta_L)}{\beta_L} \mathrm{erfc}(\xi) \quad (5.41)$$

式(5.41)可近似为一个新的函数:

$$f_B(\xi, \varphi) \approx 1.28[(1-\beta_L)\varphi]^{1.56} e^{-0.91\varphi^{0.64}\xi^{1.9}} \quad (5.42)$$

同样,如图 5.25 所示,可以验证式(5.42)近似的准确性。因此,总质量损失速率可以计算为

$$\frac{\dot{m}''}{\rho_s AZ\delta_c} = \int_0^1 \Big(1 + \frac{\delta_{in}}{2l}\{1.28[(1-\beta_L)\varphi]^{1.56} e^{-0.91\varphi^{0.64}\xi^{1.9}}\}\Big)^B \mathrm{d}\xi \quad (5.43)$$

与式(5.34)相同,式(5.43)可进一步近似为

$$\frac{\dot{m}''}{\rho_s AZ\delta_c} \approx \int_0^1 \Big(\{1 + 1.28\frac{\delta_{in}}{2l}[(1-\beta_L)\varphi]^{1.56}\} e^{-0.2\varphi^{1.7}\xi}\Big)^B \mathrm{d}\xi \quad (5.44)$$

图 5.26 验证了式(5.43)和式(5.44)积分项内括号中表达式近似的准确性,因此式(5.44)可简化为

$$\frac{\dot{m}''}{\rho_s AZ\delta_c} = \{1 + 1.28\frac{\delta_{in}}{2l}[(1-\beta_L)\varphi]^{1.56}\}^B \frac{1}{0.2B\varphi^{1.7}}(1 - \exp^{-0.2B\varphi^{1.7}}) \quad (5.45)$$

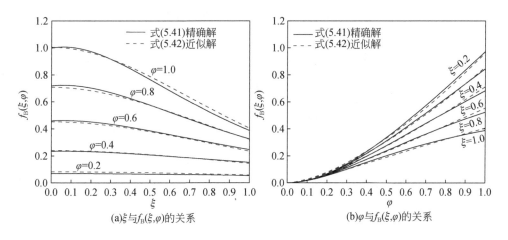

(a)ξ与$f_B(\xi,\varphi)$的关系　　　　　　(b)φ与$f_B(\xi,\varphi)$的关系

图 5.25　精确函数式(5.41)和近似表达式(5.42)比较

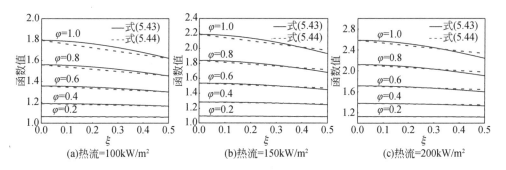

(a)热流=100kW/m²　　　　(b)热流=150kW/m²　　　　(c)热流=200kW/m²

图 5.26　100kW/m²、150kW/m² 和 200kW/m² 热流下式(5.43)和
式(5.44)积分项内括号中表达式比较

5.2.2　解析模型结果分析

本节利用已有的黑色 PMMA 着火实验数据,对所建立的模型进行验证。

1.深度吸收无热损

式(5.35)可简化为

$$\frac{\dot{m}''}{\rho_s AZ\delta_c}\approx C_A\left(1+1.12\,\frac{\delta_{in}}{2l}\varphi^{1.67}\right)^B \tag{5.46}$$

式中,$C_A=0.70$。因此,瞬态总质量通量可以表示为

$$\dot{m}''=1.4\rho_s AZ\sqrt{\alpha t}\left[1+\frac{1.12}{2\kappa l}(\kappa\sqrt{\alpha t})^{1.67}\right]^B \tag{5.47}$$

图 5.27 为式(5.35)和式(5.46)在三个不同高热流下的对比,可见经过近似假定后其预测精度变化不大。

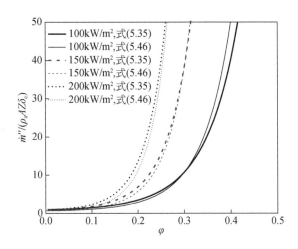

图 5.27　式(5.35)和式(5.46)在三个不同高热流下的对比

Lautenberger 等[1]的研究中基于表面吸收,给出了恒定热流下瞬时质量流率的表达式为

$$\dot{m}'' = \rho_s \Lambda Z l \exp\left(-\frac{T_a}{T_1}\right)\left(1 + \frac{\delta_c}{l\sqrt{\pi}}\right)^{T_a/T_2} \tag{5.48}$$

式中,Λ 为常数。图 5.28 为数值模型的计算结果、式(5.47)和式(5.48)近似解析表达式的对比,在三种热流下,采用三个深度吸收系数进行对比,以研究其对 MLR 的影响。在三种不同的入射热流下,表面吸收加快了热解速率,从而缩短了固定临界质量通量的着火时间。而对于深度吸收,热解速率较慢,延迟了着火时间。此外,较低的深度吸收系数(κ)导致特定入射热流下材料的热解时间较长,对应较低的热解速率。较大的 κ 对材料的不透明性有较大的影响,进而导致着火时间提前。表面吸收和深度吸收对着火时间的影响在第 6 章中也会进一步讨论。当 $\kappa=500\mathrm{m}^{-1}$ 时,式(5.47)和数值结果的一致性较好。随着 κ 的增大,误差也逐渐增大,说明解析模型的精度与深度吸收系数成反比,与图 5.28(b)和(c)中给出的结果一致,随着入射热流的减小,式(5.47)与数值结果的一致性变差。这说明所建立的模型对高热流的预测效果较好,但对低热流的预测效果较差。本研究假设深度吸收系数为常数,但由于 PMMA 表现出强烈的非灰体特性,κ 实际上随热流波数(或波长)的变化而变化。由斯特藩-玻尔兹曼定律可知,温度越低,黑体辐射强度也就越低。通过维恩位移定律可以计算出辐射体辐射出最大热流强度时相应的波长,而发射体温度越低,波长越长(或波数越低)。前人研究表明,相对较低的波数会导致

更大的深度吸收系数,这会大大增加 PMMA 的不透明度,因此在低热流下表面吸收占主导。而对于高热流,较大的波数导致较小的深度吸收系数,因此深度吸收占主导。

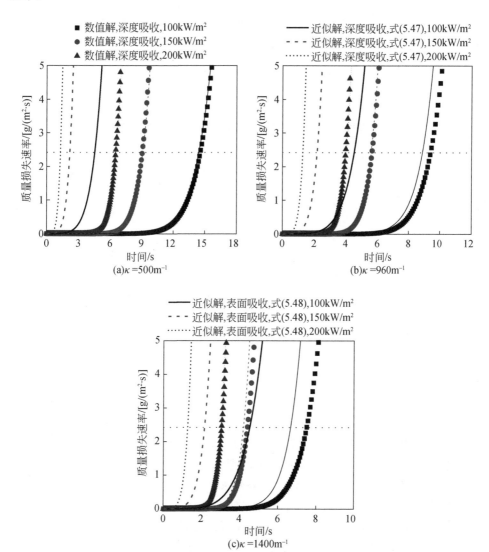

图 5.28　三个高入射热流下式(5.47)、式(5.48)及数值模拟的黑色 PMMA 质量损失速率比较

通过式(5.47)可以求出 t_{ig} 的隐式解,但有一定的难度。因此,借鉴文献[1]中的近似方法,即黑色 PMMA 有 $\delta_{c,ig}/l \approx 2$,式(5.46)可简化为

$$\dot{m}''_{ig} = 1.4\rho_s AZl \left[1 + \frac{1.12}{2\kappa l}(\kappa\sqrt{\alpha t_{ig}})^{1.67} \right]^B \tag{5.49}$$

重新整理式(5.49)可得着火时间表达式为

$$t_{ig,in}^{-0.5} = C'_A \kappa^{0.4} \left(\frac{\dot{q}''_{ext}}{T^*_{ig,in} - T_0} \right)^{0.6} \tag{5.50}$$

其中,

$$C'_A = 0.71\alpha^{0.5}/k_s^{0.6} \tag{5.51}$$

$$T^*_{ig,in} = T_0 \left[\frac{\dot{m}''_{ig}\dot{q}''_{ext}}{1.4\rho_s ZkT_0\exp(-T_a/T_1)} \right]^{T_2/T_a} \tag{5.52}$$

显然,式(5.50)在形式上与文献[1]中的经典着火理论公式相似:

$$t_{ig,surf}^{-0.5} = \frac{2}{\sqrt{k_s\rho C_p\pi}} \cdot \frac{\dot{q}''_{ext}}{T_{ig} - T_0} \tag{5.53}$$

$$t_{ig,sur,ref}^{-0.5} = \frac{2}{\sqrt{k_s\rho C_p\pi}} \cdot \frac{\dot{q}''_{ext}}{T^*_{ig,sur,ref} - T_0} \tag{5.54}$$

其中,

$$T^*_{ig,sur,ref} = T_0 \left[\frac{T_a^\nu \dot{m}''_{ig}\dot{q}''_{ext}}{k\rho_s Z\mu T_0\exp(-T_a/T_1)} \right]^{T_2/T_a} \tag{5.55}$$

考虑深度吸收和临界温度,文献[28]中的着火时间可表示为

$$\frac{1}{\sqrt{t_{ig,in}}} = -\kappa\sqrt{\frac{\alpha}{\pi}} + \sqrt{\frac{\alpha\kappa^2}{\pi} + 2\kappa\sqrt{\frac{\alpha}{\pi}} t_{ig,surf}^{-0.5}} \tag{5.56}$$

在式(5.53)中,$t_{ig,surf}^{-0.5}$ 与外部热流呈线性关系。然而,这种线性关系在式(5.50)、式(5.54)和式(5.56)中并不存在。在式(5.50)中,$t_{ig,in}^{-0.5}$ 与 $\kappa^{0.4}$ 成正比,这说明深度吸收系数越大,着火时间越短。图5.29为式(5.50)、式(5.53)、式(5.54)、式(5.56)、模拟结果及文献中实验结果的比较。很明显,在高热流下(大于80kW/m²),经典着火理论(式(5.53))和式(5.54)均为表面吸收模型,且均高估了 $t_{ig}^{-0.5}$。而新建立的模型(式(5.50))与式(5.56)均考虑了深度吸收,其预测结果均较好。在低热流下,表面吸收模型能较好地预测着火时间。由此可知,表面吸收和深度吸收分别对应低热流和高热流情况下的主控吸收过程。这一结果与其他学者的研究结果相同。同样,在图5.29中,$t_{ig}^{-0.5}$ 随着深度吸收系数 κ 的减小而减小,如式(5.50)所示,$t_{ig,in}^{-0.5}$ 与 $\kappa^{0.4}$ 成正比。κ 越小,越有助于提高固体的透明度,热穿透层厚度 $1/\kappa$ 就越大,其内部温度也就越低。这种低温会降低热解反应速率,延迟着火时间,即降低 $t_{ig}^{-0.5}$。反之,κ 与着火时间成反比,κ 越大,$t_{ig}^{-0.5}$ 越高。解析解(5.50)与图5.29中数值结果不一致的主要原因是在推导过程中采用了近似方法。式(5.52)和式(5.55)中的等效着火温度 $T^*_{ig,in}$ 和 $T^*_{ig,sur,ref}$ 不像经典着火理论中那样保持不变。对于特定材料,等效着火温度与 $\dot{q}''^{T_2/T_a}_{ext}$ 成比例,随入射热流的增大而增

大。此外,近似公式推导过程中使用的近似 $\delta_{c,ig}/l \approx 2$ 也可能导致最终解的误差增大。该假设对于表面吸收是正确的,因为 $\delta_{c,ig}/l \propto \dot{q}''_{ext}/t_{ig}^{-0.5}$。表面吸收时热流和 $t_{ig}^{-0.5}$ 之间存在线性关系,因此该项可以假设为常数。而对于深度吸收,$t_{ig}^{-0.5}$ 与热流不是线性相关的。然而,在高热流区,曲线的斜率变化不明显,因此其非线性也可以忽略。如图 5.29 所示,当热流高于 $80 \mathrm{kW/m^2}$ 时,解析公式的线性度相对较好,因此假设 $\delta_{c,ig}/l \approx 2$ 也是可用的。很明显,这种近似影响了式(5.49)中 1.4 的值。在最终解中,当 $\delta_{c,ig}/l$ 从 1 变为 3 时,$\delta_{c,ig}/l$ 的值在式(5.46)中的变化范围为 $0.95 \sim 1.02$,并且这种影响在式(5.50)中可被部分补偿。因此,在表面吸收模式中采用的这种近似方法也可用于深度吸收模式,并具有较高的精度。

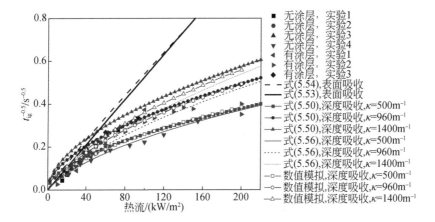

图 5.29　忽略表面热损失时经典着火理论、参考文献中的近似解、
参考文献中的解析解、本节近似解、数值模拟结果和实验结果 $t_{ig}^{-0.5}$ 对比

2. 深度吸收有热损

当考虑对流和辐射造成的表面热损失时,式(5.45)可以简化为

$$\frac{\dot{m}''}{\rho_s A Z \delta_c} = C_B \left\{ 1 + 1.28 \frac{\delta_{in}}{2l} \left[(1 - \beta_L) \varphi \right]^{1.56} \right\}^B \tag{5.57}$$

式中,$C_B = 0.80$。类似地,这种近似方法在三个不同的高热流下进行了验证,结果如图 5.30 所示,在所规定的 φ 范围内,二者吻合度较好,说明该近似方法有较高的精度。

采用与式(5.49)中相同的近似,即在着火时 $\delta_{c,ig}/l \approx 2$,式(5.57)简化为

$$\dot{m}'' = 1.6 \rho_s A Z l \left\{ 1 + 1.28 \frac{\delta_{in}}{2l} \left[(1 - \beta_L) \varphi \right]^{1.56} \right\}^B \tag{5.58}$$

重新整理式(5.58),$t_{ig}^{-0.5}$ 可表示为

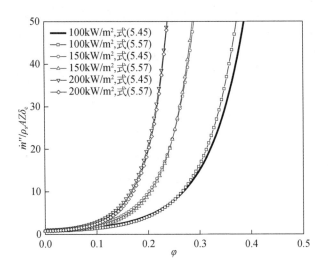

图 5.30　式(5.45)和式(5.57)比较

$$t_{\text{ig,in,loss}}^{-0.5}=(1-\beta_{\text{L}})C_{\text{B}}'\kappa^{0.36}\left(\frac{\dot{q}_{\text{ext}}''}{T_{\text{ig,in,loss}}^{*}-T_0}\right)^{0.64} \tag{5.59}$$

其中，

$$C_{\text{B}}'=0.75a^{0.5}/k_{\text{s}}^{0.64} \tag{5.60}$$

$$T_{\text{ig,in,loss}}^{*}=T_0\left[\frac{\dot{m}_{\text{ig}}''\dot{q}_{\text{ext}}''}{1.6\rho_{\text{s}}ZkT_0\exp(-T_{\text{a}}/T_1)}\right]^{T_2/T_{\text{a}}} \tag{5.61}$$

在经典着火理论中，当包括表面热损失时，着火时间可表示为

$$t_{\text{ig,surf}}^{-0.5}=\frac{2}{\sqrt{k_{\text{s}}\rho C_p\pi}}\cdot\frac{\dot{q}_{\text{ext}}''-0.64\dot{q}_{\text{cri}}''}{T_{\text{ig}}-T_0} \tag{5.62}$$

$$\dot{q}_{\text{cri}}''=\varepsilon\sigma(T_{\text{ig}}^4-T_0^4)+h_{\text{c}}(T_{\text{ig}}-T_0) \tag{5.63}$$

图 5.31 为式(5.53)、式(5.56)、式(5.59)、式(5.62)、数值模拟和文献中实验结果的对比。图 5.31 中，式(5.56)的 $t_{\text{ig,surf}}^{-0.5}$ 是根据式(5.62)在考虑表面热损失的情况下得到的，而不是式(5.53)。Lautenberger 等[1]的研究中没有考虑表面热损失，因此该模型没有绘制在图 5.31 中进行比较。在高入射热流条件下，表面吸收模型高估了 $t_{\text{ig}}^{-0.5}$，但深度吸能较好地预测着火时间。与此同时，式(5.56)的曲线与文献中实验结果吻合较好。在表面吸收为主的低热流条件下，经典着火理论能更好地预测着火时间。同样，在图 5.31 中，随着深度吸收系数 κ 的减小，$t_{\text{ig}}^{-0.5}$ 减小，如式(5.59)所示，$t_{\text{ig,in,loss}}^{-0.5}$ 正比于 $\kappa^{0.36}$，将 $\delta_{\text{c,ig}}/l$ 替换为 2 的近似带来的误差也可忽略不计。

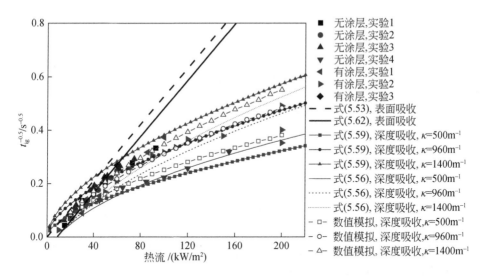

图 5.31　考虑表面热损失时经典着火理论、参考文献中的解析解、本节近似解、
数值模拟结果和实验结果 $t_{ig}^{-0.5}$ 对比

5.3　恒定热流下表面-深度耦合吸收热解着火

5.3.1　解析模型

当同时考虑表面吸收和深度吸收时，固相内部能量守恒方程为

$$\rho_s C_s \frac{\partial T_s}{\partial t} = \frac{\partial}{\partial x}\left(k_s \frac{\partial T_s}{\partial x}\right) + (1-\lambda)\dot{q}''_{ext}\kappa e^{-\kappa x} \tag{5.64}$$

式中，λ 为表面吸收所占比例。忽略表面热损失时初始条件和边界条件为

$$\begin{cases} T_s(x,0)=T_0 \\ -k_s \left.\dfrac{\partial T_s}{\partial x}\right|_{x=0}=\lambda \dot{q}''_{ext} \\ T_s(\infty,t)=T_0 \end{cases} \tag{5.65}$$

确定相对温度为

$$\theta = T_s - T_0 \tag{5.66}$$

此时，该问题可分解为两个已讨论过的简单问题的叠加：

$$\theta = (1-\lambda)\theta_1 + \lambda\theta_2 \tag{5.67}$$

$$\begin{cases} \dfrac{\partial \theta_1}{\partial t} = \alpha \dfrac{\partial^2 \theta_1}{\partial x^2} + \dfrac{\dot{q}''_{\text{ext}} \kappa e^{-\kappa x}}{\rho_s C_s} \\ \theta_1(x,0) = 0 \\ -k_s \dfrac{\partial \theta_1}{\partial x}\bigg|_{x=0} = 0 \\ \theta_1(\infty, t) = 0 \end{cases} \tag{5.68}$$

$$\begin{cases} \dfrac{\partial \theta_2}{\partial t} = \alpha \dfrac{\partial^2 \theta_2}{\partial x^2} \\ \theta_2(x,0) = 0 \\ -k_s \dfrac{\partial \theta_2}{\partial x}\bigg|_{x=0} = \dot{q}''_{\text{ext}} \\ \theta_2(\infty, t) = 0 \end{cases} \tag{5.69}$$

很明显, θ_1 为深度吸收无表面热损失的解, 而 θ_2 为表面吸收无表面热损失的解。因此, 本问题中的表面温度可表示为

$$\theta = (1-\lambda)\theta_1 + \lambda\theta_2 = \frac{\dot{q}''_{\text{ext}}\delta_{\text{in}}}{2k_s}\big[(1-\lambda)f_A(\varphi,\xi) + \lambda f_C(\varphi,\xi)\big]$$

$$\approx \frac{\dot{q}''_{\text{ext}}\delta_{\text{in}}}{2k_s}\big[1.12(1-\lambda)\varphi^{1.67}e^{-1.03\varphi^{0.79}\xi^{1.6}} + 2.26\lambda\varphi e^{-2.56\xi^{1.2}}\big] \tag{5.70}$$

总质量流率可表示为

$$\frac{\dot{m}''}{\rho_s A Z \delta_c} = \int_0^1 \bigg[(1-\lambda)\Big(1 + 1.12\frac{\delta_{\text{in}}}{2l}\varphi^{1.67}e^{-1.03\varphi^{0.79}\xi^{1.6}}\Big) + \lambda\Big(1 + 2.26\frac{\delta_{\text{in}}}{2l}\varphi e^{-2.56\xi^{1.2}}\Big)\bigg]^B d\xi \tag{5.71}$$

式(5.71)积分项中括号内两项在 5.1 节和 5.2 节中分别给出了近似替代方程, 但该两个方程的指数项不同, 不能进一步简化。因此, 式(5.71)积分项中括号内两项需要采用相同的指数形式进行近似:

$$\frac{\dot{m}''}{\rho_s A Z \delta_c} \approx \int_0^1 \bigg[(1-\lambda)\Big(1 + 1.12\frac{\delta_{\text{in}}}{2l}\varphi^{1.67}\Big)e^{-0.93\varphi^{0.5}\xi} + \lambda\Big(1 + 2.26\frac{\delta_{\text{in}}}{2l}\varphi\Big)e^{-0.93\varphi^{0.5}\xi}\bigg]^B d\xi \tag{5.72}$$

该近似方法的精确度在三种不同高热流, $0 \le \xi \le 0.5$, $0 \le \varphi \le 1$ 的情况下进行了对比验证, 结果如图 5.32 所示。明显可见, 在考查的范围内, 二者一致性较高。因此, 最终的瞬时质量流量可表示为

$$\frac{\dot{m}''}{\rho_s A Z \delta_c} = \bigg[(1-\lambda)\Big(1 + 1.12\frac{\delta_{\text{in}}}{2l}\varphi^{1.67}\Big) + \lambda\Big(1 + 2.26\frac{\delta_{\text{in}}}{2l}\varphi\Big)\bigg]^B$$

$$\times \frac{1}{0.93B\varphi^{0.5}}(1 - \exp^{-0.93B\varphi^{0.5}}) \tag{5.73}$$

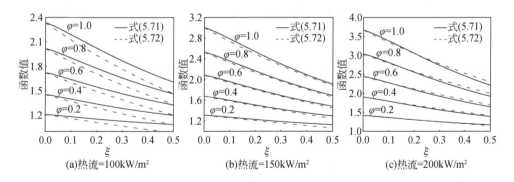

图 5.32　100kW/m²、150kW/m² 和 200kW/m² 热流下式(5.71)和
式(5.72)中积分项内括号中表达式比较

5.3.2　解析模型结果分析

不考虑表面热损但同时考虑表面吸收和深度吸收时,式(5.72)可表示为

$$\frac{\dot{m}''}{\rho_s A Z \delta_c} = C_D \left[(1-\lambda)\left(1+1.12\frac{\delta_{in}}{2l}\varphi^{1.67}\right) + \lambda\left(1+2.26\frac{\delta_{in}}{2l}\varphi\right) \right]^B \quad (5.74)$$

$$C_D = \frac{1}{0.93B\varphi^{0.5}}(1 - \exp^{-0.93B\varphi^{0.5}}) \quad (5.75)$$

结合式(5.17)和式(5.46),式(5.74)可以改写为

$$(1-\lambda)\left(1+1.12\frac{\delta_{in}}{2l}\varphi_{comb}^{1.67}\right) + \lambda\left(1+2.26\frac{\delta_{in}}{2l}\varphi_{comb}\right)$$

$$= (1-\lambda)\left(\frac{C_A}{C_D}\right)^{1/B}\left(\frac{\dot{m}''}{2\rho_s AZlC_A}\right)^{1/B} + \lambda\left(\frac{C_C}{C_D}\right)^{1/B}\left(\frac{\dot{m}''}{2\rho_s AZlC_C}\right)^{1/B}$$

$$\approx (1-\lambda)\left(\frac{C_A}{C_D}\right)^{1/B}\left(1+1.12\frac{\delta_{in}}{2l}\varphi_{ig,in}^{1.67}\right) + \lambda\left(\frac{C_C}{C_D}\right)^{1/B}\left(1+2.26\frac{\delta_{in}}{2l}\varphi_{surf}\right) \quad (5.76)$$

当 λ 为 0 和 1 时,C_A/C_D 和 C_C/C_D 均为 1,因此式(5.76)可简化为

$$(1-\lambda)(\kappa\sqrt{\alpha})^{0.67}(t_{ig,comb}^{0.835} - t_{ig,in}^{0.835}) + 2\lambda(t_{ig,comb}^{0.5} - t_{ig,surf}^{0.5}) = 0 \quad (5.77)$$

需要注意的是,式(5.77)并不能求出着火时间的显式解。对于指定的入射热流,可通过计算 $t_{ig,in}$ 和 $t_{ig,surf}$ 来估计 $t_{ig,comb}$。当考虑两种吸收模式时,随着表面吸收率从 0 增加到 1,$t_{ig,comb}^{0.5}$ 也逐渐接近 $t_{ig,surf}^{0.5}$。可预见的是,当 $\kappa=+\infty$ 时,深度吸收与表面吸收模式相同。然而,$t_{ig,\kappa=\infty}^{-0.5} \propto \kappa^{0.4} = \infty \neq t_{ig,surf}^{0.5}$,导致这一矛盾的原因是在计算总质量流率时使用了阿伦尼乌斯方程。当 κ 为无穷大时,热穿透层厚度接近零,总热量在这个理想薄层中积累,温度被计算为无穷大,这导致反应速率无穷大和质量通量无穷大。而对于表面吸收,热量通过热穿透层(厚度为 $2\sqrt{\alpha t}$)传递,温度和质

量流率是有限的。对于有限的 κ，该模型能较好地预测半透明材料的着火时间。

参 考 文 献

[1] Lautenberger C,Fernandez-Pello C. Approximate analytical solutions for the transient mass loss rate and piloted ignition time of a radiatively heated solid in the high heat flux limit[J]. Fire Safety Science,2005,8：445-456.

[2] Bal N,Rein G. Numerical investigation of the ignition delay time of a translucent solid at high radiant heat fluxes[J]. Combustion and Flame,2010,158(6)：1109-1116.

[3] Feng H J,Ris J L D,Khan M M. Absorption of thermal energy in PMMA by in-depth radiation[J]. Fire Safety Journal,2008,44(1)：106-112.

[4] Lawson D I,Simms D L. The ignition of wood by radiation[J]. British Journal of Applied Physics,1952,3(9)：37-42.

[5] Vermesi I, Roenner N, Prioni P, et al. Pyrolysis and ignition of a polymer by transient irradiation[J]. Combustion and Flame,2016,163：31-41.

[6] Richter F,Rein G. Heterogeneous kinetics of timber charring at the microscale[J]. Journal of Analytical and Applied Pyrolysis,2018,138：1-9.

[7] Grønli M G, Várhegyi G, Blasi C D. Thermogravimetric analysis and devolatilization kinetics of wood[J]. Industrial ang Engineering Chemistry Research, 2002, 41(17)：4201-4208.

[8] Xu L,Jiang Y,Wang L. Thermal decomposition of rape straw：Pyrolysis modeling and kinetic study via particle swarm optimization[J]. Energy Conversion and Management,2017, 146：124-133.

[9] Park W H. Optimization of fire-related properties in layered structures[J]. Journal of Mechanical Science and Technology,2019,33(8)：3831-3840.

[10] Swann J D,Ding Y,Stoliarov S I. Characterization of pyrolysis and combustion of rigid poly (vinyl chloride) using two- dimensional modeling[J]. International Journal of Heat and Mass Transfer,2019,132：347-361.

[11] Li J,Gong J H,Stoliarov S I. Development of pyrolysis models for charring polymers[J]. Polymer Degradation and Stability,2015,115：138-152.

[12] Haberle I,Skreiberg Ø,Łazar J,et al. Numerical models for thermochemical degradation of thermally thick woody biomass,and their application in domestic wood heating appliances and grate furnaces[J]. Progress in Energy and Combustion Science,2017,63：204-252.

[13] Branca C, Di Blasi C. A summative model for the pyrolysis reaction heats of beech wood[J]. Thermochimica Acta,2016,638：10-16.

[14] Richter F,Atreya A,Kotsovinos P,et al. The effect of chemical composition on the charring of wood across scales[J]. Proceedings of the Combustion Institute, 2019, 37(3)：4053-4061.

[15] Glass S V, Zelinka S L. Moisture Relations and Physical Properties of Wood[M].

Washington: United States Department of Agriculture,2010.

[16] Lautenberger C, Fernandez-Pello C. A model for the oxidative pyrolysis of wood[J]. Combustion and Flame,2009,156(8): 1503-1513.

[17] Ira J,Hasalová L,Sálek V,et al. Thermal analysis and cone calorimeter study of engineered wood with an emphasis on fire modelling[J]. Fire Technology,2019,56: 1-34.

[18] Báez S, Vasco D A, Díaz A, et al. Computational study of transient conjugate conductive heat transfer in light porous building walls[J]. Ingeniare,2017,25(4): 654-661.

[19] Zhai C J,Gong J H,Zhou X D,et al. Pyrolysis and spontaneous ignition of wood under time-dependent heat flux[J]. Journal of Analytical and Applied Pyrolysis,2017,125: 100-108.

[20] Sand U,Sandberg J,Larfeldt J,et al. Numerical prediction of the transport and pyrolysis in the interior and surrounding of dry and wet wood log[J]. Applied Energy,2008,85(12): 1208-1224.

[21] Li J,Stolarov S I. Measurement of kinetics and thermodynamics of the thermal degradation for non-charring polymers[J]. Combustion and Flame,2013,160(7): 1287-1297.

[22] Anca-Couce A,Zobel N,Berger A,et al. Smouldering of pine wood: Kinetics and reaction heats[J]. Combustion and Flame,2012,159(4): 1708-1719.

[23] Ding Y M,Wang C J,Lu S X. Modelling the pyrolysis of wet wood using FireFOAM[J]. Energy Conversion Management,2015,98: 4387-4399.

[24] Li J,Gong J H,Stoliarov S I. Gasification experiments for pyrolysis model parameterization and validation[J]. International Journal of Heat and Mass Transfer,2014,77: 738-744.

[25] Yuen R,Casey R, Davis G D V, et al. Three-dimensional mathematical model for the pyrolysis of wet wood[J]. Fire Safety Science,1997,5: 189-200.

[26] Boonmee N,Quintiere J G. Glowing and flaming autoignition of wood[J]. Proceedings of the Combustion Institute,2002,29(1): 289-296.

[27] Boonmee N,Quintiere J G. Glowing ignition of wood: The onset of surface combustion[J]. Symposium (International) on Combustion,2004,30(2): 2303-2310.

[28] Delichatsios M A, Zhang J. An alternative way for the ignition times for solids with radiation absorption in-depth by simple asymptotic solutions[J]. Fire and Materials,2012, 36(1): 41-47.

第6章　上升型时变热流下固体可燃物热解着火

6.1　线性上升热流下 PMMA 热解着火

6.1.1　表面温度

随时间线性增长热流下固体可燃物的传热过程如图 6.1 所示。假设该过程为一维传热问题，本节将 Lautenberger 等[1] 的近似方法从常热流扩展至时变热流，考虑固相内部热解，并将临界质量流量作为着火判据，提出一种新的近似方法来简化复杂的内部温度分布，从而获得瞬态质量流率和着火时间的表达式。

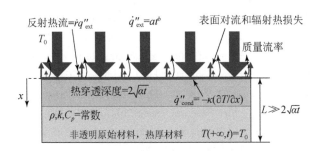

图 6.1　线性增长热流下固体内部传热示意图

下面列出一些推导过程中用到的重要假设和方法，其中一些方法与文献中使用的方法类似[1]，具体如下。

(1) 只考虑表面吸收，不涉及深度吸收，且假设表面吸收率不变。

(2) 考虑热厚情况。当着火前热穿透深度小于材料物理厚度时，可认为材料为热厚材料。对于表面吸收，热穿透层厚度可通过 $2\sqrt{at}$ 估算[1]。在该层下，材料温度较低且接近环境温度。在本研究中，假设材料的厚度远大于热穿透层厚度。对于 PMMA，厚度小于 2mm 的样品可视为热薄材料，而厚度大于 20mm 的样品可视为热厚材料[2]。对于热薄材料，内部温度可视为均匀的且没有温度梯度。样品底面绝热，因此本研究中的 PMMA 样品的特征尺寸为材料厚度，而不是材料厚度的1/2。当环境温度为 300K，对流系数为 10W/(m²·K)[3]，热导率为 0.336W/(m·K)时，厚度为 20mm 和 2mm 的 PMMA 样品的毕渥数分别为 0.6 和 0.06[4]。

(3)忽略表面对流散热和表面对环境的辐射热损失。

(4)忽略固体中的热分解反应,假设热力学参数在着火前保持不变。

(5)用简化的近似表达式代替步骤(1)~(4)得到的温度分布解析解。

(6)将一级反应的阿伦尼乌斯热解速率表达式替换为 Lautenberger 等[1]的研究中提出的幂指数表达式。

(7)计算总质量流率和着火时间。

为不失普遍性,本节所用热流为

$$\dot{q}''_{ext} = \dot{q}''_0 + at \tag{6.1}$$

式中,$\dot{q}''_{ext}$ 为瞬态热流;$\dot{q}''_0$ 为任意初始热流;t 为时间;a 为热流增长速率。结合步骤(1)~(4),固相能量守恒方程可表示为

$$\rho C_p \frac{\partial T}{\partial t} = k \frac{\partial^2 T}{\partial x^2} \tag{6.2}$$

式中,ρ 为密度;C_p 为比热容;T 为温度;k 为固体热导率;x 为坐标原点为样品表面的空间变量。引入相对温度[5]:

$$\theta = T - T_0 \tag{6.3}$$

式中,T_0 为初始温度,式(6.2)可改写为

$$\frac{\partial \theta}{\partial t} = \alpha \frac{\partial^2 \theta}{\partial x^2} \tag{6.4}$$

初始条件和边界条件为

$$\begin{cases} \theta(x,0) = 0 \\ -k \left. \frac{\partial \theta}{\partial x} \right|_{x=0} = \dot{q}''_0 + at \\ \theta(\infty, t) = 0 \end{cases} \tag{6.5}$$

当 $\dot{q}''_0 = 0$ 时,该问题的解析解可通过拉普拉斯变换得到[6]

$$\theta(x,t) = \frac{8at^{1.5}}{\sqrt{k\rho C_p}} i^3 \text{erfc}\left(\frac{x}{2\sqrt{\alpha t}}\right) \tag{6.6}$$

式中,$i^n \text{erfc}(x)$ 为误差函数的 n 重积分。引入热穿透层厚度和无量纲距离[1]:

$$\delta_c = 2\sqrt{\alpha t} \tag{6.7}$$

$$\xi = \frac{x}{\delta_c} \tag{6.8}$$

式(6.6)中误差函数的三重积分可表示为

$$i^3 \text{erfc}(\xi) = \frac{1+\xi^2}{6\sqrt{\pi}} e^{-\xi^2} - \frac{1}{4}\left(\xi + \frac{2}{3}\xi^3\right) \text{erfc}(\xi) \tag{6.9}$$

式(6.6)可改写为

$$\theta(x,t) = \frac{2at^{1.5}}{\sqrt{k\rho C_p}} \left[\frac{2}{3\sqrt{\pi}}(1+\xi^2)e^{-\xi^2} - \left(\xi + \frac{2}{3}\xi^3\right)\text{erfc}(\xi) \right] \tag{6.10}$$

定义

$$f(\xi) = \frac{2}{3\sqrt{\pi}}(1+\xi^2)e^{-\xi^2} - \left(\xi + \frac{2}{3}\xi^3\right)\mathrm{erfc}(\xi) \tag{6.11}$$

6.1.2　质量损失速率

根据式(6.10)得到的温度分布,总瞬态质量损失速率[1]可表示为

$$\dot{m}'' = \rho Z \int_0^L \exp(-T_a/T)\mathrm{d}x \approx \rho Z \delta_c \int_0^1 \exp(-T_a/T)\mathrm{d}\xi \tag{6.12}$$

式中,$\dot{m}''$为总瞬态质量损失速率;Z为指前因子;L为样品厚度;T_a为活化温度(等于活化能除以摩尔气体常数)。在计算总瞬态质量流率时应考虑整个固体体积,热解主要发生在表面附近高温层,即热穿透层内。因此,积分上限在通过积分变量变换后可近似为1。联立式(6.10)~式(6.12),总瞬态质量流率可表示为

$$\dot{m}'' = \rho Z \delta_c \int_0^1 \exp\left[-\frac{T_a}{T_0 + 2at^{1.5}f(\xi)/\sqrt{k\rho C_p}}\right]\mathrm{d}\xi \tag{6.13}$$

由于该积分不能进一步简化,本节引入一个近似表达式:

$$f(\xi) \approx \frac{2}{3\sqrt{\pi}}e^{-3.25\xi^{1.1}} \tag{6.14}$$

如图6.2所示,通过对式(6.11)和式(6.14)进行比较可验证式(6.14)近似的准确性。显然,当$0 \leqslant \xi \leqslant 1$(热解区内)时,该近似表达式与精确解吻合得非常好,说明近似精度较高。

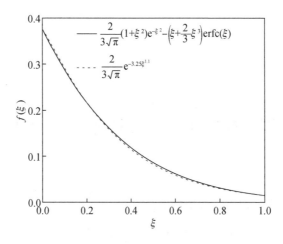

图6.2　$f(\xi)$的精确表达式与近似表达式的比较

如文献[1]中的近似结果,当温度为250~450℃,T_a为10000~30000K时,热

解反应速率可近似用幂指数函数代替：

$$\exp\left(-\frac{T_a}{T}\right) \approx A\left(\frac{T}{T_r}\right)^B \tag{6.15}$$

$$A=\exp\left(-\frac{T_a}{T_1}\right), \quad T_1 \approx 357\text{K} \tag{6.16}$$

$$B=T_a/T_2, \quad T_2 \approx 615\text{K} \tag{6.17}$$

式中，A、B 为常数；T_1、T_2 为特征温度；T_r 为参考温度（初始温度为 T_0），该近似方法在第 5 章中已应用。值得注意的是，黑色 PMMA 的热解温度和活化温度均在上述温度范围内。因此，该近似方法对于黑色 PMMA 材料也是适用的。联立式(6.14)～式(6.17)，总瞬态质量流率可改写为

$$\frac{\dot{m}''}{\rho AZ\delta_c}=\int_0^1 \left[1+\frac{2at^{1.5}}{T_0\sqrt{k\rho C_p}}f(\xi)\right]^B \mathrm{d}\xi=\int_0^1 \left[1+\frac{2at^{1.5}}{T_0\sqrt{k\rho C_p}}\frac{2}{3\sqrt{\pi}}\mathrm{e}^{-3.25\xi^{1.1}}\right]^B \mathrm{d}\xi \tag{6.18}$$

为了得到显式公式，对式(6.18)方括号内的表达式进行近似积分：

$$\frac{\dot{m}''}{\rho AZ\delta_c} \approx \int_0^1 \left[\left(1+\frac{2at^{1.5}}{T_0\sqrt{k\rho C_p}}\frac{2}{3\sqrt{\pi}}\right)\mathrm{e}^{-3\xi}\right]^B \mathrm{d}\xi \tag{6.19}$$

对于黑色 PMMA 和松木，当 $a=200\text{W}/(\text{m}^2 \cdot \text{s})$ 时，此近似值的验证如图 6.3 所示。后续用于验证线性热流的实验数据中热流上升速率的范围分别为 $0 \leqslant a \leqslant 3000\text{W}/(\text{m}^2 \cdot \text{s})$ 和 $0 \leqslant a \leqslant 200\text{W}/(\text{m}^2 \cdot \text{s})$，因此本节使用典型值 $a=200\text{W}/(\text{m}^2 \cdot \text{s})$ 来验证所提出的近似方法。显然，在热穿透层厚度 $0 \leqslant \xi \leqslant 1$ 时，式(6.19)中的近似表达式与式(6.18)中的原始表达式吻合度较高。对于热流斜率 a 的其他值，也可以很容易地发现，这个近似表达式具有很高的可靠性。

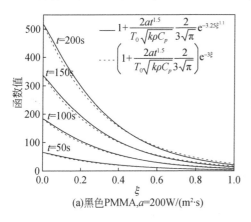
(a)黑色PMMA,$a=200\text{W}/(\text{m}^2\cdot\text{s})$

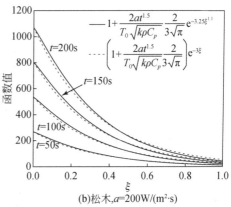
(b)松木,$a=200\text{W}/(\text{m}^2\cdot\text{s})$

图 6.3　式(6.18)中精确函数和式(6.19)中近似表达式比较

对式(6.19)进行积分,可得总的质量流率为

$$\dot{m}'' = C_1 \rho A Z \delta_c \left(1 + \frac{4at^{1.5}}{3T_0\sqrt{\pi k \rho C_p}}\right)^B \tag{6.20}$$

$$C_1 = \frac{1 - e^{-3B}}{3B} \tag{6.21}$$

6.1.3　着火时间

当采用临界质量损失速率作为着火判据时,着火时间定义为从辐射热流开始加热样件时刻到释放挥发物的质量流率达到其临界值的时间。在着火时,$\dot{m}'' = \dot{m}''_{cri}$,$t = t_{ig}$,因此着火时间和 a 之间的关系可以根据式(6.20)得到

$$t_{ig}^{-1.5} = \frac{4a}{3\sqrt{\pi k \rho C_p}(T_{ig}^* - T_0)} \tag{6.22}$$

$$T_{ig}^* = T_0 \left(\frac{\dot{m}''_{cri}}{2C_1 \rho A Z \sqrt{a t_{ig}}}\right)^{1/B} \approx T_0 \left(\frac{\dot{m}''_{cri}}{20 C_1 \rho A Z \sqrt{a}}\right)^{1/B} \tag{6.23}$$

式中,T_{ig}^* 为等效温度。式(6.22)仍不是显式表达式,因为在式(6.23)中存在 t_{ig}。在式(6.23)中取特征值 $t_{ig}=100\text{s}$,得到简化表达式。当 t_{ig} 在典型的着火时间范围内(从 50s 变化到 200s)时,$t_{ig}^{1/(2B)}$ 从 0.92 变化到 0.90,这个微小变化可以忽略。考虑到 $\dot{q}''_{ig} = a t_{ig}$,$t_{ig}^{-0.5}$ 与着火时刻热流的关系可根据式(6.22)表示为

$$t_{ig}^{-0.5} = \frac{4\dot{q}''_{ig}}{3\sqrt{\pi k \rho C_p}(T_{ig}^* - T_0)} \tag{6.24}$$

式(6.24)与常热流下着火时间的表达式类似,即 $t_{ig}^{-0.5}$ 与入射热流呈线性关系。此外,式(6.24)也类似于作者研究中分析得出的线性热流下以临界温度为着火判据的着火时间解析公式[7]:

$$t_{ig}^{-1.5} = \frac{4a}{3\sqrt{\pi k \rho C_p}(T_{ig} - T_0)} \tag{6.25}$$

或

$$t_{ig}^{-0.5} = \frac{4\dot{q}''_{ig}}{3\sqrt{\pi k \rho C_p}(T_{ig} - T_0)} \tag{6.26}$$

6.1.4　有限厚度材料

1. 实验研究

图 6.4 为用于产生随时间增长热流的实验装置,该装置包括两个组成部分,即加热单元和控制系统。加热单元包括装置支撑架、加热器、挡板、样件支架和电动机。加热单元的部件均由控制系统控制。加热器与锥形量热仪中的加热器完全相

同。两个直径为 1mm 的 K 型热电偶安装于加热盘上,以监测实时温度并向控制系统发送反馈信号。控制样件接收热辐射的挡板固定于加热器下方,挡板由支架底部的电动机驱动,电动机由控制系统的对应开关控制。样件支架由两个厚度为 13mm、尺寸为 15cm×15cm 的铝光学板和四根直径为 6mm 的螺丝组成,可以调节高度。样件水平放置在加热器下方 3cm 处。该控制系统主要由 3 个开关和 1 个 PID 温度控制器组成,该控制器根据加热器中监控热电偶的反馈信号实时调节加热线圈的温度,以达到理想的热流形式。加热开关和挡板开关控制加热装置每个相关部件的开与关。

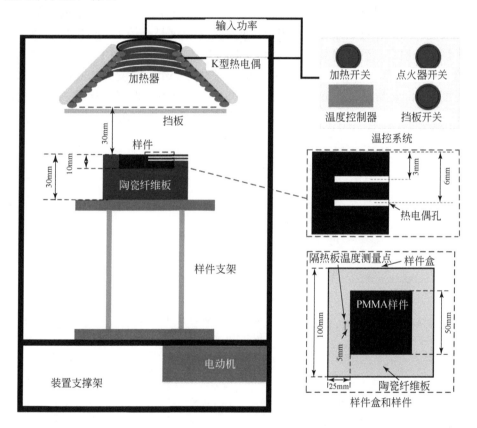

图 6.4　实验装置和样件示意图

对于标准的锥形量热仪,加热器的上下开口直径分别为 8cm 和 16cm。长度为 10cm 的方形标准样件位于加热器下方 2.5cm 处。在 25~100kW/m² 的热流下,样件中心的热流与表面热流平均值之比在 1~1.06 变化。Janssens[8] 在实验中发现,随着热流的减小,样品表面积对着火的影响增大。在之前的研究中,用

Govmarkc C-1 锥形量热仪测量了长度为 10cm 的方形样件的中心和四角的热流。研究发现,当中心热流在 20~70kW/m² 时,四角的热流下降了 10%。本节研究采用的样件为 10cm×10cm 的方形样件,有 1mm、1.5mm、3mm、6mm 和 10mm 五种厚度。样品被紧紧嵌入在 3cm 厚、10cm 长的方形保温材料陶瓷纤维板中,样件上表面与陶瓷纤维板的上表面平齐,并用壁厚为 1mm 的不锈钢样件盒包裹陶瓷纤维板,以方便取放。由文献和厂家提供的 PMMA 和陶瓷纤维板的热参数如表 6.1 所示。白色陶瓷纤维板的表面不是理想的平面,因此忽略反射。对于透明的 PMMA,通过不同的研究测得的深度吸收系数 κ 为 1870~2200m⁻¹[9],表明以 $1/\kappa$ 估算的热穿透层厚度在 0.45~0.53mm,在热穿透层厚度范围内辐射的大部分热量被吸收。当热穿透层厚度小于当前实验研究中厚度最小的 1mm 样件时,意味着几乎没有辐射可以到达样品的下表面。因此,热传导主控 PMMA 和绝热层之间的传热过程。如图 6.4 所示,通过在样品中钻直径为 1mm、深度为 25mm 的孔来实现厚度为 3mm、6mm、10mm 的样品对应位置内部温度的测量。所有表面和内部温度均通过直径为 0.5mm 的 K 型热电偶进行测量。PMMA 和 K 型热电偶之间接触良好。

表 6.1　模拟中使用的 PMMA 和陶瓷纤维板热参数

材料	参数	数值	来源
PMMA	$A/10^{12}\,\text{s}^{-1}$	8.6	文献[10]
	$E/(10^5\,\text{J/mol})$	1.88	文献[10]
	$\rho/(10^6\,\text{g/m}^3)$	1.19	文献[10]
	$\Delta H_v/(\text{J/g})$	1660	文献[10]
	$C_p/[\text{J/(g·K)}]$	$0.6+0.00367T$	文献[10]
	$k/[\text{W/(m·K)}]$	$\begin{cases} 0.45-0.00038T, & T<378\text{K} \\ 0.27-0.00024T, & T\geqslant378\text{K} \end{cases}$	文献[4]
	ε	0.945	文献[4]
陶瓷纤维板	$\rho_{\text{in}}/(10^5\,\text{g/m}^3)$	4.0	厂商
	$C_{p,\text{in}}/[\text{J/(g·K)}]$	0.67	厂商
	$k_{\text{in}}/[\text{W/(m·K)}]$	0.06	厂商

在预实验中,1mm 和 1.5mm 两种厚度较薄的样件出现了明显的变形,3mm 厚的样件出现了中等程度的变形,形变破坏了较薄材料的一维假定。厚度为 6mm 和 10mm 的 PMMA 的测试中样件没有出现明显的变形。为了使样件变形对实验影响最小化,实验中利用 4 根直径为 0.2mm 的钢丝来限制厚度为 1mm、1.5mm 和 3mm 样件的形变。这些钢丝位于样品上方 1mm 处,并在表面上方形成面积为

2cm×2cm 的中心区域。

为了体现线性热流的普遍性,本节设计的热流表达式为

$$\dot{q}'' = \dot{q}_0'' + at \tag{6.27}$$

式中,$\dot{q}''$ 为瞬态热流;$\dot{q}_0''$ 为任意初始热流;a 为增长速率。$a=0$ 和 $\dot{q}_0''=0$ 分别对应于常热流和纯线性热流,与之相关的着火问题要简单得多。直径为 9mm、量程为 $0\sim100\text{kW/m}^2$ 的水冷式 Schmidt-Boelter 热流计固定于加热器下方 3cm 处,用于校准热流。首先对 30kW/m^2 和 50kW/m^2 的恒定热流进行校准,并在相应常热流下至少保持 30min,测量样品中心和四角热流,以保证产生辐射的稳定性和均匀性。在稳定阶段,测量的中心热流分别在 $(30\pm0.5)\text{kW/m}^2$ 和 $(50\pm0.5)\text{kW/m}^2$ 波动,四角热流分别在 $28.5\sim28.9\text{kW/m}^2$ 和 $48.3\sim49.2\text{kW/m}^2$ 波动。对于线性热流,在测试前对温度控制器进行编程,然后对产生的目标热流进行校准。初始热流为 6.5kW/m^2,产生的 6 种不同上升速率的线性热流如图 6.5 所示。

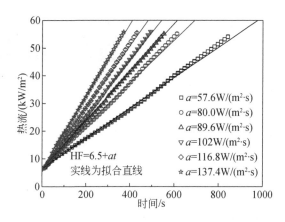

图 6.5　标定的线性增长热流

在热流校准期间,挡板处于打开状态,热流计安装于加热器下方,以监测接收到的热流。加热器的温度在 10min 内从环境温度升高到 200K,该温度对应于 6.5kW/m^2 的热流,并维持 10min,以使其波动最小化。20min 后,热流开始以设定的斜率线性增加,测量所得热流的不确定度为 0.1kW/m^2 左右。每个加热条件至少校准三次,以使热流不确定度最小化。对于较大的增长速率,热流线性度较好,但是随着 a 的减小,其线性度变差。线性度变差是由加热线圈在低增长速率下的温度微调引起的响应滞后造成的。校准结束后,记录加热程序的设置,并在接下来的着火实验中使用。由于实验前 20min 的不稳定阶段和恒定热流阶段不是着火实验阶段,挡板在这一阶段处于关闭状态。在这段时间内将准备的样件放置在样件支架上。在热流增加阶段开始时,挡板打开,加热样件,使其温度从环境温度上

升至着火温度。每次测试结束后,加热器通过强制气流冷却到环境温度。实验前共准备四个相同的样品支架,交替使用以消除残余温度对实验的影响。在实验过程中,为了减弱气流干扰,需关闭通风柜和房间的机械通风系统。在不同加热条件下,进行三次重复实验,以收集足够的数据进行误差分析。

在图 6.4 所示的 PMMA 样件与绝热材料之间的水平界面处,测量了在 $a=102\mathrm{W}/(\mathrm{m}^2 \cdot \mathrm{s})$ 的加热条件下,距样件和陶瓷纤维板交界面 5mm 位置的陶瓷纤维板深度分别为 0mm、3mm 和 6mm 处的温度,结果如图 6.6(a) 所示,着火前的最大温差约为 50K。图 6.6(b) 显示了通过 $k_{\mathrm{in}}(T_{\mathrm{interface}}-T_{\mathrm{5mm}})/5$ 计算得到的 PMMA 到绝热层的水平传导热流和瞬态入射热流的比值 χ,该图也展示了实验结束后样件中气泡层的厚度。样品图像中 PMMA 的尺寸为 100mm(宽)×10mm(厚),图中热电偶孔位于样件 6mm 深度处。图 6.6(b) 所示的 χ 值均小于 0.035,且实验后样件中气泡层厚度均匀,说明实验中所用的一维假设是有效的。

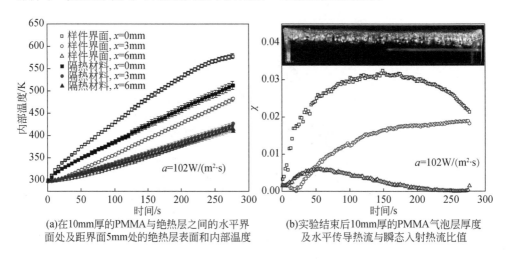

(a)在10mm厚的PMMA与绝热层之间的水平界　　(b)实验结束后10mm厚的PMMA气泡层厚度
面处及距界面5mm处的绝热层表面和内部温度　　及水平传导热流与瞬态入射热流比值

图 6.6　一维假设验证

所有自燃实验测量的临界温度(T_{ig})如图 6.7(a) 所示,其平均值为(695 ± 14.5)K。随着厚度和 a 的变化,T_{ig} 没有明显的变化,说明 T_{ig} 是比较可靠的着火判据。该平均值远高于文献中的引燃临界温度,如 $523\sim673\mathrm{K}$[8]、$621\mathrm{K}$[11]、$553\sim593\mathrm{K}$[12] 等,但与文献中自燃温度 $650\sim680\mathrm{K}$[13] 和 $670\sim690\mathrm{K}$[14] 较为一致。理论上,当热流随时间增加时,材料一定会燃烧。但是在 $a=57.6\mathrm{W}/(\mathrm{m}^2 \cdot \mathrm{s})$ 和 $a=80\mathrm{W}/(\mathrm{m}^2 \cdot \mathrm{s})$ 条件下,1mm 厚的 PMMA 没有着火,这是因为样件在着火前已被完全热解,所以在图 6.7 中没有该条件下的相关数据。在随后的模拟中,将实验得出的平均临界温度作为临界温度。

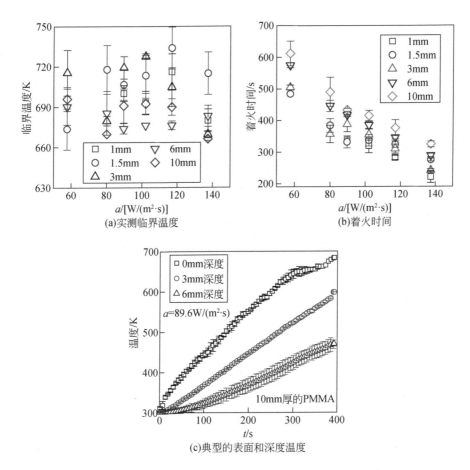

(a)实测临界温度

(b)着火时间

(c)典型的表面和深度温度

图 6.7 实测临界温度、着火时间及典型的表面和深度温度

图 6.7(b)为不同热流下测量的不同厚度 PMMA 的着火时间。由图可见,样件越薄,a 越大,PMMA 的着火时间越短。而且该变化趋势随材料的变薄而减弱,尤其是厚度为 1mm 和 1.5mm 的 PMMA 样件。如上所述,传热和材料的残余量在决定材料是否发生自燃中起主导作用。在实验中使用钢丝固定样件使其形变最小化,但是在较薄样件的测试中,仍能观察到样品的微小变形。在 a = 89.6W/(m² · s)加热条件下,10mm 厚的 PMMA 的表面和内部温度变化曲线如图 6.7(c)所示。非常小的误差棒说明实验的重复性较好,在其他厚度和加热条件下也发现了类似的表面和内部温度变化趋势,在此不再赘述。

2. 解析模型

图 6.8 为采用热惰性假设时线性热流下不同厚度固体可燃物的内部传热过程。热流采用表面吸收,如第 3 章所述,电阻型加热器在低热流下的吸热过程以表面吸收为主,而随着热流的增大或在使用钨丝灯加热器时,深度吸收的作用更为关键。PMMA 的反射率在 $0.038 \sim 0.041$[15],因此表面反射可忽略。与此同时,采用相同常数的表面发射率和吸收率,下面分析三种不同厚度材料的加热过程,并基于临界温度判据,发展着火时间解析模型。

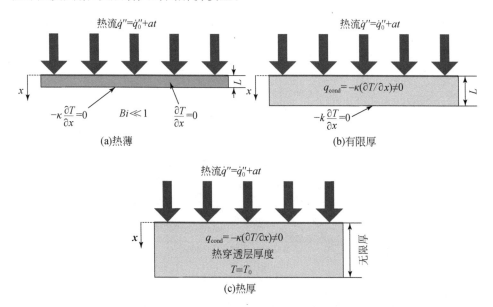

图 6.8　随时间线性增长热流下不同厚度固体内部传热示意图

毕渥数(Bi)表示固体中传热阻力与表面传热热阻的比值,通常用于确定材料是否为热薄材料[16]:

$$Bi = hL/k \tag{6.28}$$

式中,h 为表面总传热系数;L 为材料的特性尺度,通常为体积与表面积的比值;k 为热传导系数。若 $Bi \ll 1$,则固体内的温度梯度可以忽略,即理想热薄或零维加热条件。热波可在短时间内渗透整个材料。对于对流加热,临界 Bi 为 0.1[17]。若 Bi 不是远小于 1,则需要考虑材料内部的温度梯度。只有当着火时的热穿透层厚度小于材料厚度时,材料才能被认为是热厚材料;否则,应视其为有限厚度材料。对于固体着火,通常采用辐射加热,因此通常定义一个辐射 Bi[18]:

$$Bi_R = \frac{\varepsilon \dot{q}'' L}{k \theta_{ig}} \tag{6.29}$$

式中,ε 为固体的表面吸收率;$\dot{q}''$ 为瞬态热流;θ_{ig} 为相对着火温度,$\theta_{ig} = T_{ig} - T_0$,$T_{ig}$ 为着火温度,T_0 为初始温度。

　　1)热薄材料

　　当 $Bi \ll 1$ 时,固体中的零维加热问题可用集总热容法求解,其控制方程和对应的解为

$$\begin{cases} H \dfrac{\mathrm{d}\theta}{\mathrm{d}t} = \varepsilon(\dot{q}_0'' + at) - h\theta \\ \theta(0) = 0 \end{cases} \tag{6.30}$$

$$\theta(t) = \frac{\varepsilon}{h}\left(\dot{q}_0'' - \frac{aH}{h}\right)(1 - \mathrm{e}^{-\frac{ht}{H}}) + \frac{\varepsilon at}{h} \tag{6.31}$$

式中,$H = \rho C_p L$,ρ 为密度,C_p 为比热容;θ 为相对温度,$\theta = T - T_0$;ε 为发射率;t 为时间;$h = h_c + \varepsilon h_R$,$h_c$ 为对流换热系数,h_R 为辐射近似系数,其满足 $\sigma(T^4 - T_\infty^4) \approx h_R(T - T_\infty)$,其中 σ 为 Stefan-Boltzmann 常数,T_∞ 为环境温度。本节基于霍夫定律,有 $\varepsilon = \lambda$。文献[19]中提出了一种两面受热的热薄材料的内部温度解析公式:

$$\theta(t) = \frac{\varepsilon \dot{q}''(t)}{2h}(1 - \mathrm{e}^{-2\frac{ht}{H}}) \tag{6.32}$$

　　式(6.32)中使用的特征尺寸为 $L/2$。应用类似的集总近似和求解方法,以 L 为特征尺寸,得到本节研究中热薄材料的内部温度解为

$$\theta(t) = \frac{\varepsilon \dot{q}''(t)}{h}(1 - \mathrm{e}^{-\frac{ht}{H}}) \tag{6.33}$$

　　显然,式(6.31)和式(6.33)不同,这种偏差是由在推导过程中文献[19]将瞬态热流视为常热流造成的。图 6.9 为通过式(6.31)和式(6.33)计算的厚度为 1mm 的 PMMA 在热流增长速率为 89.6W/(m² · s)下的温度对比。可以看出,与式(6.31)相比,式(6.33)对温度的预测明显较高。

　　2)热厚材料

　　热厚固体中的传热可以表示为

$$\begin{cases} \dfrac{\partial \theta}{\partial t} = \alpha \dfrac{\partial^2 \theta}{\partial x^2} \\ \theta(x, 0) = 0 \\ -k \dfrac{\partial \theta}{\partial x}\bigg|_{x=0} = \varepsilon(\dot{q}_0'' + at) - h\theta \\ \theta(\infty, t) = 0 \end{cases} \tag{6.34}$$

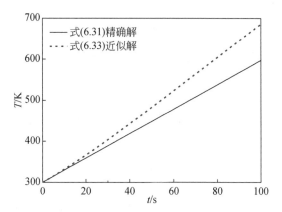

图 6.9　式(6.31)和式(6.33)计算的 1mm 厚的 PMMA 预测温度比较

该问题可以分解为两个简单问题的叠加：

$$\begin{cases} \dfrac{\partial \theta_1}{\partial t} = \alpha \dfrac{\partial^2 \theta_1}{\partial x^2} \\[2mm] \theta_1(x,0) = 0 \\[2mm] -k \dfrac{\partial \theta_1}{\partial x}\bigg|_{x=0} = \varepsilon \dot{q}_0'' - h\theta_1 \\[2mm] \theta_1(\infty,t) = 0 \end{cases}$$

$$\begin{cases} \dfrac{\partial \theta_2}{\partial t} = \alpha \dfrac{\partial^2 \theta_2}{\partial x^2} \\[2mm] \theta_2(x,0) = 0 \\[2mm] -k \dfrac{\partial \theta_2}{\partial x}\bigg|_{x=0} = \varepsilon a t - h\theta_2 \\[2mm] \theta_2(\infty,t) = 0 \end{cases} \tag{6.35}$$

式中，θ_1 和 θ_2 分别为常热流和纯线性热流下传热问题的解，它们可通过拉普拉斯变换得到

$$\theta_1(x,t) = \frac{\varepsilon \dot{q}_0''}{h}\left[\operatorname{erfc}\left(\frac{x}{2\sqrt{\alpha t}}\right) - e^{\delta_L x + \alpha \delta_L^2 t}\operatorname{erfc}\left(\frac{x}{2\sqrt{\alpha t}} + \delta_L\sqrt{\alpha t}\right)\right] \tag{6.36}$$

$$\theta_2(x,t) = \frac{-\varepsilon a}{h\alpha\delta_L^2}\left[e^{\delta_L x + \alpha \delta_L^2 t}\operatorname{erfc}\left(\frac{x}{2\sqrt{\varepsilon t}} + \delta_L\sqrt{\alpha t}\right) - \sum_{n=0}^{2}(-2\delta_L\sqrt{\alpha t})^n i^n\operatorname{erfc}\left(\frac{x}{2\sqrt{\alpha y}}\right)\right] \tag{6.37}$$

式中，δ_L 为表面对流和辐射热损失与固体中热传导能力的比值，$\delta_L = h/k$。当 $x=0$ 时，表面温度可表示为

$$\theta(0,t)=\frac{\varepsilon}{h}\left\{\dot{q}_0''\left[1-e^{\alpha\delta_L^2 t}\mathrm{erfc}(\delta_L\sqrt{\alpha t})\right]+at-\frac{a}{\alpha\delta_L^2}e^{\alpha\delta_L^2 t}\mathrm{erfc}(\delta_L\sqrt{\alpha t})-1+\frac{2\delta_L\sqrt{\alpha t}}{\sqrt{\pi}}\right\}$$

$$(6.38)$$

文献[19]中提出了以下近似解：

$$\theta(0,t)=\frac{\varepsilon\dot{q}''}{h}\left[1-e^{\alpha\delta_L^2 t}\mathrm{erfc}(\delta_L\sqrt{\alpha t})\right]$$

$$=\frac{\varepsilon(\dot{q}_0''+at)}{h}\left[1-e^{\alpha\delta_L^2 t}\mathrm{erfc}(\delta_L\sqrt{\alpha t})\right] \qquad (6.39)$$

　　同样，这个解是通过在推导过程中将时变热流作为常数以避免积分而得到的。基于式(6.38)和式(6.39)计算的表面温度对比如图 6.10 所示。显然，渐近解明显高于表面温度。$2\sqrt{\alpha t_{ig}}$ 可用于估算着火时刻的热穿透层厚度。若 $2\sqrt{\alpha t_{ig}}$ 低于固体的厚度[20,21]，则可使用热厚模型。采用实验测量的着火时间，发现本研究中没有样件在热厚区域内。

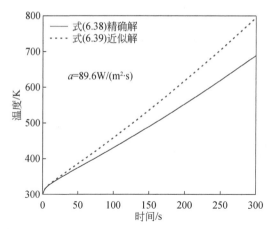

图 6.10　式(6.38)和式(6.39)预测的热厚 PMMA 表面温度比较

3)热中材料

有限厚度的热中样件的热传导问题可表示为

$$\begin{cases}\dfrac{\partial\theta}{\partial t}=\alpha\dfrac{\partial^2\theta}{\partial x^2}\\[2mm]\theta(x,0)=0\\[2mm]-k\left.\dfrac{\partial\theta}{\partial x}\right|_{x=0}=\varepsilon(\dot{q}_0''+at)-h\theta\\[2mm]-k\left.\dfrac{\partial\theta}{\partial x}\right|_{x=L}=0\end{cases} \qquad (6.40)$$

该问题也可分解为两个简单问题的叠加：

$$
\begin{cases}
\dfrac{\partial \theta_1}{\partial t} = \alpha \dfrac{\partial^2 \theta_1}{\partial x^2} \\[2mm]
\theta_1(x,0) = 0 \\[2mm]
-k \left. \dfrac{\partial \theta_1}{\partial x} \right|_{x=0} = \varepsilon \dot{q}_0'' - h\theta_1 \\[2mm]
-k \left. \dfrac{\partial \theta_1}{\partial x} \right|_{x=L} = 0
\end{cases}
$$

$$
\begin{cases}
\dfrac{\partial \theta_2}{\partial t} = \alpha \dfrac{\partial^2 \theta_2}{\partial x^2} \\[2mm]
\theta_2(x,0) = 0 \\[2mm]
-k \left. \dfrac{\partial \theta_2}{\partial x} \right|_{x=0} = \varepsilon a t - h\theta_2 \\[2mm]
-k \left. \dfrac{\partial \theta_2}{\partial x} \right|_{x=L} = 0
\end{cases}
\tag{6.41}
$$

采用与 6.1.3 节类似的求解方法可得该问题的解为

$$
\theta_{\text{int}}(x,t) \approx \theta_{\text{thick}} + \frac{\varepsilon \dot{q}_0''}{h}\left[\operatorname{erfc}\left(\frac{2L-x}{2\sqrt{\alpha t}}\right) - \mathrm{e}^{\delta_{\text{L}}(2L-x)+\alpha\delta_{\text{L}}^2 t}\operatorname{erfc}\left(\frac{2L-x}{2\sqrt{\alpha t}} + \delta_{\text{L}}\sqrt{\alpha t}\right) \right]
$$

$$
+ \frac{\varepsilon a}{h\alpha\delta_{\text{L}}^2}\left[\mathrm{e}^{\delta_{\text{L}}(2L-x)+\alpha\delta_{\text{L}}^2 t}\operatorname{erfc}\left(\frac{2L-x}{2\sqrt{\alpha t}} + \delta_{\text{L}}\sqrt{\alpha t}\right) \right.
$$

$$
\left. - \sum_{n=0}^{2}(-2\delta_{\text{L}}\sqrt{\alpha t})^n i^n \operatorname{erfc}\left(\frac{2L-x}{2\sqrt{\alpha t}}\right) \right]
\tag{6.42}
$$

式中，θ_{thick} 为热厚材料相对表面温度。

当 $x=0$ 时，上表面温度为

$$
\theta_{\text{int}}(0,t) \approx \theta_{\text{thick}} + \frac{\varepsilon \dot{q}_0''}{h}\left[\operatorname{erfc}\left(\frac{L}{\sqrt{\alpha t}}\right) - \mathrm{e}^{2\delta_{\text{L}}L+\alpha\delta_{\text{L}}^2 t}\operatorname{erfc}\left(\frac{L}{\sqrt{\alpha t}} + \delta_{\text{L}}\sqrt{\alpha t}\right) \right]
$$

$$
+ \frac{\varepsilon a}{h\alpha\delta_{\text{L}}^2}\left[\mathrm{e}^{2\delta_{\text{L}}L+\alpha\delta_{\text{L}}^2 t}\operatorname{erfc}\left(\frac{L}{\sqrt{\alpha t}} + \delta_{\text{L}}\sqrt{\alpha t}\right) \right.
$$

$$
\left. - \sum_{n=0}^{2}(-2\delta_{\text{L}}\sqrt{\alpha t})^n i^n \operatorname{erfc}\left(\frac{L}{\sqrt{\alpha t}}\right) \right]
\tag{6.43}
$$

式 (6.42) 和式 (6.43) 表明，热中材料的表面温度和内部温度均高于热厚材料，其影响量是厚度的函数。对其他形如 $\dot{q}'' = \dot{q}_0'' + at^b$ 的热流也可通过分析得到类似的结论，公式中的 b 为正数。若 L 为无限厚，则 $\theta_{\text{int}}(0,t) = \theta_{\text{thick}}(0,t)$。

6.1.5　解析模型验证与结果分析

本节采用如 3.2.1 节所述的数值模型对实验结果的解析模型进行验证。采用数值模型模拟样品层和隔热层的传热过程。图 6.11 为热流增长速率为 $a=89.6\mathrm{W}/(\mathrm{m}^2 \cdot \mathrm{s})$ 时各厚度材料的表面温度解析模型结果式 (6.42) 与数值模型对比。在不同厚度条件下,二者的吻合度较好,这也进一步验证了在解析模型推导过程中采用近似方法的可行性。

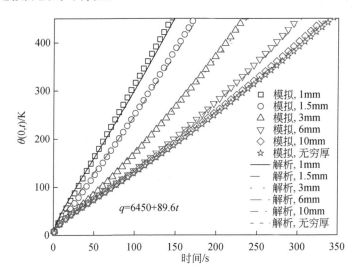

图 6.11　$a=89.6\mathrm{W}/(\mathrm{m}^2 \cdot \mathrm{s})$ 加热条件下不同厚度 PMMA 表面温度解析与数值解对比

1. 绝热层的影响

选择陶瓷纤维板作为保温材料,最大限度地减少样件下表面的热损失,以实现一维假设。然而,陶瓷纤维板会吸收一部分上层样件传递的热量,从而可能影响着火时间,对于热薄材料尤其如此。为了检验陶瓷纤维的影响,图 6.12 比较了 $a=57.6\mathrm{W}/(\mathrm{m}^2 \cdot \mathrm{s})$ 和 $a=137.4\mathrm{W}/(\mathrm{m}^2 \cdot \mathrm{s})$ 热流下解析模型和数值模型的表面温度。结果表明,在不同情况下,解析模型曲线均高于数值模型曲线,说明厚度较小的可燃物着火应考虑保温材料的影响。随着 a 的减小,两种不同边界条件造成的差异增大,这是由于 a 较小时材料加热较慢,总热量大部分被绝热材料吸收。

使用理想热薄解析公式 (6.31) 计算的 1mm 厚的 PMMA 温度如图 6.12 所示。显然,该公式大大高估了表面温度,这意味着 1mm 厚的 PMMA 不能被视为热薄材料,而应考虑固体中的温度梯度。当 $t=0$ 时,1mm 厚的 PMMA 辐射 Bi 计算结果为 0.0455,该值远小于 1。随着时间的增长,例如在 $t=450\mathrm{s}$ 时,在 $a=57.6\mathrm{W}/(\mathrm{m}^2 \cdot \mathrm{s})$ 和 $a=137.4\mathrm{W}/(\mathrm{m}^2 \cdot \mathrm{s})$ 下 Bi 分别增大到 0.23 和 0.48,增大 Bi 不满足 $Bi \ll 1$ 的热薄判据。$a=89.6\mathrm{W}/(\mathrm{m}^2 \cdot \mathrm{s})$ 时模拟的 100s 和 300s 不同厚度

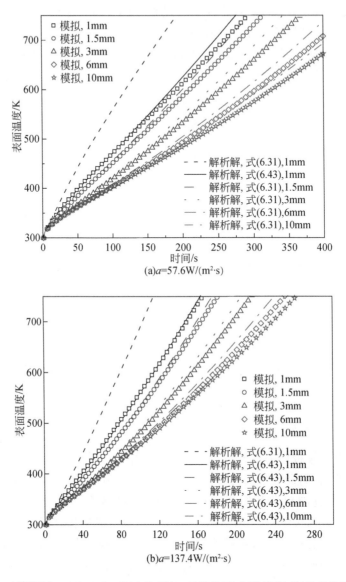

图 6.12　不同厚度 PMMA 表面温度解析解(无绝热层)与数值模型(考虑绝热层)比较

下材料的内部温度分布也证实了这一结论,如图 6.13 所示。可以看出,在 PMMA 区域温度急剧升高,而在陶瓷纤维区域温度升高并不明显。随着样品厚度的增加,陶瓷纤维板的升温减弱。

不同厚度样件在 $a=89.6\mathrm{W}/(\mathrm{m}^2 \cdot \mathrm{s})$ 热流下的内部温度演变过程模拟结果如图 6.14 所示。对于较薄的 PMMA,吸收的热量可渗入陶瓷纤维板,而对于较厚的

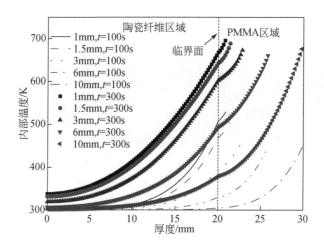

图 6.13　$a = 89.6 \mathrm{W/(m^2 \cdot s)}$ 热流下陶瓷纤维和 PMMA 在 100s 和 300s 时
的瞬时内部温度模拟结果

PMMA,如接近热厚区域 10mm 长的样件,吸收的热量传递到陶瓷纤维板较少。在薄样品条件下,陶瓷纤维板温度较高,但由于其比热容和热导率较低,陶瓷纤维板吸收的热量占总传递热量的比例较小。这也解释了图 6.12 中的差异并不明显的原因。图 6.15 展示了 $a = 89.6 \mathrm{W/(m^2 \cdot s)}$ 热流下固体内部传导热流与瞬时入射热流比值的演变过程。对于较薄的样品,热波在很短的时间内穿透整个样件并持续向下传播,传输到陶瓷纤维中的热量会影响 PMMA 的热解和着火过程。而对于较厚的 PMMA,如 10mm,热波到达界面的时间较晚,对被加热 PMMA 的影响较小。这再次验证了在所有加热条件下都需要考虑陶瓷纤维层的结论。为了更准确地预测实验结果,在下面所述的模拟结果中均包含了对陶瓷纤维层的模拟过程。

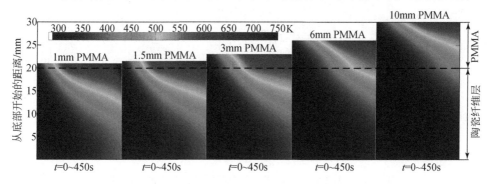

图 6.14　$a = 89.6 \mathrm{W/(m^2 \cdot s)}$ 热流下不同厚度 PMMA 模拟内部温度随时间的变化

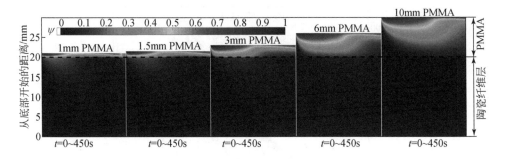

图 6.15　$a=89.6\mathrm{W}/(\mathrm{m^2 \cdot s})$热流下不同厚度 PMMA 中传导热流与
瞬时入射热流比值演化过程的模拟结果

2. 热解反应的影响

在预测自燃时间时应注意的另一个问题是热解过程中消耗的热量。对于引燃,可使用热惰性假设而不会引起明显的误差,因为引燃着火温度相对较低,并且着火前产生的热解并不剧烈。但是,对于自燃,临界温度要高得多,PMMA 的临界温度为 695K,因此其与热解反应吸收的热量不可忽略。图 6.16 比较了 $a=57.6\mathrm{W}/(\mathrm{m^2 \cdot s})$ 和 $a=137.4\mathrm{W}/(\mathrm{m^2 \cdot s})$ 热流下 PMMA 的表面温度模拟结果和实验数据。为体现热解过程的影响,该部分数值模拟忽略了固体中的热解。在高温区域,数值模型的表面温度远高于实验测量值,这意味着在对材料的自燃过程建模时必须考虑热解。因此,在下面的数值模拟中均考虑了热解反应。

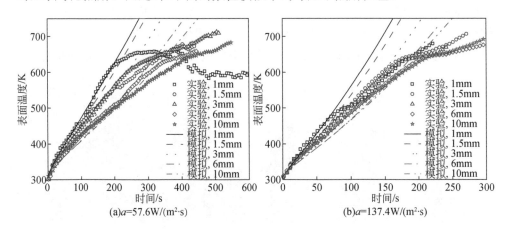

图 6.16　不考虑固相热解时数值模拟与实验表面温度对比

3.表面和内部温度演变规律

图 6.17 为表面温度模拟结果与实验结果对比。为了方便对比,此图及后续部分的图中没有绘制重复实验的误差棒。较高的 a 导致样件表面升温更快,着火时间更短。尽管存在一些小的偏差,但当样件厚度大于 1mm 时,模拟结果和实验结果一致性较好。试样厚度的明显变化及实验后期 PMMA 存在大量气泡,导致厚度为 1mm 的样件的表面温度特别是实验后期存在明显的偏差。通过观察厚度为 1mm 的样件实验过程,发现整个样件后期变成了由很多较大气泡组成的黏性泡沫层。热电偶探头嵌在泡沫层中。而数值模型中均未考虑这些现象,因此实验与模拟结果偏差较大。Wichman[22] 的研究中也发现了类似的现象,即 PMMA 加热到较高温度时,会产生较大的气泡。

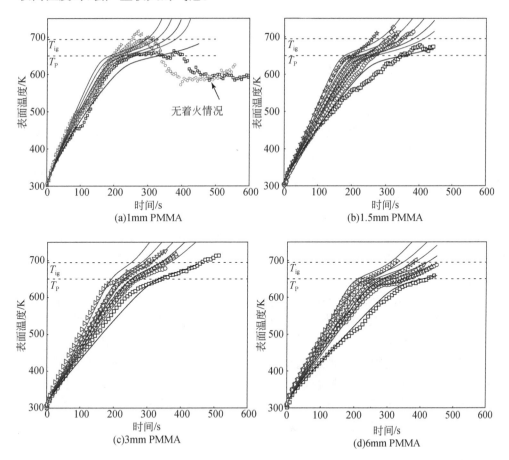

(a)1mm PMMA

(b)1.5mm PMMA

(c)3mm PMMA

(d)6mm PMMA

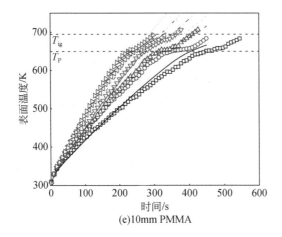

图 6.17　不同热流下数值模型与实验表面温度对比

T_P 为热解温度

　　当 $a=57.6\text{W}/(\text{m}^2 \cdot \text{s})$ 和 $a=80\text{W}/(\text{m}^2 \cdot \text{s})$ 时,厚度为 1mm 的样件没有发生着火,这是因为样件厚度有限。对于较低的 a,材料表面温度上升到临界温度需要很长的时间。然而,此时从有限量的固体中挥发出的挥发分的质量流量不足以达到空气中混合气体的最低可燃浓度极限。因此,尽管在 $a=80\text{W}/(\text{m}^2 \cdot \text{s})$ 热流下样件的表面温度已超过临界温度,但依旧没有发生着火,如图 6.17 所示。

　　由图 6.17 可以看出,热解过程大致可分为热惰性阶段和热解阶段两个阶段。在热惰性阶段,固体中的温度低于热解温度 650K,固体中的材料并未发生热解,即热惰性假说是适用的,温度呈近似线性上升。材料吸收的热量主要用于将材料从环境温度加热到热解温度。在热解阶段,样件的表面温度高于热解温度,所吸收的热量在材料加热和热解过程中被消耗,导致表面温度曲线上升速率降低,直至着火。

　　图 6.18 展示了 $a=89.6\text{W}/(\text{m}^2 \cdot \text{s})$ 热流下材料厚度对表面温度的影响,包括实验和模拟结果。较薄的材料将导致较高的表面温度和较短的着火时间,因此危险性也更高。图 6.17 和图 6.18 中,当 $T>T_{ig}$ 时,模拟表面温度曲线的较大上升速率是由计算区域内材料的消耗造成的,特别是对于材料较薄的情况,如厚度为 1mm 和 1.5mm 的样件。热解过程模拟时,表面密度趋于零,导致表面温度升高。而对于较厚的样件,多余的热量可以被内部温度较低的惰性固体吸收。对于薄材料,陶瓷纤维在很大程度上限制了进入绝热层的热量,从而导致表面温度的升高速率更高。图 6.19 为实验所测的厚度分别为 3mm、6mm 和 10mm 的样件在深度为 3mm 处的内部温度及厚度为 10mm 的样品在深度为 6mm 处的内部温度。此外,相应位置内部温度的模拟结果也绘制在该图中,且与实验数据吻合较好。在个别

情况下,实验和模拟结果间的微小差异是由热电偶孔位置的不准确造成的。

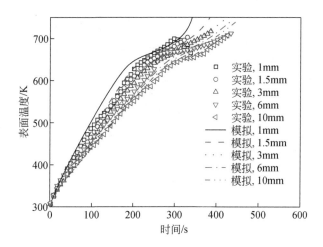

图 6.18 样品厚度对实验和模拟表面温度的影响

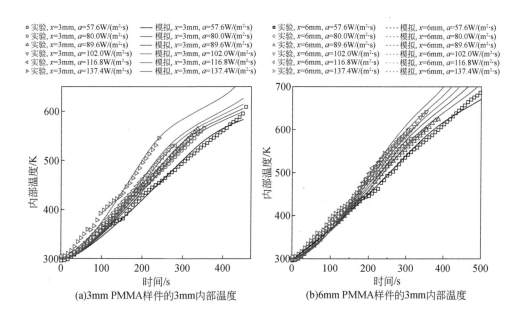

(a)3mm PMMA样件的3mm内部温度   (b)6mm PMMA样件的3mm内部温度

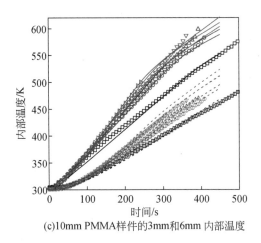

(c)10mm PMMA样件的3mm和6mm内部温度

图6.19　实验和模拟的内部温度对比

4.着火时间预测及临界温度不确定度分析

解析模型部分没有得到显式的着火时间关系式,且解析模型忽略了热解会产生不可接受的误差,因此没有给出着火时间的解析解。Torero[23]的研究中认为利用临界温度预测着火时间并不一定合理,但在数值模型中仍定义着火时间为表面温度达到恒定的临界温度(695K)所需的时间。本节通过将着火时间实验数据与数值模拟结果进行比较,验证实验所测的着火时间是否合理,如图6.20所示。对于厚度为6mm和10mm的样件,数值模型与实验结果吻合较好。而对于厚度较小的样件,由于随机变形的存在,其一致性较差。为了研究预测的着火时间对着火判据的灵敏度,另外两组模拟曲线分别采用$T_{ig}+30K$和$T_{ig}-30K$作为着火临界判据,并绘制在图6.20中。显然,所有实验着火时间均落在阴影区内,这意味着采用(695±30)K作为着火临界判据是对固定临界温度的合理修正。与此同时,基于模拟获得的与30K相关的不确定度大约是实验结果14.5K的2倍,也证实了在Stoliarov等的研究中采用实验结果不确定度2倍作为最终不确定度方法的合理性[24-26]。

Reszka等[27]在时变热流下对热厚材料提出的着火时间可表示为传输到表面的总能量的函数:

$$t_{ig}=\frac{4}{9\theta_{ig}^2\pi k\rho C_p}\left(\int_0^{t_{ig}}\dot{q}''\mathrm{d}t\right)^2 \tag{6.44}$$

由式(6.44)可知,着火时间与入射热流的积分平方线性相关。图6.21对比了本节测量和模拟的PMMA着火时间及文献[27]中的实验数据,绘制了实验数据对应的

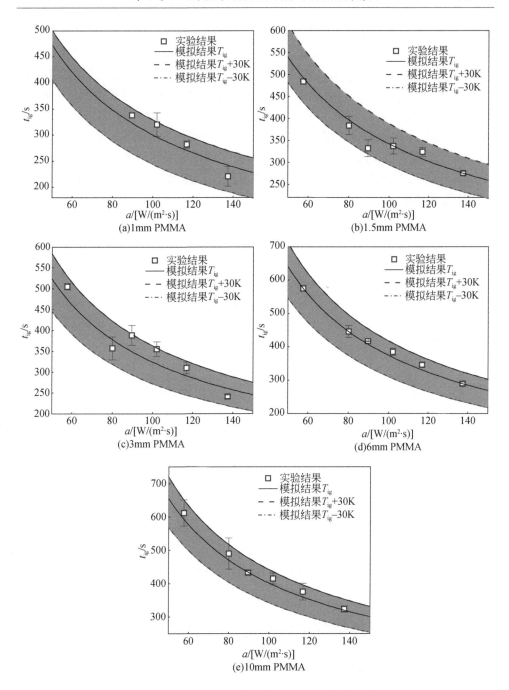

图 6.20　着火时间实验数据与数值模拟结果比较

线性拟合直线。当样件厚度小于 3mm 时，拟合直线的线性度并不是很好，但随着试件厚度的增大，如 6mm 和 10mm 试样，实验和模拟结果的线性度均较好。此外，随着样件厚度的增加，拟合直线的斜率 $4/(9\theta_{ig}^2\pi k\rho C_p)$ 接近恒定的渐近值。利用测得的着火温度以及 6mm 和 10mm 试样拟合直线的斜率，计算得到的 $k\rho C_p$ 分别为 $5.96\times10^5 J^2/(s\cdot m^4\cdot K^2)$ 和 $6.74\times10^5 J^2/(s\cdot m^4\cdot K^2)$。这两个值与表 6.1 中常温下的参数计算结果 $6.80\times10^5 J^2/(s\cdot m^4\cdot K^2)$ 基本一致。图 6.21 中 Reszka 等的实验数据的拟合直线斜率比本研究的拟合直线斜率大得多，这是由于 Reszka 等研究的是引燃实验，测量的引燃温度比自燃温度低得多，较低的 θ_{ig} 对应较大的直线斜率。

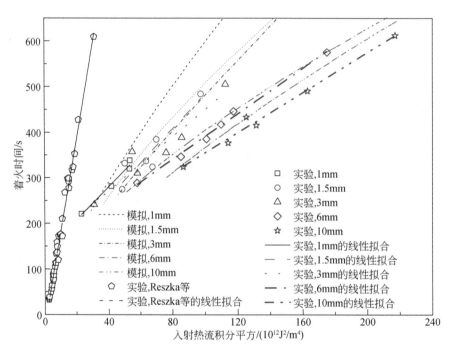

图 6.21　有限厚 PMMA 着火时间与入射热流积分平方的线性关系

6.2　幂指数上升热流下可燃物热解着火

为了简化现有的固体着火模型（包括数值模型和解析模型），大多只考虑入射热流的表面吸收，但对于红外半透明聚合物，深度吸收对热解和后续着火的影响不可忽视。本节以幂指数上升时变热流为研究重点，通过理论分析，分别以临界温度和临界质量损失速率作为着火判据建立同时考虑两种热流吸收模式的着火行为预测解析模型。6.2.1～6.2.4 节以热厚 PMMA 和聚酰胺 6(PA6)材料为研究对象，将解析模型结果与实验数据及数值模拟结果进行比较，验证模型的可靠性和适用性。6.2.5 节以聚丙烯(PP)和聚乙烯(PE)燃烧过程中滴落引燃为实例，发展与之适应的基于幂指数上升热流的着火时间预测模型，并与实验结果进行对比。6.2.6 节以 OSB(定向刨花板，也称欧松板)为研究对象，探索幂指数上升热流下该材料的热解着火过程。

6.2.1　解析模型

红外半透明热厚聚合物被随时间幂指数上升外部热流加热时，固体中的传热过程如图 6.22 所示，其能量守恒方程可表示为

$$\rho_s C_s \frac{\partial T_s}{\partial t} = \frac{\partial}{\partial x}\left(k_s \frac{\partial T_s}{\partial x}\right) + (1-\lambda)at^b\kappa e^{-\kappa x} \tag{6.45}$$

式中，ρ_s 为密度；C_s 为比热容；T_s 为温度；k_s 为热导率；x 为厚度方向上的空间变量；t 为时间；λ 为表面吸收的辐射热流分数；κ 为深度吸收系数；a 和 b 为热流表达式中的有理常数。$\lambda=1$ 和 $\lambda=0$ 分别代表表面吸收和深度吸收假设，如图 6.22(a) 和(b)所示。

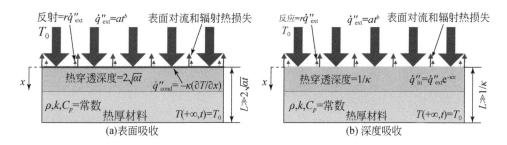

图 6.22　幂指数上升热流下聚合物内传热示意图

定义相对温度

$$\theta = T_s - T_0 \tag{6.46}$$

初始条件和边界条件为

$$\begin{cases} \theta(x,0)=0 \\ -k\left.\dfrac{\partial\theta}{\partial x}\right|_{x=0} = \lambda at^b - (h_c + \varepsilon h_R)\theta \\ \theta(\infty,t)=0 \end{cases} \tag{6.47}$$

式中，h_c 为对流换热系数；假设 $\sigma(T_s^4 - T_0^4) = h_R(T_s - T_0)$，$h_R$ 为表面辐射换热系数；ε 为表面发射率。在理论分析中，采用常物性参数[5]。

1. 表面吸收无表面热损

在表面吸收无表面热损情况下,认为材料不透明,即 $\lambda=1$,忽略表面再辐射和对流造成的表面热损失。可通过拉普拉斯变换和作者的研究成果得到该问题的表面温度解析解[28]:

$$\theta(0,t)=\frac{ab!}{\sqrt{k\rho_s C_s}\,(b+0.5)!}t^{b+0.5} \tag{6.48}$$

着火时间与临界温度的关系为

$$\frac{1}{t_{ig}^{b+0.5}}=\frac{ab!}{(T_{ig}-T_0)\sqrt{k\rho_s C_s}\,(b+0.5)!} \tag{6.49}$$

2. 深度吸收无表面热损

假设材料为红外半透明,本节仅考虑深度吸收而不考虑表面热损失,即 $\lambda=h_c=h_R=0$。可通过拉普拉斯变换获得该问题的解析解:

$$\theta(x,t)=-\frac{\kappa a}{2\rho_s C_s}\int_0^t e^{a\kappa^2\tau}\left[e^{-\kappa x}\,\mathrm{erfc}\left(\frac{x}{2\sqrt{\alpha\tau}}-\kappa\sqrt{\alpha\tau}\right)\right.$$
$$\left.-e^{\kappa x}\,\mathrm{erfc}\left(\frac{x}{2\sqrt{\alpha\tau}}+\kappa\sqrt{\alpha\tau}\right)\right]\cdot(t-\tau)^b\mathrm{d}\tau$$
$$+\frac{\kappa a}{\rho_s C_s}e^{-\kappa x}\int_0^t e^{a\kappa^2\tau}\cdot(t-\tau)^b\mathrm{d}\tau \tag{6.50}$$

在表面上,$x=0$,等式(6.50)可简化为

$$\theta(0,t)=\frac{\kappa a}{\rho_s C_s}\int_0^t e^{a\kappa^2\tau}\mathrm{erfc}(\kappa\sqrt{\alpha\tau})\cdot(t-\tau)^b\mathrm{d}\tau \tag{6.51}$$

式(6.51)无法得到显式解。

定义变量

$$\varphi=\kappa\sqrt{\alpha\tau} \tag{6.52}$$

则式(6.51)可表示为

$$\theta(0,t)=\frac{\kappa a}{\rho_s C_s}\int_0^t f[\varphi(\tau)]\cdot(t-\tau)^b\mathrm{d}\tau \tag{6.53}$$

定义函数

$$f[\varphi(\tau)]=e^{\varphi(\tau)^2}\mathrm{erfc}[\varphi(\tau)]=e^{a\kappa^2\tau}\mathrm{erfc}[\kappa\sqrt{\alpha\tau}] \tag{6.54}$$

绘制与 PMMA 和 PA6 相关的 $f[\varphi(\tau)]$ 曲线,如图 6.23 所示。为简化积分,本节引入一个近似值 $f[\varphi(\tau)]\approx C_{in}$,其中 C_{in} 为通过积分平均法计算的特定材料的特征值:

$$C_{in} = \bar{f}[\varphi(\tau)] = \frac{1}{t}\int_0^t f[\varphi(\tau)]d\tau = \frac{1}{ta\kappa^2}\left[e^{a\kappa^2 t}\text{erfc}(\kappa\sqrt{at}) + \frac{2}{\sqrt{\pi}}\kappa\sqrt{at}\right]$$

$$(6.55)$$

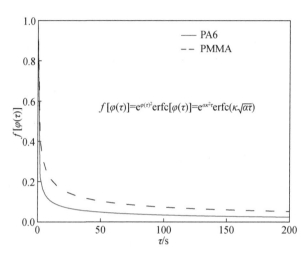

图 6.23　PMMA 和 PA6 的 $f[\varphi(\tau)]$ 曲线

对于线性热流,典型着火时间范围为 $50\sim150$s。因此,选择 100s 作为积分的特征时间,特征值计算如下:

$$f_1[\varphi(\tau)] \approx \bar{f}[\varphi(100)] = C_{in,1} \tag{6.56}$$

对于二阶热流,典型着火时间范围为 $20\sim80$s[27]。因此,选择 50s 作为积分的特征时间,特征值计算如下:

$$f_2[\varphi(\tau)] \approx \bar{f}[\varphi(50)] = C_{in,2} \tag{6.57}$$

类似地,对于四阶热流,典型着火时间范围为 $15\sim35$s[27]。因此,选择 25s 作为积分的特征时间,特征值计算如下:

$$f_4[\varphi(\tau)] \approx \bar{f}[\varphi(25)] = C_{in,4} \tag{6.58}$$

在表面上,$x=0$,式(6.51)可简化为

$$\theta(0,t) = C_{in}\frac{\kappa a}{\rho_s C_s(b+1)} \cdot t^{b+1} \tag{6.59}$$

在着火时间 $T=T_{ig}$,$t=t_{ig}$时,重新整理式(6.59),可得着火时间和临界温度的关系为

$$\frac{1}{t_{ig}^{b+1}} = C_{in}\frac{\kappa a}{(T_{ig}-T_0)\rho_s C_s(b+1)} \tag{6.60}$$

3.表面吸收有表面热损

考虑表面吸收和表面热损失，即 $\lambda=1$，$h_c\neq0$，$h_R\neq0$，式(6.45)～式(6.47)可通过拉普拉斯变换求解：

$$\theta(x,t)=\frac{\sqrt{\alpha}ab!}{k(b-0.5)!}\int_0^t e^{\delta_L x+\alpha\delta_L^2\tau}\mathrm{erfc}\left(\frac{x}{2\sqrt{\alpha\tau}}+\delta_L\sqrt{\alpha\tau}\right)\cdot(t-\tau)^{b-0.5}\mathrm{d}\tau$$

$$(6.61)$$

其中，

$$\delta_L=\frac{h_c+\varepsilon h_R}{k}\tag{6.62}$$

在表面上，$x=0$，式(6.61)可简化为

$$\theta(0,t)=\frac{\sqrt{\alpha}ab!}{k(b-0.5)!}\int_0^t e^{\alpha\delta_L^2\tau}\mathrm{erfc}(\delta_L\sqrt{\alpha\tau})\cdot(t-\tau)^{b-0.5}\mathrm{d}\tau\tag{6.63}$$

定义

$$\xi=\delta_L\sqrt{\alpha\tau}\tag{6.64}$$

$$f(\xi)=e^{\xi^2}\mathrm{erfc}(\xi)\tag{6.65}$$

PMMA、PA6 和松木的函数 $f(\xi)$ 曲线如图 6.24 所示。松木是一种红外不透明材料，因此图 6.24(c)中没有绘制 $f_{in}[\xi(\tau)]$ 曲线。函数 $f_{surf}[\xi(\tau)]$ 的值随 τ 略有变化，因此使用以下近似值进行计算：

$$f_{surf}[\xi(\tau)]\approx\frac{f_{surf}[\xi(25)]+f_{surf}[\xi(50)]+f_{surf}[\xi(100)]}{3}=C_{surf,Loss}\tag{6.66}$$

$$\theta(0,t)=\frac{\sqrt{\alpha}ab!}{k_s(b-0.5)!}\int_0^t C_{surf,Loss}\cdot(t-\tau)^{b-0.5}\mathrm{d}\tau\tag{6.67}$$

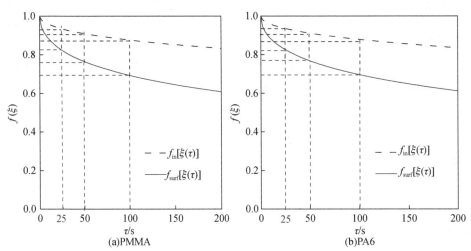

(a)PMMA　　　　　　　　　　　(b)PA6

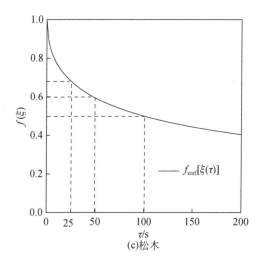

图 6.24　$f_{\text{surf}}[\xi(\tau)]$和 $f_{\text{in}}[\xi(\tau)]$曲线

因此,表面温度可表示为

$$T(0,t)=C_{\text{surf,Loss}}\frac{ab!}{\sqrt{k_s\rho_sC_s}\,(b+0.5)!}t^{b+0.5}+T_0 \tag{6.68}$$

着火时,$T=T_{\text{ig}}$,$t=t_{\text{ig}}$,着火时间和临界温度的关系为

$$\frac{1}{t_{\text{ig}}^{b+0.5}}=C_{\text{surf,Loss}}\frac{ab!}{(T_{\text{ig}}-T_0)\sqrt{k_s\rho_sC_s}\,(b+0.5)!} \tag{6.69}$$

4. 深度吸收有表面热损

当同时考虑深度吸收和表面热损失时,式(6.45)~式(6.47)中的 $\lambda=0$。该问题的解析解可通过拉普拉斯变换获得

$$
\begin{aligned}
\theta(x,t)=&-\frac{\kappa(\kappa+\delta_L)a}{2\rho_sC_s}\int_0^t e^{\alpha\kappa^2\tau}\left[\frac{1}{\delta_L+\kappa}e^{-\kappa x}\,\text{erfc}\left(\frac{x}{2\sqrt{\alpha\tau}}-\kappa\sqrt{\alpha\tau}\right)\right.\\
&\left.+\frac{1}{\delta_L-\kappa}e^{\kappa x}\,\text{erfc}\left(\frac{x}{2\sqrt{\alpha\tau}}+\kappa\sqrt{\alpha\tau}\right)\right]\cdot(t-\tau)^b\mathrm{d}\tau\\
&-\frac{\kappa(\kappa+\delta_L)a}{\rho C_s}\frac{\delta_L}{\delta_L^2-\kappa^2}\int_0^t e^{\delta_L x+\delta_L^2\alpha\tau}\,\text{erfc}\left(\frac{x}{2\sqrt{\alpha\tau}}-\delta_L\sqrt{\alpha\tau}\right)\\
&\times(t-\tau)^b\mathrm{d}\tau+\frac{\kappa a}{\rho_sC_s}e^{-\kappa x}\int_0^t e^{\alpha\kappa^2\tau}\cdot(t-\tau)^b\mathrm{d}\tau \tag{6.70}
\end{aligned}
$$

在表面上,$x=0$,式(6.70)可简化为

$$\theta(0,t)=\frac{\kappa^2 a}{\rho_sC_s(\kappa-\delta_L)}\int_0^t e^{\alpha\kappa^2\tau}\cdot\text{erfc}(\kappa\sqrt{\alpha\tau})\cdot(t-\tau)^b\mathrm{d}\tau$$

$$- \frac{\kappa a}{\rho_s C_s} \frac{\delta_L}{(\kappa - \delta_L)} \int_0^t e^{\delta_L^2 \alpha \tau} \cdot \mathrm{erfc}(\delta_L \sqrt{\alpha \tau}) \cdot (t - \tau)^b \mathrm{d}\tau \quad (6.71)$$

函数 $f_{in}[\xi(\tau)]$ 的值随 τ 略有变化,如图 6.24 所示,因此引入以下近似值进行简化计算:

$$f_{in}[\xi(\tau)] \approx \frac{f_{in}[\xi(25)] + f_{in}[\xi(50)] + f_{in}[\xi(100)]}{3} = C_{in, Loss} \quad (6.72)$$

着火时有 $T = T_{ig}$, $t = t_{ig}$,着火时间和临界温度的关系可根据方程(6.51)和(6.72)得到

$$\frac{1}{t_{ig}^{b+1}} = \frac{\kappa C_{in} - \delta_L C_{in, Loss}}{\kappa - \delta_L} \cdot \frac{\kappa a}{(T_{ig} - T_0) \rho_s C_s (b+1)} \quad (6.73)$$

表面温度为

$$T(0, t) = \frac{\kappa C_{in} - \delta_L C_{in, Loss}}{\kappa - \delta_L} \cdot \frac{\kappa a}{\rho_s C_s (b+1)} \cdot t^{b+1} + T_0 \quad (6.74)$$

6.2.2　表面温度

本节通过对 PMMA、PA6 和木材三种材料在三个典型幂指数热流(幂指数分别为 1、2、4)下的着火时间解析结果和数值模拟结果进行对比,进而验证所发展的解析模型可靠性的精度。同样,数值模拟采用 3.2.1 节所介绍的一维数值模型。为避免输入参数不同带来的影响,本节数值模型中所用的热物性参数与解析模型计算时所用的常物性参数相同,而非随温度变化的参数。

1. 表面和深度吸收无热损

图 6.25 和图 6.26 分别为 PMMA 和 PA6 表面温度模拟结果和解析模型结果的对比。解析模型和数值模型之间存在偏差是因为近似参数 C_{in},为验证 C_{in} 的可靠性,表 6.2 列出了不同热流下的 a 值。在所有热流下,表面吸收的数值和解析结果间的误差较小。然而,当深度吸收下 a 值较大时,误差变大,特别是在线性热流下。这是因为在确定 6.2.1 节中的近似参数 C_{in} 时,线性热流的特征着火时间为 100s。当 a 非常大时,着火时间远低于该特征值,此时会出现相对较大的误差。例如,根据数值结果,当 $a = 3000 \mathrm{W}/(\mathrm{m}^2 \cdot \mathrm{s})$ 时,着火时间为 30.5s,但总体误差仍在可接受的范围内。

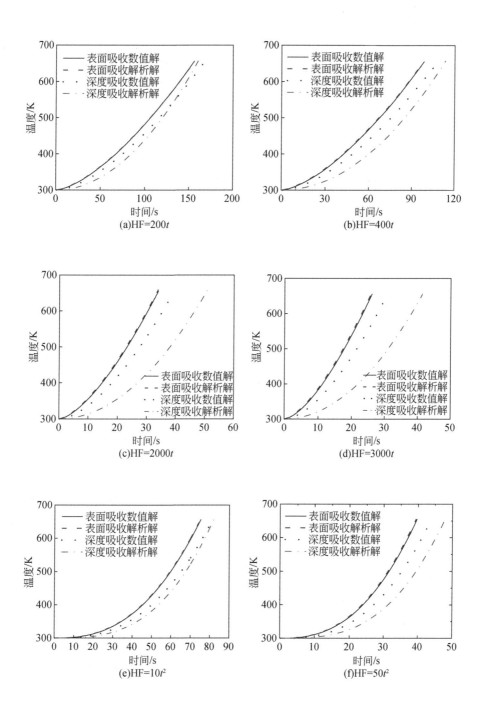

(a)HF=200t

(b)HF=400t

(c)HF=2000t

(d)HF=3000t

(e)HF=10t^2

(f)HF=50t^2

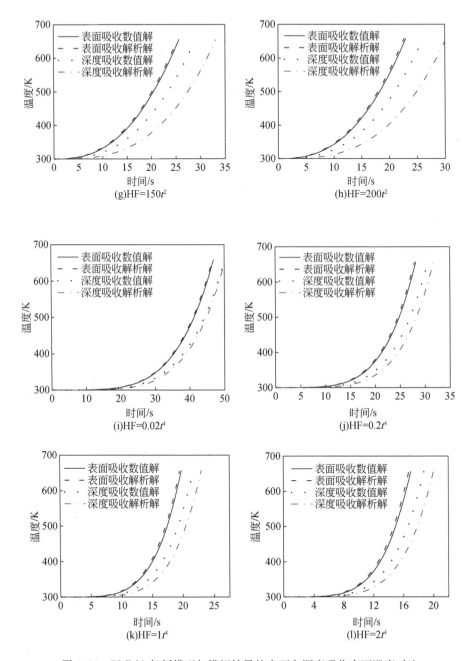

图 6.25　PMMA 解析模型与模拟结果的表面和深度吸收表面温度对比

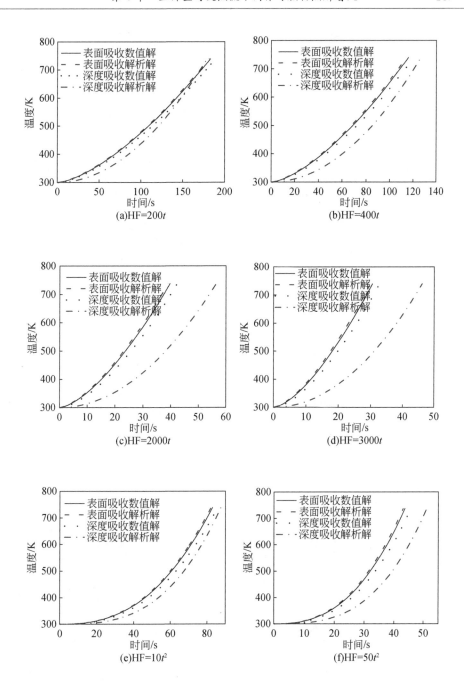

(a)HF=200t

(b)HF=400t

(c)HF=2000t

(d)HF=3000t

(e)HF=10t^2

(f)HF=50t^2

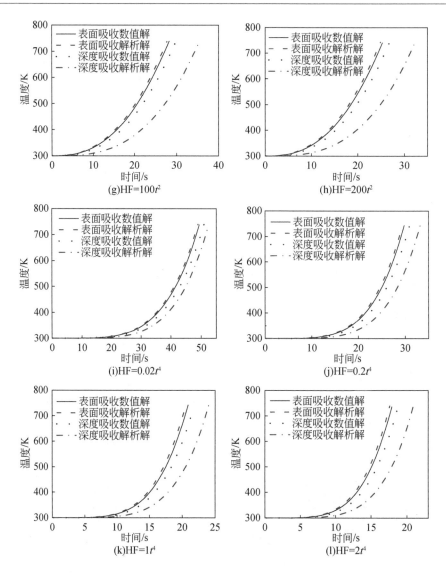

图 6.26　PA6 解析模型与模拟结果的表面和深度吸收表面温度对比

表 6.2　计算中不同热流下的 a 值

热流	a			
$HF = at$	$200W/(m^2 \cdot s)$	$400W/(m^2 \cdot s)$	$2000W/(m^2 \cdot s)$	$3000W/(m^2 \cdot s)$
$HF = at^2$	$10W/(m^2 \cdot s^2)$	$50W/(m^2 \cdot s^2)$	$150W/(m^2 \cdot s^2)$	$200W/(m^2 \cdot s^2)$
$HF = at^4$	$0.02W/(m^2 \cdot s^4)$	$0.2W/(m^2 \cdot s^4)$	$1W/(m^2 \cdot s^4)$	$2W/(m^2 \cdot s^4)$

2. 表面和深度吸收有热损

图 6.27 和图 6.28 分别为 PMMA 和 PA6 在表面和深度吸收情况下解析模型和数值模型表面温度预测结果对比。在线性热流、二次方热流和四次方热流下,两种吸收模式在低热流增长率下差异很小,这种差异随着热流增长率的增大而增大。这表明,深度吸收对热解和着火的影响更大,尤其是在高热流下,该结论与恒定热流下的结论一致。图 6.29 为不同热流下,松木实验数据[7] 与解析模型的表面温度对比。实验中使用的热流如表 6.3 所示。根据图 6.27~图 6.29,虽然 $C_{\text{surf,Loss}}$ 和 $C_{\text{in,Loss}}$ 是通过近似计算得到的,但在预测给定热流下的表面温度时,它们仍有较高的精度。

表 6.3　入射热流随时间变化的表达式

a 组	HF	b 组	HF
a_1	HF＝0.03t	b_1	HF＝0.484t^2
a_2	HF＝0.05t	b_2	HF＝0.932t^2
a_3	HF＝0.08t	b_3	HF＝1.70t^2
a_4	HF＝0.12t	b_4	HF＝2.40t^2
a_5	HF＝0.20t	b_5	HF＝3.55t^2

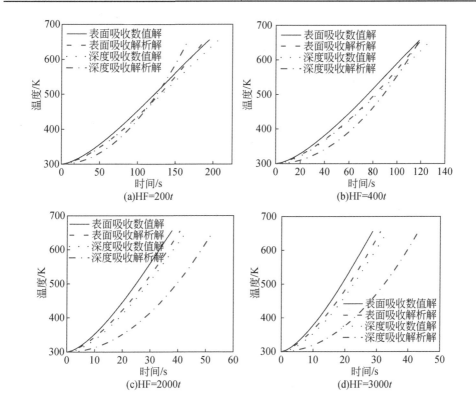

(a)HF＝200t　　(b)HF＝400t　　(c)HF＝2000t　　(d)HF＝3000t

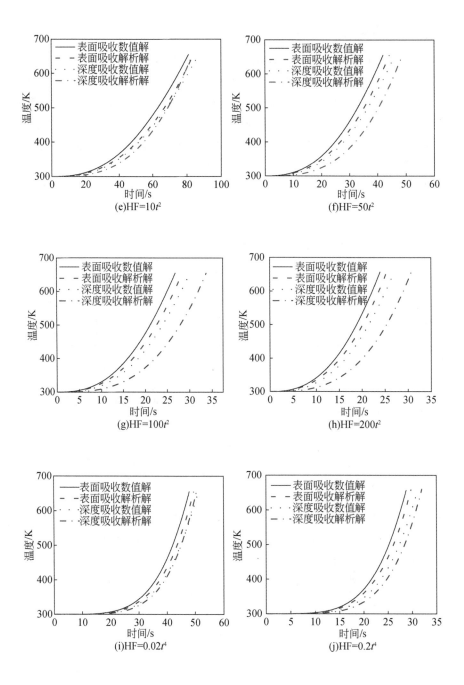

(e)HF=10t^2

(f)HF=50t^2

(g)HF=100t^2

(h)HF=200t^2

(i)HF=0.02t^4

(j)HF=0.2t^4

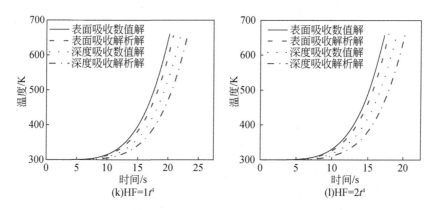

图 6.27　PMMA 表面温度解析模型与数值模型结果比较

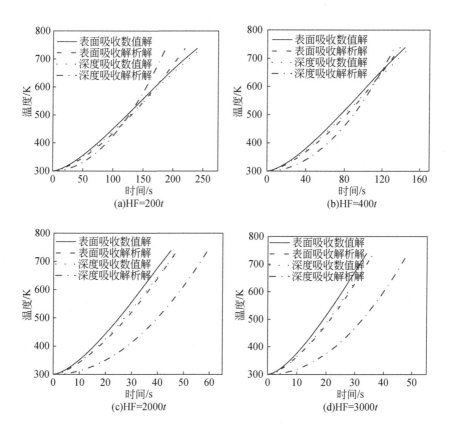

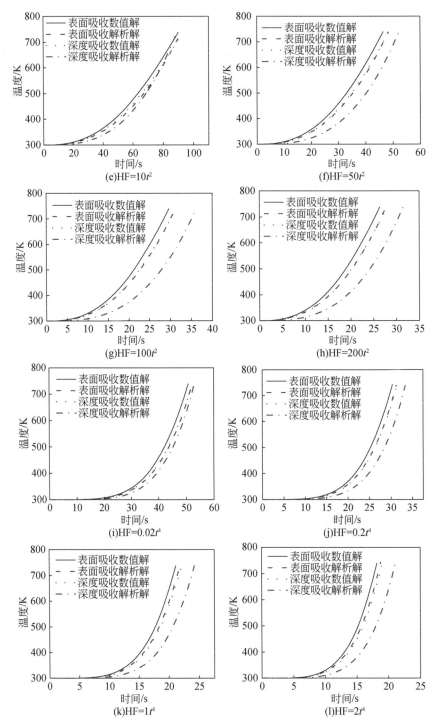

图 6.28　PA6 表面温度解析模型与数值模型结果比较

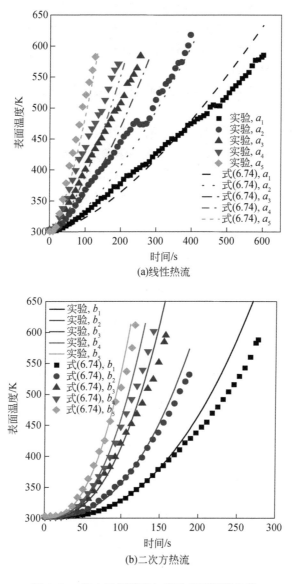

(a)线性热流

(b)二次方热流

图 6.29　松木解析模型与实验表面温度比较

6.2.3　质量损失速率

随时间幂指数增长热流下固体可燃物的传热过程如图 6.30 所示。假设该过程为一维传热问题,本节将 Lautenberger 等[1]的近似方法从常热流扩展至幂指数增长热流,考虑固相内部热解,并将临界质量损失速率作为着火判据,提出一种新的近似方法来简化复杂的内部温度分布,从而获得瞬态质量流率和着火时间的表达式。下面列出一些推导过程中用到的重要假设和方法,其中一些方法与文献中使用的方法类似[1],具体如下。

(1)只考虑表面吸收,不涉及深度吸收,且假设表面吸收率不变。

(2)考虑热厚情况。

(3)忽略表面对流散热和表面对环境的辐射热损失。

(4)忽略固体中的热分解反应,假设热力学参数在着火前保持不变。

(5)用简化的近似表达式代替步骤(1)~(4)得到的温度分布解析解。

(6)将一级反应的阿伦尼乌斯热解速率表达式替换为 Lautenberger 等[1]研究中提出的幂指数表达式。

(7)计算总质量流率和着火时间。

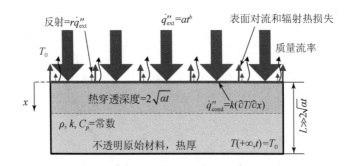

图 6.30　随时间幂指数增长热流下固体内部传热示意图

本节研究中所用的幂指数热流为

$$\dot{q}''_{\text{ext}} = at^b \tag{6.75}$$

根据上述假设(1)~(4),固相的能量守恒方程可表示为

$$\rho C_p \frac{\partial T}{\partial t} = k \frac{\partial^2 T}{\partial x^2} \tag{6.76}$$

引入相对温度:

$$\theta = T - T_0 \tag{6.77}$$

式中,T_0 为初始温度。等式(6.76)可以改写为

$$\frac{\partial \theta}{\partial t} = \alpha \frac{\partial^2 \theta}{\partial x^2} \tag{6.78}$$

初始条件和边界条件为

$$\begin{cases} \theta(x,0)=0 \\ -k \left. \dfrac{\partial \theta}{\partial x}\right|_{x=0}=at^b \\ \theta(+\infty,t)=0 \end{cases} \tag{6.79}$$

该问题的解析解可通过拉普拉斯变换[29]得到

$$\theta(x,t)=\frac{ab!}{\sqrt{k\rho C_p}}(4t)^{(2b+1)/2} i^{2b+1}\mathrm{erfc}\left(\frac{x}{2\sqrt{\alpha t}}\right) \tag{6.80}$$

式中，$i^n\mathrm{erfc}(x)$ 为误差函数的多重积分。当 $b=0,a=\dot{q}''_{\mathrm{ext}}$ 时，即恒定热流，式(6.80)可简化为

$$\theta(x,t)=\frac{2\dot{q}''_{\mathrm{ext}}\sqrt{t}}{\sqrt{k\rho C_p}}i\,\mathrm{erfc}\left(\frac{x}{2\sqrt{\alpha t}}\right) \tag{6.81}$$

对于二次热流，$b=2$，可将式(6.80)表示为

$$\theta(x,t)=\frac{64at^{2.5}}{\sqrt{k\rho C_p}}i^5\mathrm{erfc}(\xi) \tag{6.82}$$

根据误差函数：

$$i^5\mathrm{erfc}(\xi)=\frac{4+9\xi^2+2\xi^4}{240\sqrt{\pi}}\mathrm{e}^{-\xi^2}-\frac{1}{4}\left(\frac{\xi}{8}+\frac{\xi^3}{6}+\frac{\xi^5}{30}\right)\mathrm{erfc}(\xi) \tag{6.83}$$

等式(6.80)可以改写为

$$\theta(x,t)=\frac{8at^{5/2}}{\sqrt{k\rho C_p}}\left[\frac{4+9\xi^2+2\xi^4}{30\sqrt{\pi}}\mathrm{e}^{-\xi^2}-\left(\frac{\xi}{4}+\frac{\xi^3}{3}+\frac{\xi^5}{15}\right)\mathrm{erfc}(\xi)\right] \tag{6.84}$$

本节采用与线性热流 6.1 节中相同的近似方法，定义

$$g(\xi)=\frac{4+9\xi^2+2\xi^4}{30\sqrt{\pi}}\mathrm{e}^{-\xi^2}-\left(\frac{\xi}{4}+\frac{\xi^3}{3}+\frac{\xi^5}{15}\right)\mathrm{erfc}(\xi)\approx\frac{2}{15\sqrt{\pi}}\mathrm{e}^{-3.9\xi^{1.1}} \tag{6.85}$$

通过比较图 6.31 中精确表达式和近似表达式，可验证该近似的可靠性。因此，总质量流率可表示为

$$\frac{\dot{m}''}{\rho AZ\delta_c}=\int_0^1\left[1+\frac{8at^{2.5}}{T_0\sqrt{k\rho C_p}}f(\xi)\right]^B\mathrm{d}\xi=\int_0^1\left(1+\frac{8at^{2.5}}{T_0\sqrt{k\rho C_p}}\,\frac{2}{15\sqrt{\pi}}\mathrm{e}^{-3.9\xi^{1.1}}\right)^B\mathrm{d}\xi \tag{6.86}$$

为进一步简化式(6.86)，采用与线性热流下相同的近似方法：

$$\frac{\dot{m}''}{\rho AZ\delta_c}\approx\int_0^1\left[\left(1+\frac{8at^{2.5}}{T_0\sqrt{k\rho C_p}}\,\frac{2}{15\sqrt{\pi}}\right)\mathrm{e}^{-3.5\xi}\right]^B\mathrm{d}\xi \tag{6.87}$$

当采用与线性热流中相同可燃物且 $a=4\mathrm{W/(m^2 \cdot s^2)}$ 时，式(6.87)中使用的近似方法的可靠性验证如图 6.32 所示。很明显，在热穿透层内，该近似方法的精度较高。因此，总质量流率可表示为

$$\dot{m}'' = C_2 \rho AZ\delta_c \left(1 + \frac{16at^{2.5}}{15T_0 \sqrt{\pi k \rho C_p}}\right)^B \tag{6.88}$$

$$C_2 = \frac{1 - e^{-3.5B}}{3.5B} \tag{6.89}$$

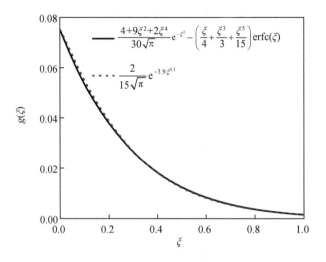

图 6.31　式(6.85)中精确表达式与近似表达式的比较

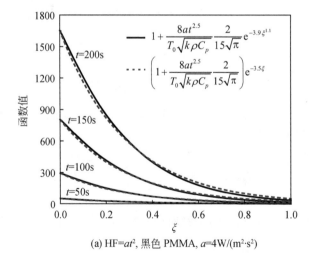

(a) HF=at^2, 黑色 PMMA, a=4W/(m²·s²)

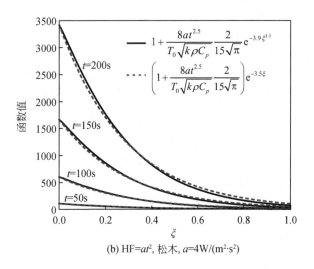

(b) HF=at^2, 松木, a=4W/(m²·s²)

图 6.32　式(6.87)中近似表达可靠性和精度验证

在着火时, $\dot{m}''=\dot{m}''_{cri}$ 和 $t=t_{ig}$, 着火时间与 a 的关系可表示为

$$t_{ig}^{-2.5}=\frac{16a}{15\sqrt{\pi k\rho C_p}\,(T_{ig,2}^*-T_0)} \tag{6.90}$$

$$T_{ig,2}^*=T_0\left(\frac{\dot{m}''_{cri}}{2C_2\rho AZ\sqrt{at_{ig}}}\right)^{1/B}\approx T_0\left(\frac{\dot{m}''_{cri}}{20C_2\rho AZ\sqrt{\alpha}}\right)^{1/B} \tag{6.91}$$

等式(6.91)中使用 t_{ig}=100s 的特征着火时间来获得最终的显式关系式。同时, $t_{ig}^{-0.5}$ 和着火时刻热流的关系可表示为

$$t_{ig}^{-0.5}=\frac{16\dot{q}''_{ig}}{15\sqrt{\pi k\rho C_p}\,(T_{ig,2}^*-T_0)} \tag{6.92}$$

当 b=2 时, 这些表达式与 6.2.1 节中采用着火温度作为着火标准的表达式类似：

$$t_{ig}^{-2.5}=\frac{16a}{15\sqrt{\pi k\rho C_p}\,(T_{ig}-T_0)} \tag{6.93}$$

$$t_{ig}^{-0.5}=\frac{16\dot{q}''_{ig}}{15\sqrt{\pi k\rho C_p}\,(T_{ig}-T_0)} \tag{6.94}$$

6.2.4　着火时间

1. 表面和深度吸收无热损

图 6.33 为 PMMA 和 PA6 着火时间解析模型和数值模型结果的对比。在表

面吸收的解析解中没有采用近似方法,因此解析结果与数值模型非常吻合。在数值和解析结果中,表面吸收的曲线高于深度吸收的曲线。对于表面吸收,吸收的能量主要集中在靠近表面的一个受限薄层中,并将该层加热到相对较高的温度,从而导致更高的热解速率和更短的着火时间。而对于深度吸收,热穿透厚度(近似为$1/\kappa$)内的温度梯度较小,由于温度分布更均匀,该层的温度较低。该热穿透厚度内较低的温度会降低热解速率并延迟着火时间。实际上,在着火过程中,两种吸收模式同时存在。在图 6.33(a)中,实验数据位于两分析曲线之间,而低于数值模型曲线。PMMA 为红外半透明材料,当实验数据接近数值模型曲线时近似为深度吸收。图 6.33(a)中数值模型结果高于实验结果是由于忽略了表面热损失。解析和数值模型间的偏差是因为近似参数 C_{in} 的存在。误差的大小与着火时间的范围有关,该范围与 a 的范围有关。

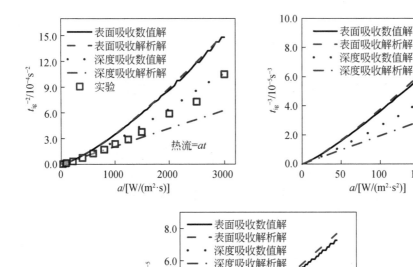

(a) PMMA

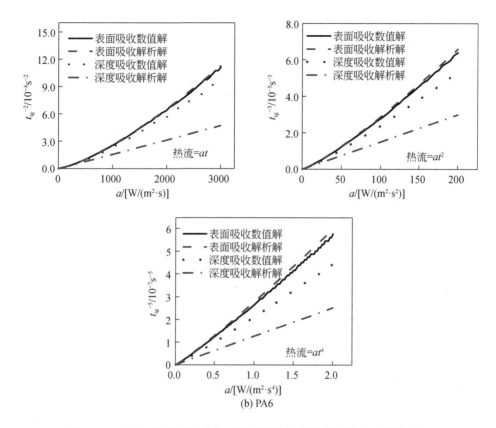

图 6.33 表面与深度吸收着火时间解析模型、数值模型及实验结果比较

2. 表面和深度吸收有热损

图 6.34 为考虑表面热损时 PMMA、PA6 和松木着火时间在两种热流吸收模式下 $t_{ig}^{-(b+1)}$ 数值模型和解析模型预测结果对比。在图 6.34(a)中,解析模型和数值模型均考虑了表面热损失,因此实验数据位于表面和深度吸收曲线之间。模拟结果与解析解之间的偏差是由于使用了近似参数 C_{in}、$C_{surf,Loss}$ 和 $C_{in,Loss}$。在图 6.34 中,解析和模拟结果的深度吸收曲线均低于相应的表面吸收曲线。这再次表明,深度吸收会延迟着火时间。

表 6.4 列出了 PMMA 和 PA6 在表面和深度吸收假设下不同热流的着火时间,并进行比较,以研究表面热损失的影响。对比发现,表面吸收缩短了 t_{ig},而表面热损失延长了 t_{ig}。对于表面吸收,比较方程(6.49)与(6.69)可以发现,表面热损失通过近似系数 $C_{surf,Loss}$ 影响着火时间。该系数是在 $t_{ig} \in [0,100s]$ 时计算得到的。

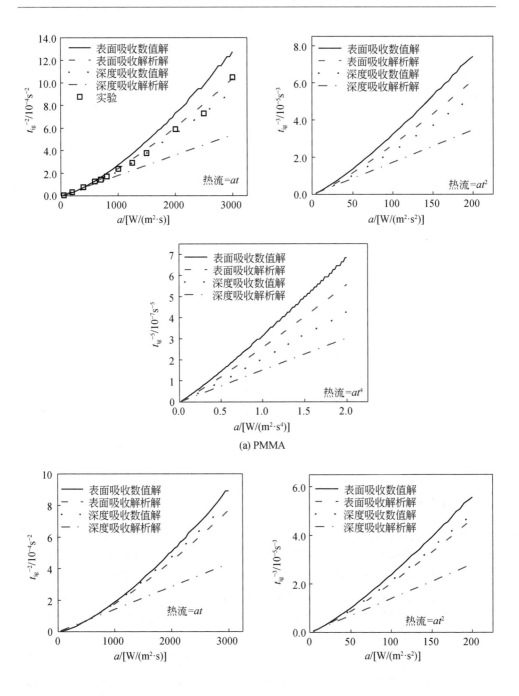

(a) PMMA

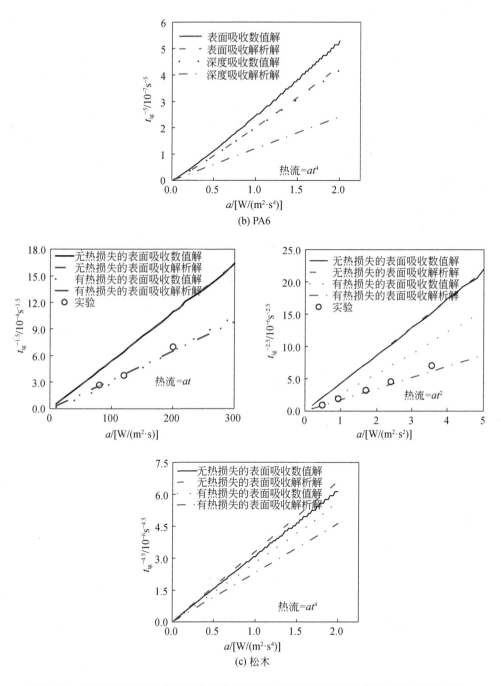

(b) PA6

(c) 松木

图 6.34　表面和深度吸收条件下考虑表面热损失的解析模型与数值模型着火时间对比

当着火时间大于100s时,尤其是对于热流增长率较低的情况,这种近似的精度会变差。例如,当 PMMA 和 PA6 的线性热流 $a=200\mathrm{W}/(\mathrm{m}^2 \cdot \mathrm{s})$ 和 $400\mathrm{W}/(\mathrm{m}^2 \cdot \mathrm{s})$ 时,考虑和不考虑表面热损失的预测结果误差会变大。对于表 6.4 中的其他热流,当着火时间小于 100s 时,表面热损失的影响不大。而对于深度吸收,基于式 (6.60) 与式 (6.73) 的比较可以发现,表面热损失通过 C_{in} 和 $C_{\mathrm{in,Loss}}$ 影响着火时间,其也是在 $t_{\mathrm{ig}} \in [0,100\mathrm{s}]$ 时计算得到的。同样,在低增长率热流下,表面热损失对着火时间的影响更大。表面热损失和深度吸收对 PMMA 着火时间的相对影响如图 6.35 所示。对于 PMMA,在高增长率热流下,深度吸收对着火时间的影响较大;而在低增长率热流下,表面热损失对着火时间的影响更为显著。分析结果如图 6.35 所示,临界情况约为 $\mathrm{HF}=580t$。

表 6.4　不同吸收模式下 PMMA 和 PA6 着火时间

材料	HF	a	表面无热损		深度无热损		表面有热损		深度有热损	
			Num./s	Ana./s	Num./s	Ana./s	Num./s	Ana./s	Num./s	Ana./s
PMMA	at	$200\mathrm{W}/(\mathrm{m}^2 \cdot \mathrm{s})$	157.0	155.9	169.0	160.0	193.5	188.8	206.0	166.8
		$400\mathrm{W}/(\mathrm{m}^2 \cdot \mathrm{s})$	99.0	98.2	108.5	113.2	117.0	118.9	127.0	118.0
		$2000\mathrm{W}/(\mathrm{m}^2 \cdot \mathrm{s})$	34.0	33.6	39.5	50.6	37.0	40.7	42.5	52.8
		$3000\mathrm{W}/(\mathrm{m}^2 \cdot \mathrm{s})$	26.0	25.6	30.5	41.3	28.0	31.0	32.5	43.1
	at^2	$10\mathrm{W}/(\mathrm{m}^2 \cdot \mathrm{s}^2)$	75.6	75.0	81.5	81.9	80.8	84.1	86.8	83.4
		$50\mathrm{W}/(\mathrm{m}^2 \cdot \mathrm{s}^2)$	39.8	39.4	44.0	47.9	41.8	44.2	46.0	48.7
		$150\mathrm{W}/(\mathrm{m}^2 \cdot \mathrm{s}^2)$	25.6	25.4	29.0	33.2	26.6	28.5	30.0	33.8
		$200\mathrm{W}/(\mathrm{m}^2 \cdot \mathrm{s}^2)$	22.8	22.6	26.0	30.2	23.8	25.4	26.8	30.7
	at^4	$0.02\mathrm{W}/(\mathrm{m}^2 \cdot \mathrm{s}^4)$	46.8	46.5	50.1	50.2	47.9	49.6	51	50.6
		$0.2\mathrm{W}/(\mathrm{m}^2 \cdot \mathrm{s}^4)$	28.1	27.9	30.6	31.7	28.6	29.7	30.8	31.9
		$1\mathrm{W}/(\mathrm{m}^2 \cdot \mathrm{s}^4)$	19.7	19.5	21.7	23	20	20.8	21.8	23.1
		$2\mathrm{W}/(\mathrm{m}^2 \cdot \mathrm{s}^4)$	16.9	16.7	18.7	20	17.1	17.8	18.8	20.1
PA6	at	$200\mathrm{W}/(\mathrm{m}^2 \cdot \mathrm{s})$	182.0	181.1	187.0	178.6	238.5	219.4	229.5	186.8
		$400\mathrm{W}/(\mathrm{m}^2 \cdot \mathrm{s})$	115.0	114.1	119.0	126.3	142.5	138.2	140.0	132.1
		$2000\mathrm{W}/(\mathrm{m}^2 \cdot \mathrm{s})$	39.5	39.0	42.0	56.5	44.5	47.3	46.0	59.1
		$3000\mathrm{W}/(\mathrm{m}^2 \cdot \mathrm{s})$	30.0	29.8	32.0	46.1	33.5	36.1	35.0	48.2

续表

材料	HF	a	表面无热损		深度无热损		表面有热损		深度有热损	
			Num. /s	Ana. /s	Num. /s	Ana. /s	Num. /s	Ana. /s	Num. /s	Ana. /s
PA6	at^2	$10W/(m^2 \cdot s^2)$	82.6	82.0	85.5	87.5	90.0	92.0	91.0	89.2
		$50W/(m^2 \cdot s^2)$	43.4	43.1	45.6	51.2	46.2	48.3	47.6	52.2
		$150W/(m^2 \cdot s^2)$	28.0	27.8	29.7	35.5	29.4	31.2	30.6	36.2
		$200W/(m^2 \cdot s^2)$	25.0	24.7	26.6	32.2	26.2	27.8	27.4	32.9
	at^4	$0.02W/(m^2 \cdot s^4)$	49.2	48.9	50.8	52.5	50.6	52.1	51.8	52.9
		$0.2W/(m^2 \cdot s^4)$	29.6	29.3	30.75	33.1	30.2	31.3	31.2	33.4
		$1W/(m^2 \cdot s^4)$	20.7	20.5	21.65	24	21	21.9	21.9	24.2
		$2W/(m^2 \cdot s^4)$	17.7	17.6	18.65	20.9	18	18.7	18.8	21.1

注：Num. 代表数值模拟结果；Ana. 代表解析模型结果。

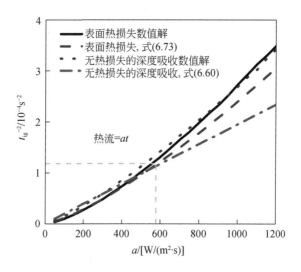

图 6.35　表面热损失和深度吸收对 PMMA 着火时间的相对影响

6.2.5　幂指数上升热流着火应用——滴落引燃

部分非碳化聚合物在受热后发生熔融和滴落现象。熔融滴落物往往携带较高的能量,极易将可燃物点燃造成二次火灾。现有研究表明,熔融滴落是物理熔融和聚合物分解共同作用的结果。因此,影响熔融滴落过程的因素较多,滴落过程的不确定性给定量研究带来了很大的障碍。为定量评估熔融滴落物对二次火灾过程的影响,本节选取聚乙烯(PE)和聚丙烯(PP)两种典型的受热易发生熔融滴落现象的非碳化聚合物作为研究对象,从实验和理论分析两个方面对垂直分布的 PE 板和 PP 板熔融和滴落着火机理进行研究,并建立用于预测着火时间的近似解析模型。

1. 实验研究

本部分实验是在静止环境下进行的,实验装置结构如图 6.36 所示。实验台放置在精度为 0.01g、量程为 10kg 的电子天平上,以测量实验过程中样件的质量变化。为了防止实验过程中的高温液滴损毁天平,在天平上铺设尺寸为 30cm(宽)×40cm(长)×5cm(高)的隔热板。两根长为 50cm 的 U 型不锈钢导轨分别垂直固定在两块尺寸为 5cm(宽)×5cm(长)×1cm(高)的钢板上。实验样品为 3mm、5mm 和 8mm 三种厚度的样件,尺寸为 15cm×10.4cm。为减少样件与 U 型不锈钢导轨间的热量传递,在 U 型不锈钢导轨内壁面放置厚度为 1mm 的隔热保护板。为了更好地固定样件,选用内壁宽度为 5mm、7mm、10mm 三组 U 型不锈钢导轨。选取两块相同材质的样件置于 U 型不锈钢导轨内呈垂直分布状态,下板底部距隔热保护板 6cm。两板间垂直间距为 3cm、5cm、8cm、10cm、12cm、15cm。将 4K 高清相机(FDR-AX700)水平放置在距实验台 0.6m 处进行视频采集。实验采用挤塑型 PE 板和 PP 板。样件主要参数如表 6.5 所示。此外,利用锥形量热仪进行 30～60kW/m² 恒定热流下厚度为 1mm 的 PE 板和 PP 板的热解自燃实验,通过多次实验测得 PE 板和 PP 板的临界着火温度分别为 620K 和 597K,这与文献[30]中给出的 614K 和 604K 相差较小,因此本次理论分析部分采用的临界着火温度为实验实测的临界着火温度,其他的热物性参数均采用文献[30]中所提供的数据。

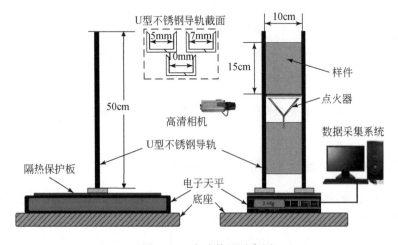

图 6.36　实验装置示意图

表 6.5　PE 和 PP 的热物性参数

材质	密度/(kg/m³)	比热容/[J/(g·K)]	热导率/[W/(m·K)]	临界温度/K	来源
PE	927	1.466	0.42	620	文献[30]
PP	920	1.524	0.12	597	文献[30]

实验采用自制点火器对上板底部进行点火。点火器形状如图 6.36 所示,前段由直径为 6mm 的酒精灯芯棉包裹长度为 10cm 的铁丝组成。点火器固定在上板底部下方 1cm 处,实验开始前点燃酒精灯芯棉开始对上板下部进行点火,在上板被点燃后,移去点火器,开始实验。为保持实验的重复性,每种实验工况至少重复4 次,以减少实验的随机误差。

1)滴落和着火行为

上板着火后,在 PE 板和 PP 板上均观察到明显的玻璃化现象,聚合物由乳白色不透明固体变成半透明液体。在上板底部被点燃初期,火焰呈淡蓝色,这说明初期聚合物燃烧充分,随着燃烧的持续进行,火焰受浮力影响温度降低且出现大量未充分燃烧的颗粒,火焰颜色变成黄色。PP 板和 PE 板的熔点温度分别为 164～170℃和 95～105℃[30],因此 PE 板发生滴落现象的时间早于 PP 板。

如图 6.37 所示,上下两 PP 板垂直间距为 8cm,板材厚度为 8mm。上板底部被点燃后,聚合物温度持续升高,发生熔化现象。熔化的液滴不断汇聚,当液滴重力超过表面张力时发生滴落现象。从上板底部滴落的液滴垂直落到下板上部,由于下板的冷却作用,初始阶段滴落的液滴迅速熄灭。如图 6.37 所示,在实验开始后的 59s 内,液滴的热量和质量积累到某一临界值时,下板上部被点燃并发生连续燃烧。图中,0s 为移除点火器时刻。

实验过程中观察到从上板底部滴落的液滴会发生分散现象,即不能落在同一个滴落点上。本节重点研究从实验开始到下板开始着火的时间。在实验过程中还可观察到,这种随机滴落的现象很少发生,上板下部液滴的滴落点大多处于下板上部的中心位置,这与下板的着火点基本一致。着火后,随着燃烧强度的不断增大,随机滴落的现象显著增加,着火后的燃烧过程不在本研究范围内。

2)下板着火时间

实验测量的下板着火时间如图 6.38 所示。由图可以看出,着火时间可以划分为两个区域,即火焰辐射与滴落主控区、滴落主控区。当垂直间距小于 8cm 时,上板底部的火焰与下板上部较为接近,火焰辐射与滴落的液滴对下板上部共同作用,致使下板被点燃。当垂直间距大于 8cm 时,火焰辐射对下板的影响被削弱,下板上部主要受液滴加热作用发生着火。为了验证这一结论,采用直径为 9mm,测量

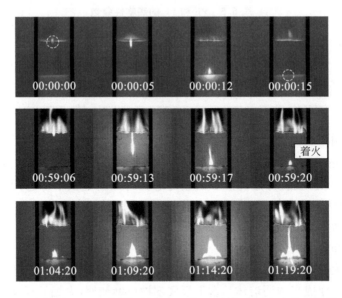

图 6.37　厚度为 8mm、垂直间距为 8cm 的 PP 板间点燃和火焰传播示意图

范围为 0～100kW/m² 的水冷热流计测量上板底部火焰对下板上部的火焰辐射热流。图 6.39 为厚度为 3mm、5mm、8mm 的 PE 板和 PP 板在间距为 3cm、5cm、8cm 处的火焰辐射热流。与预期相同,火焰辐射热流随着垂直间距的增大而减小。因此,间距越小,火焰辐射对下板上部的加热效果越明显;间距越大,火焰辐射对下板上部的加热效果越弱。

当垂直间距小于 8cm 时,着火时间随间距增大呈不规则变化,这可能与液滴的黏滞力有关。在垂直间距一定的情况下,两种材料的着火时间都随着厚度的增加而增加。对于较厚的板材,需要更多的热能加热到临界着火温度,因此需要更长的能量积累时间。当垂直间距大于 8cm 时,火焰辐射对下板的加热效果不明显,液滴的滴落加热是下板上部着火的主要原因。在该区域内,当垂直间距一定时,较厚样件的着火时间比较薄样件的着火时间更长。当厚度一定时,垂直间距越大,着火时间越长,这是因为液滴在滴落的过程中热量不断损失,间距越大,损耗的能量越多,用于加热下板上部的能量越少,着火时间得以延长。

在所有工况下,PE 板着火时间均低于 PP 板,这表面 PE 板更容易被点燃,因此其火灾危险性也就更高。Xie 等[31,32]在实验中也得出了类似的结论,即熔融 PE 比熔融 PP 具有更强的流动性及更高的火焰传播速度。PP 板和 PE 板着火时间之间的差异可以由固体着火理论来解释,即着火时间由着火温度、外部加热条件以及材料固有的热物性参数 $k\rho C_p$ 共同决定[33]。

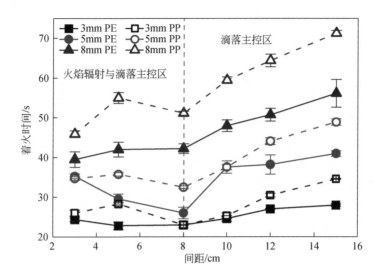

图 6.38　样件厚度与垂直间距对着火时间的影响

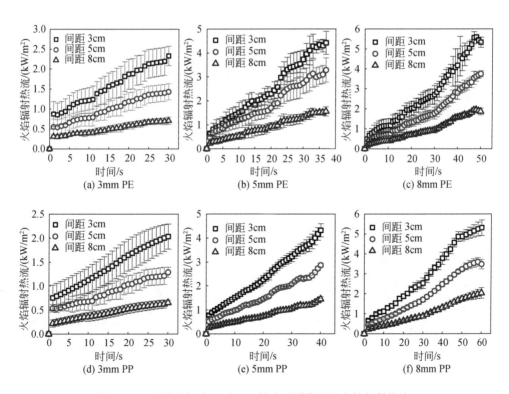

图 6.39　不同厚度下 PP 和 PE 板在不同位置的火焰辐射热流

3)着火前累计液滴滴落数

从视频中提取的 PE 和 PP 上板底部燃烧滴落在下板上部的液滴数量分别如图 6.40 和图 6.41 所示。两种材料的变化趋势相似,即在固定间距下,较薄的板材比较厚的板材更容易滴落。造成这一现象的主要原因有两个:①较薄样件的表面张力较弱,能承受液滴的重力较小,导致液滴直径小,滴落频率高;②越薄的样件燃烧越完全,熔融材料的温度也就越高,黏度降低,有利于熔融材料的滴落。较厚样件的滴落频率较低,但随着厚度的增加,液滴的直径增大。当厚度一定时,间距对滴落频率和液滴尺寸几乎没有影响。对比图 6.40 和图 6.41 可知,在相同实验条件下,PP 板和 PE 板的实验结果几乎没有差异,说明这两种聚合物具有相似的熔融滴落机制。为了后续定量估算下板的着火时间,利用图 6.40 和图 6.41 所示的液滴滴落数随时间的变化趋势拟合不同实验工况下下板所受的幂指数函数加热热流,拟合函数如表 6.6 所示,拟合优度 R^2 均大于 0.98。

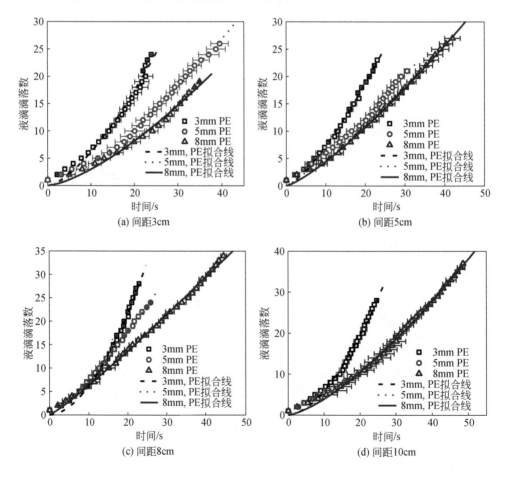

(a) 间距3cm

(b) 间距5cm

(c) 间距8cm

(d) 间距10cm

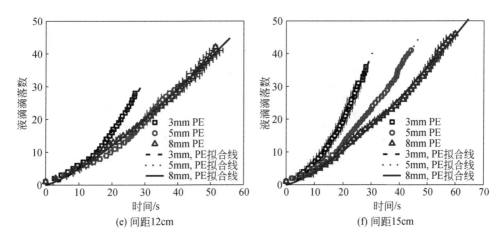

(e) 间距12cm　　　　　　　　　　(f) 间距15cm

图 6.40　不同工况下 PE 液滴滴落数随时间变化趋势

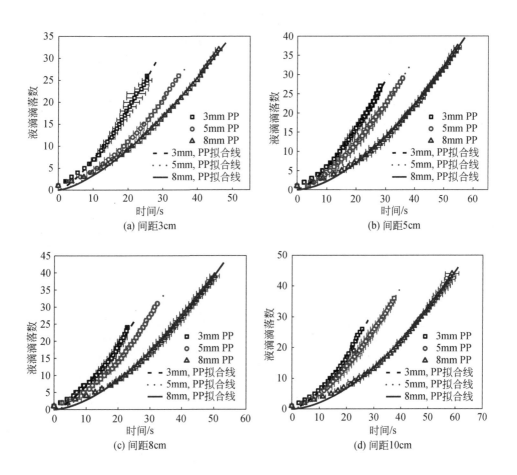

(a) 间距3cm　　　　　　　　　　(b) 间距5cm

(c) 间距8cm　　　　　　　　　　(d) 间距10cm

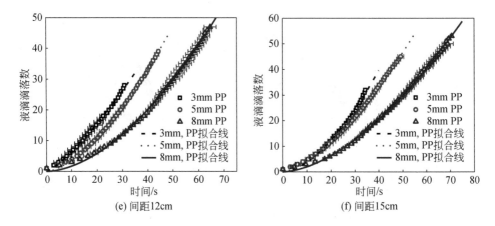

(e) 间距12cm (f) 间距15cm

图 6.41 不同工况下 PP 液滴滴落数随时间变化趋势

表 6.6 PE 板和 PP 板不同工况下滴落数拟合函数

厚度/mm	间距/cm	拟合关系式	
		PE 板	PP 板
3	3	$n=0.1726t^{1.5401}$	$n=0.1873t^{1.5407}$
	5	$n=0.2331t^{1.4583}$	$n=0.2023t^{1.4325}$
	8	$n=0.1209t^{1.7346}$	$n=0.3684t^{1.2696}$
	10	$n=0.1246t^{1.6822}$	$n=0.2772t^{1.3870}$
	12	$n=0.2027t^{1.4820}$	$n=0.1025t^{1.6442}$
	15	$n=0.1472t^{1.6471}$	$n=0.0579t^{1.7850}$
5	3	$n=0.1658t^{1.3168}$	$n=0.1090t^{1.5407}$
	5	$n=0.6083t^{1.0421}$	$n=0.3581t^{1.2443}$
	8	$n=0.5917t^{1.1360}$	$n=0.0754t^{1.7324}$
	10	$n=0.1291t^{1.4615}$	$n=0.2623t^{1.3482}$
	12	$n=0.1057t^{1.5472}$	$n=0.0946t^{1.5816}$
	15	$n=0.1659t^{1.4517}$	$n=0.1291t^{1.5034}$
8	3	$n=0.1294t^{1.4332}$	$n=0.1513t^{1.3924}$
	5	$n=0.2840t^{1.2107}$	$n=0.0251t^{1.8212}$
	8	$n=0.5802t^{1.0626}$	$n=0.0752t^{1.6134}$
	10	$n=0.3504t^{1.1925}$	$n=0.0317t^{1.7687}$
	12	$n=0.1995t^{1.3652}$	$n=0.0254t^{1.7917}$
	15	$n=0.2027t^{1.3105}$	$n=0.2046t^{1.6645}$

2. 解析模型

本节通过建立近似解析模型来分析上下板之间的能量传递,并定量估算下板的着火时间。下板主要被上板滴落的液滴加热并点燃,因此将液滴传递到下板的能量转化为施加给下板的热流。随后,利用随时间幂指数变化热流下固体着火理论,并结合能量转化的热流预测下板着火时间。图 6.42 为建立的以临界着火温度为判据的能量传递模型。

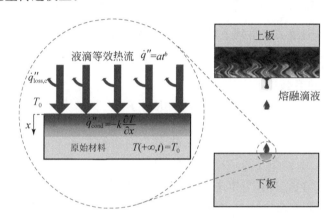

图 6.42　PE 板和 PP 板滴落着火传热模型

假设着火前滴落的液滴直径和质量相同,则辐射到下板顶部表面的瞬态热流可表示为

$$q'' = \frac{1}{\pi D^2} \frac{dQ}{dt} = \frac{m_i C_p (T_d - T_0)}{\pi D^2} \frac{dn}{dt} \tag{6.95}$$

式中,q'' 为瞬态热流;D 为液滴直径;Q 为传递到下板的总热量;t 为时间;m_i 为单个液滴的质量;C_p 为比热容;T_d 为液滴滴落到下板时的温度;T_0 为初始温度;n 为液滴的总数量。m_i 由实验测得,在实验结束后,将下板替换成盛有 5cm 高度的水的金属容器,上板底部距水面距离与之前距下板上部距离相同。重复之前的操作,液滴滴落至水面后,随即冷却凝固。实验结束后,对水中的液滴进行干燥称量,根据液滴总数计算出厚度为 3mm、5mm、8mm 的 PE 板和 PP 板的平均液滴质量分别为 0.145g、0.191g、0.168g 和 0.083g、0.074g、0.070g。结合两种聚合物的密度,计算得出 PE 和 PP 液滴直径分别为 6.7～7.3mm 和 5.3～5.6mm。

在滴落过程中,液滴主要通过与空气对流进行冷却,假设平均对流换热系数 $\bar{h}$ 在滴落过程中保持不变,则液滴的温度可由以下因素控制:

$$\begin{cases} -\bar{h}A_s(T-T_0)=\rho VC_p\dfrac{\mathrm{d}T}{\mathrm{d}t} \\ T(0)=T_{ig} \end{cases} \tag{6.96}$$

式中，A_s 为液滴的表面积，$A_s=\pi D^2$；ρ 为面积；V 为液滴体积，$V=\pi D^3/6$；T_{ig} 为临界着火温度；T_0 为初始温度。因此，瞬态液滴温度可表示为

$$T(t)-T_0=(T_{ig}-T_0)\mathrm{e}^{-\frac{\bar{h}A_s}{\rho VC_p}t} \tag{6.97}$$

根据自由落体原理，可计算出液滴滴落过程中消耗的时间 $t=\sqrt{\dfrac{2\delta}{g}}$，$\delta$ 为间距，g 为重力加速度，则液滴滴落到下板上表面的温度为

$$T_d=(T_{ig}-T_0)\mathrm{e}^{-\frac{\bar{h}A_s\sqrt{2\delta}}{\rho VC_p\sqrt{g}}}+T_0 \tag{6.98}$$

平均对流换热系数 $\bar{h}$ 为

$$\overline{Nu_D}=2+0.6Re_D^{1/2}Pr^{1/3} \tag{6.99}$$

$$\bar{h}=\frac{k_{air}}{D}\overline{Nu_D} \tag{6.100}$$

$$Re_D=uD/\nu \tag{6.101}$$

式中，$\overline{Nu_D}$ 为努塞特数；Re_D 为雷诺数；Pr 为普朗特数；k_{air} 为空气热导率；u 为强迫对流速度，$u=\sqrt{\delta g/2}$；ν 为空气运动黏度。空气热物性参数如表 6.7 所示。由式 (6.100) 可得各工况下的平均对流换热系数如表 6.8 所示。

表 6.7　空气热物性参数

参数	数值	参考文献
$v/(10^{-5}\mathrm{m^2/s})$	1.4	[28]
$k_{air}/[\mathrm{W/(m\cdot K)}]$	0.0247	[28]
Pr	0.7122	[28]

表 6.8　PP 板和 PE 板滴落过程中平均对流换热系数

间距/cm	平均对流换热系数/$[\mathrm{W/(m^2\cdot K)}]$	
	PE 板	PP 板
3	32.02	38.01
5	35.80	42.31
8	40.88	46.98
10	42.58	49.70
12	45.13	52.02
15	48.05	55.94

计算可得 PE 板和 PP 板的努塞特数分别为 0.051~0.077 和 0.17~0.25,均远小于 1,表明可用集总热容法进行分析。结合表 6.6 可知,着火模型中下板的加热热流的形式可表示为

$$q''=at^b \tag{6.102}$$

式中,a 和 b 均为常数,结合表 6.6 和式(6.102)可以得到 a 和 b 的值。表 6.9 列出了在不同实验工况下下板所受等效加热热流。

表 6.9　PP 板和 PE 板滴落过程中下板所受等效加热热流

厚度/mm	间距/cm	拟合关系式	
		PE 板	PP 板
3	3	HF=$20.7566t^{0.5401}$	HF=$10.8083t^{0.5407}$
	5	HF=$27.3583t^{0.4583}$	HF=$12.7543t^{0.4325}$
	8	HF=$13.6537t^{0.7346}$	HF=$24.1041t^{0.2696}$
	10	HF=$14.4241t^{0.6822}$	HF=$15.8387t^{0.3870}$
	12	HF=$22.1268t^{0.4820}$	HF=$6.3195t^{0.6442}$
	15	HF=$13.5576t^{0.6471}$	HF=$3.4460t^{0.7850}$
5	3	HF=$27.8627t^{0.3168}$	HF=$7.5284t^{0.5407}$
	5	HF=$66.7668t^{0.0421}$	HF=$18.1586t^{0.2443}$
	8	HF=$57.5778t^{0.1360}$	HF=$4.3943t^{0.7324}$
	10	HF=$17.5501t^{0.4615}$	HF=$12.5381t^{03482}$
	12	HF=$12.6079t^{0.5472}$	HF=$5.0798t^{0.5816}$
	15	HF=$16.7971t^{0.4517}$	HF=$5.8627t^{0.5034}$
8	3	HF=$17.1965t^{0.4332}$	HF=$9.3891t^{0.3924}$
	5	HF=$33.0685t^{0.2107}$	HF=$1.6911t^{0.8212}$
	8	HF=$51.9270t^{0.0626}$	HF=$3.8475t^{0.6134}$
	10	HF=$32.8029t^{0.1925}$	HF=$1.8138t^{0.7687}$
	12	HF=$17.7243t^{0.3652}$	HF=$1.4854t^{0.7917}$
	15	HF=$19.4627t^{0.3105}$	HF=$2.1413t^{0.6645}$

通过热流计测量得到的上板火焰辐射热流与滴落等效热流对比如图 6.43 所示。图中,q_R 为火焰辐射热流,q_d 为滴落等效热流。火焰辐射热流相比于滴落等效热流低得多,这表明在分析着火模型中可忽略上板火焰辐射对着火过程的影响。如图 6.42 所示,本部分建立受随时间幂指数变化热流下热厚型固体可燃物着火模型,以估算着火时间。假设材料是不透明的热惰性材料,且热参数在整个过程中为

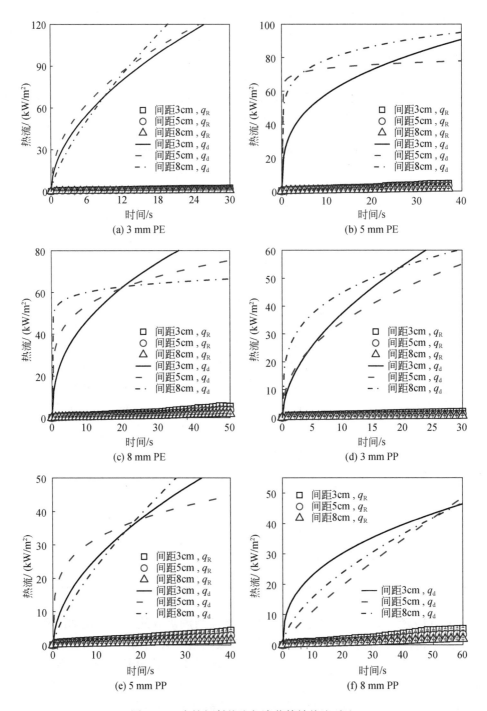

图 6.43　火焰辐射热流与滴落等效热流对比

常数。忽略材料热解，固体的能量守恒方程可表示为

$$\rho C_p \frac{\partial T}{\partial t} = k \frac{\partial^2 T}{\partial x^2} \qquad (6.103)$$

式中，T 为瞬态温度；k 为热导率；x 为空间坐标。

对于顶部加热、水平放置的样件板，包括对流和再辐射的总热损系数约为 $30W/(m^2 \cdot K)$，实际总热损取决于表面温度。根据实验实测的着火温度，估算出 PE 板和 PP 板在着火前的最大热损分别为 $9.42kW/m^2$ 和 $9.12kW/m^2$。这些热损远低于着火时所受的热流，所以在解析模型中忽略表面热损失。上下表面边界条件和初始条件可以表示为

$$-k \frac{\partial T}{\partial x} = q'', \quad x = 0 \qquad (6.104)$$

$$T(\infty, t) = T_0 \qquad (6.105)$$

$$T(x, 0) = T_0 \qquad (6.106)$$

定义相对温度 $\theta = T - T_0$，通过拉普拉斯变换[6]可得该问题的解为

$$\theta(x, t) = T(x, t) - T_0 = \frac{a\Gamma(b+1)\sqrt{\alpha}}{k_w \Gamma(b+0.5)} \int_0^t \mathrm{erfc}\left(\frac{-x}{2\sqrt{\alpha t}}\right) \cdot (t - \tau)^{b-0.5} \mathrm{d}\tau$$

$$(6.107)$$

在材料表面 $x = 0$ 处，式(6.107)可简化为

$$T(0, t) - T_0 = \frac{ab!}{\sqrt{k\rho C_p}\,\Gamma(b+1.5)} t^{b+0.5} \qquad (6.108)$$

在着火时刻，$\theta = \theta_{ig}$ 且 $t = t_{ig}$，因此着火时间可表示为

$$\frac{1}{t_{ig}^{b+0.5}} = \frac{a\Gamma(b+1)}{(T_{ig} - T_0)\sqrt{\pi k \rho C_p}\,\Gamma(b+1.5)} \qquad (6.109)$$

显然，材料的着火时间由热物性、着火温度和与随时间变化的热流共同决定。根据式(6.109)计算的着火时间与实验测量的着火时间对比如图 6.44 所示。由图可以看出，在某些情况下根据式(6.109)计算的着火时间与实验测量的着火时间存在明显的差异，但总体一致性较好。造成误差的主要原因包括以下四点：

（1）将下板简化为一维半无限厚，而在实验中下板有限厚度会使一部分堆积在顶部表面的熔融液滴滴落在侧边，这破坏了一维假设模型。此外，当着火前的间距较大时，熔融的 PE 流动性较好，在着火前积累了更多的熔融液滴，滑落到侧边的液滴也更多，这导致根据式(6.109)计算的着火时间与实验测量值的差距更大。

（2）下板的初始着火是由上板滴落的熔融物质引起的，而并非下板的原始材料。在实验中，熔融液滴与下板接触后会有较短时间的传热过程，而在模型中假设液滴到达下板后与下板发生瞬间传热。

（3）在分析模型中忽略熔融液滴在加热下板时自身的表面热损失，这一热损与入射热流相比较低，可忽略不计。

（4）在解析模型中，假设熔融液滴滴落在相同的点上，在实验中出现部分液滴偏移，不能落在相同的点上。模型计算的加热质量高于实际质量，因此模型预测着火时间低于实验测量着火时间。

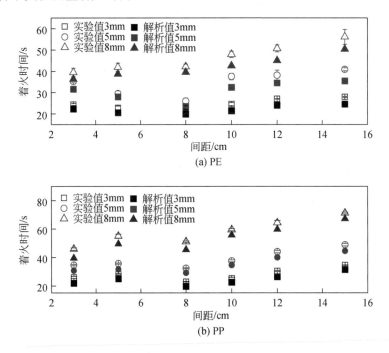

图 6.44　分析模型预测着火时间与实验测量着火时间对比

6.2.6　幂指数上升热流着火应用——OSB 热解着火

目前有关工程木板在辐射热流下热解自燃特性的研究相对较少，大多仅停留在实验阶段，并未建立预测工程木板热解燃烧特性的数值模型。本节主要对幂指数上升热流下定向刨花板（OSB）热解过程中的动力学和热力学参数进行优化，并利用文献中的模拟结果评估参数的有效性。此外，利用数值模型对 OSB 的表面温度和质量损失速率进行预测，并分别将临界温度和临界质量损失速率作为着火判据，进而对着火时间进行预测。

1. 实验研究

本节小尺度实验所用的实验装置示意图与 6.1.4 节所用的实验装置类似。不同的是本节采用的实验材料是直径为 60mm、厚度为 18mm 的 OSB,且热流为随时间幂指数上升的时变热流。

1)样件准备

实验所用的 OSB 样件尺寸为 1.2m×0.6m×0.018m,购自市场主流经销商,粉末试样(热重实验)和直径为 60mm 的圆形样件分别经过磨削和平滑切割板材制备。所有样件均在烘箱中烘干以去除水分,烘箱温度设置为 80℃,干燥时间不少于 72h。考虑到 OSB 的化学成分在不同板材中略有不同,TGA 预实验采用来自不同位置和板材的粉末,结果发现不同位置粉末样品的实验结果没有明显差异。干燥后的圆形样品在室温下的密度为 522~573kg/m³,平均值为 547.5kg/m³。圆形样件实验前放置在样件盒中,如图 6.45 所示。

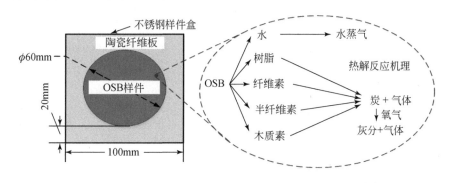

图 6.45　样件示意图和热解反应机理

2)热重实验

利用 Netzsch STA 449 F3 热分析仪在惰性气氛下使用氮气吹扫气流进行热重实验。在三种加热速率(5K/min、10K/min 和 20K/min)下将 5~6.5mg 的样品从室温加热到 1073K。加热过程包括稳定阶段和线性加热阶段。在稳定阶段,样品温度保持在 330K 处 25min,以稳定氮气流并消除残留的氧气和水分。在线性加热阶段,温度按照规定的加热速率升温。实验中使用带有盖子的陶瓷坩埚,盖子上有一个小的开口以方便热解气体逸出。考虑到热重实验的高重复性,在每个升温速率下进行三次重复实验,以收集统计所需的数据。

3)热流标定和中等尺寸实验流程

实验前采用量程为 0~100kW/m² 的水冷式 Schmidt-Boelter 热流计标定热流。首先标定大小为 20~60kW/m²、间隔为 10kW/m² 的恒定热流,以保证实验中样件表面高度处(加热器下方 3cm 处)热流的时间稳定性和空间均匀性,设置 PID 温度控制器模拟相应的加热条件。在本实验中,设计并标定五组幂指数热流,其表

达式为 $\dot{q}''=at^{1.4}$，如图 6.46 所示。在所有热流中将幂指数值固定为 1.4，所采用的分析方法可以很容易地推广到其他幂指数热流下，且不失其通用性。

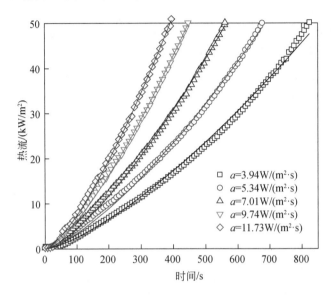

图 6.46　标定的热流和对应的幂指数函数拟合曲线

在每次进行单个实验之前，先对温度控制器所产生的热流进行校准，然后将加热器冷却至室温。随后关闭挡板，准备样件并放置于加热器下。当加热器和挡板同步开启时，以 1Hz 的频率记录温度和质量数据并开始实验，并对所有的实验过程进行录像。在所有加热条件下均发生了自燃，每种工况都进行了三次重复实验，以进行不确定度的估算。

2. 热解模型构建及反应动力学参数确定

图 6.47 为在 5K/min、10K/min 和 20K/min 加热速率下，利用样品初始质量（m_0）对热重实验测量的质量和质量损失速率（MLR）进行归一化后的曲线及相应的数值模拟结果。其中，三种加热速率下 OSB 的残炭率分别为 24.3%、22.8% 和 23%，与 Ira 等[34] 的研究中 OSB 的残炭率为 23% 相一致。在模拟热重实验结果时，将数值模型中的控制体积设定为一个控制单元，并使其温度按照相应的升温过程进行升温。考虑到 OSB 的基本特性，在热解模型中应包括五种基本组分，即水、树脂、纤维素、半纤维素和木质素。水和树脂的初始比例分别根据质量曲线前期的下降量和生产厂家得到，而其余组合的比例未知。在 Richter 等[35] 的研究中，通过选取 600 多个木材样品研究了化学成分对木材热解的影响，发现无论是软木还是

硬木,纤维素、半纤维素和木质素的比例变化都很小,说明组分的变化对预测木材热解的影响并不显著。基于其给出的木材三组分的比例,计算本实验中样品的纤维素、半纤维素和木质素的统计平均质量分数,分别为 46.5%、27.5% 和 26%。基于以上分析建立的热解反应路径、相关动力学参数以及 OSB 各组分曲线的峰值温度如表 6.10 所示。在 10K/min 升温速率下,通过模型拟合、优化方法、GA 和反演模型耦合得到动力学参数,通过预测其他加热情况下的实验数据,验证本节所建立的模型的可靠性,如图 6.47(a) 和 (c) 所示。为更充分地比较,本节还对 Ira 等[34]、Li 等[36] 和 Morten 等[37] 研究中的 OSB、中密度纤维板(medium density fiberboard,MDF)和木材热解模型进行了复现。这些模型明显高估了热解峰值,但都成功预测了相应加热条件下的起始和峰值温度以及曲线变化趋势。

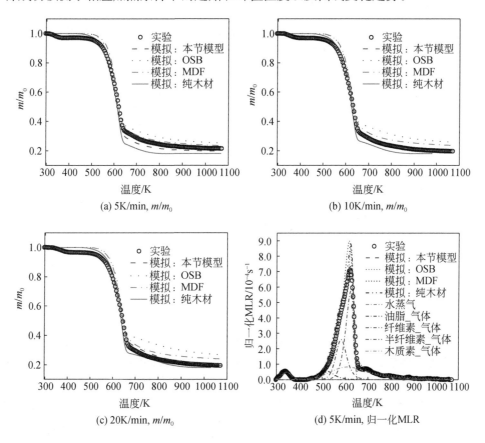

(a) 5K/min, m/m_0

(b) 10K/min, m/m_0

(c) 20K/min, m/m_0

(d) 5K/min, 归一化MLR

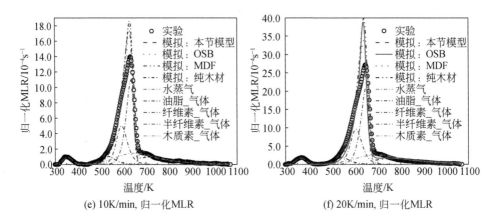

图 6.47　本节模型与文献中模型在 5K/min、10K/min 和 20K/min 加热速率下预测的 TGA 曲线及与实验数据对比

表 6.10　OSB 热解反应机理和优化的动力学参数

序号	反应	A/s^{-1}	$E_\mathrm{a}/(\mathrm{J/mol})$	反应阶数	质量分数	$T_{\mathrm{peak}}/\mathrm{K}$
1	水 —→ 蒸气	4.4×10^{7}	5.95×10^{4}	1.6	0.03	353
2	树脂 —→ 0.01 炭 + 0.99 气体_R	3.58×10^{15}	1.54×10^{5}	2.9	0.045	536
3	半纤维素 —→ 0.02 炭 + 0.98 气体_H	4.91×10^{13}	1.70×10^{5}	2.1	0.2	593
4	纤维素 —→ 0.33 炭 + 0.67 气体_C	4.8×10^{11}	1.68×10^{5}	0.9	0.465	638
5	木质素 —→ 0.14 炭 + 0.86 气体_L	62	0.48×10^{5}	2.1	0.26	648

注:R 表示树脂;H 表示半纤维素;C 表示纤维素;L 表示木质素。

3. 热力学参数确定

在预测热解着火及火焰蔓延过程中,OSB 的热导率 k 和比热容 C_p 是非常重要的热力学参数。通过研究热解过程,可根据着火实验的结果结合反演模型优化得到这两个参数值。对 $a=7.01\mathrm{W/(m^2 \cdot s^{1.4})}$ 这一中等加热条件下的实测表面温度和 MLR 进行反演,结果如图 6.48 所示。生成的炭层会与空气接触,需考虑其影响,因此在建立的模型中增加了文献[38]中的炭氧化反应:

$$炭 \longrightarrow 0.03\ 灰 + 0.97\ 气体\_炭 \tag{6.110}$$

该氧化反应的 A、E_a、反应级数和 ΔH 的值分别为 $5.62\times10\mathrm{s}^{-1}$、$1.6\times10^{5}\mathrm{J/mol}$、1 和 $3.77\times10^{4}\mathrm{J/g}$。该反应发生在较高的温度下,即 660~760K,该值比表 6.10 中的热解温度 536K 高得多。因此,该反应主要在低热流下的实验中存在,即在着火

发生前可观察到炭氧化着火。在反演过程中,假定 OSB 的纤维素、半纤维素和木质素的热导率 k 和比热容 C_p 相同。其余参数从表 6.11 列出的文献中或制造商处得到。在图 6.48 中,模拟的温度和 MLR 曲线均位于实验结果的不确定范围内,说明优化值是可信的。优化的热导率 k 和比热容 C_p 及相应文献中的取值如表 6.12 所示。当温度从 300K 升高到 500K(热解的起始温度)时,优化的热导率 k 和比热容 C_p 与文献值大体相同。此外,图 6.48 还给出了用文献[34]和[39]中的热导率 k 和比热容 C_p 模拟的表面温度和 MLR。这些模拟曲线部分超出了实验结果的不确定范围,但考虑到生物质材料的不均匀特征及复杂的热解、传热传质过程,认为该吻合程度在可接受范围内。

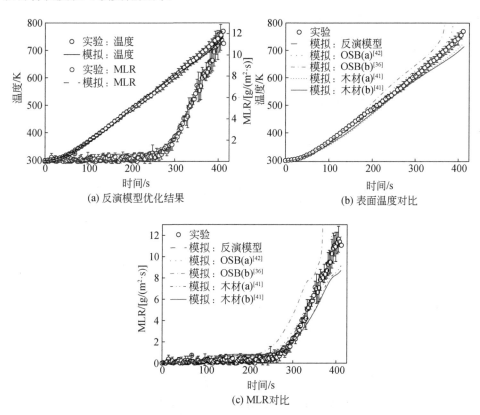

(a) 反演模型优化结果

(b) 表面温度对比

(c) MLR对比

图 6.48　优化结果及利用优化的热力学参数和文献中参数模拟的
表面温度和 MLR 及与实验结果对比

表 6.11　数值模型中 OSB 板和陶瓷纤维板热物性参数

种类	参数	参数值	来源
OSB	$\rho/(10^5\,\text{g/m}^3)$	5.48	实测
	ε	0.85	文献[41]
	$\Delta H/(\text{J/g})$	200	文献[42]
炭	$k_c/[\text{W/(m·K)}]$	$0.08-3.93\times10^{-5}$	文献[39]
	$C_{p,c}/[\text{J/(g·K)}]$	$1.39+3.6\times10^{-4}$	文献[39]
	$\Delta H_c/(\text{J/g})$	-37700	文献[43]
灰分	$k_a/[\text{W/(m·K)}]$	0.058	文献[43]
	$C_{p,a}/[\text{J/(g·K)}]$	1.244	文献[7]
水	$k_w/[\text{W/(m·K)}]$	0.658	文献[44]
	$C_{p,w}/[\text{J/(g·K)}]$	4.2	文献[7]
	$\Delta H_w/(\text{J/g})$	2400	文献[45]
陶瓷纤维	$k_{in}/[\text{W/(m·K)}]$	0.06	厂商
	$\rho_{in}/(10^5\,\text{g/m}^3)$	4.0	厂商
	$C_{p,in}/[\text{J/(g·K)}]$	0.67	厂商

表 6.12　优化结果及文献中 OSB 热导率 k 和比热容 C_p 取值

参数	优化结果	文献				
		[34]	[46]	[39](a)	[39](b)	[40]
$k/$ [W/(m·K)]	$-0.09+$ $5.05\times10^{-4}T$	0.098	$0.08+$ $1.0\times10^{-4}e^{-0.21T}$	$0.056+$ $2.6\times10^{-4}T$	$0.048+$ $3\times10^{-4}T$	0.106
$C_p/$ [J/(g·K)]	1.65	1.221	$0.733+$ $2.5\times10^{-3}T$	$1.5+$ $1\times10^{-3}T$	$0.103+$ $3.87\times10^{-3}T$	1.7

4. 表面温度和质量损失速率

图 6.49 为表面温度和 MLR 模拟预测结果与实验结果对比。在所有加热条件下,炭层会在接近着火时间时逐渐生成,因此测得的表面温度不确定性在接近着火时变大。在图 6.49(a)中,由于炭氧化反应放热,着火温度随 a 的减小而升高,即较低的热流对应较长的着火时间。反应时间越长,产生的热量在表面积累越多,最终可能导致在较低热流下出现可见的炭氧化发光着火,干山毛榉木材的着火温度也有相同的变化趋势[47]。而对于临界质量损失速率,在不同加热条件下挥发分在着火时热解挥发物浓度基本均等于其可燃浓度下限,因此对应的临界质量损失速率

也基本保持不变。

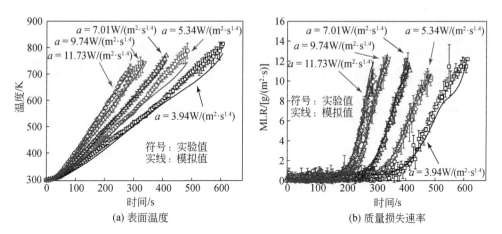

(a) 表面温度　　　　　　　　　　(b) 质量损失速率

图 6.49　表面温度和质量损失速率实验和数值模拟结果对比

在最低热流($a=3.94\mathrm{W}/(\mathrm{m}^2 \cdot \mathrm{s}^{1.4})$)实验后期,数值模型预测的表面温度和质量损失速率均低于实验值。同时,$a=5.34\mathrm{W}/(\mathrm{m}^2 \cdot \mathrm{s}^{1.4})$热流下的表面温度在后期的预测值也较低,这主要是由低热流下样品表面炭层出现较多且较大的裂缝造成的,着火后样件表面如图 6.50 所示。在加热时间较长的低热流下,当表面温度升高到 300℃以上时,会形成致密的炭层,阻碍辐射热流向材料内部传导和热解气体的释放[48]。随着表面温度继续上升,炭层收缩并形成微小的裂纹,很大程度上促进了内部材料的直接辐射加热,以及氧气从空气中扩散到炭层及内部挥发物的逸出。随着炭层温度的进一步升高,炭层的裂纹更深、更大、更多。所有这些过程都破坏了数值模型的一维假定,但在实验中该引动过程有利于炭的氧化和表面温度的升高。在较高热流下,着火时间较短,较短时间内产生的裂缝数量有限,因此数值模型与实验结果吻合较好。正如预期,在所有模拟的 MLR 曲线中均出现了水分蒸发造成的稳定平台。

图 6.51 为不同加热条件下模拟的内部温度和密度随时间的变化。在较低热流下,热波的穿透深度较深,但温度梯度和密度梯度在高热流下更大。在最小热流下,陶瓷纤维层没有明显的温升,验证了所选样件的热厚假设。与此同时,利用初始密度对模拟的每个组分的密度进行归一化,结果如图 6.52 所示。图 6.52(a)~(e)为利用初始密度归一化的结果,图 6.52(f)为利用 OSB 密度归一化的结果。未热解的 OSB 中不存在炭,因此用 OSB 的密度对炭的密度进行归一化,如图 6.52(f)展示。表 6.10 中热解反应对应的峰值温度越低,其热解深度越深,且各组分的密度梯度随热流增长速率的增大而增大。

(a)a = 3.94W/(m²·s¹·⁴)　(b)a = 5.34W/(m²·s¹·⁴)　(c)a = 7.01W/(m²·s¹·⁴)　(d)a = 9.74W/(m²·s¹·⁴)　(e)a = 11.73W/(m²·s¹·⁴)

图 6.50　不同升温速率下炭层裂缝和炭层厚度变化

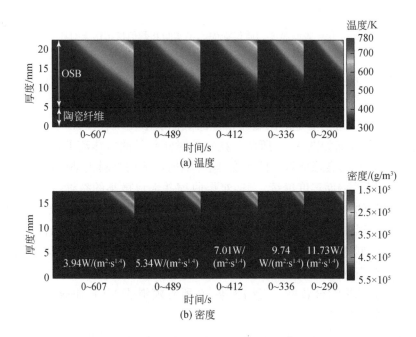

图 6.51　材料内部温度和密度随时间演变过程模拟结果

5. 自燃着火临界判据

图 6.53 为实验测量的不同 a 值对应的临界温度(T_{ig})和临界 MLR($\dot{m}''_{cri}$)。如前所述,低 a 值下炭氧化产生的更多热量会加剧发光着火并导致较高的 T_{ig}。Boonmee 等[49,50]发现,当热流低于 40kW/m² 时,木材会出现强烈的炭氧化反应,

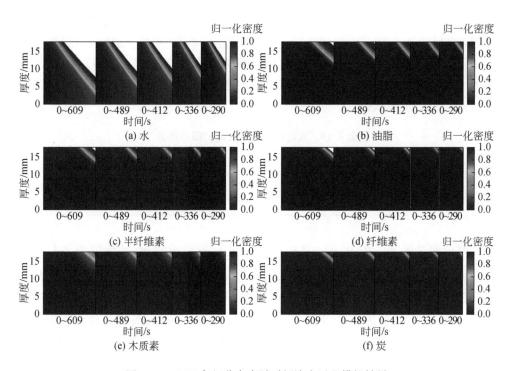

图 6.52　OSB 各组分密度随时间演变过程模拟结果

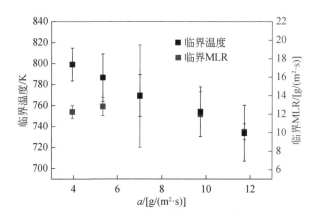

图 6.53　实验测量的 OSB 临界温度和临界 MLR

并在着火之前出现炭氧化发光着火。文献中的炭氧化着火温度取决于热流的大小,其温度在 660~760K。在本节研究中,着火时刻的瞬态热流如表 6.13 所示。显然,所有值均低于 40kW/m²,并且在 a 较小的三组热流下均观察到发光的炭氧化着火。Bilbao 等[51]通过实验提出了一个将木材的炭氧化着火温度和常热流关联起来的经验公式，即 $T_{glowing}=573+6\dot{q}''$，其中 $T_{glowing}$ 和 $\dot{q}''$ 的单位分别为 K 和 kW/m²。利用该公式和着火时刻瞬态热流计算的炭氧化着火温度在 757.2～775.5K，其均值为 766.4K。而本节实验测量的 T_{ig} 的范围为 734～799K，其均值为(766.5±25.9)K，两者吻合度较好。

表 6.13　实验测量的着火时刻瞬态热流

参数	数值				
$a/[\mathrm{W}/(\mathrm{m}^2\cdot\mathrm{s}^{1.4})]$	3.94	5.34	7.01	9.74	11.73
着火时间热流/(kW/m²)	31.3	30.7	32.0	33.75	32.9

实验测量的 $\dot{m}''_{cri}$ 在 10.11～13.5g/(m²·s)不规则波动，其均值为(11.81±1.4)g/(m²·s)。对于不同木材，着火时刻的 $\dot{m}''_{cri}$ 在常热流和变化热流下的变化较为明显。例如，红木在常热流下[50]的临界 MLR 为 15.8g/(m²·s)，白云杉在瞬态热流下的临界 MLR 为 0.2～6.2g/(m²·s)[52]，香椿、泡桐、榆树和金合欢树的临界 MLR 为 19.4～30.0g/(m²·s)[53]，松木在二次和线性热流下的临界 MLR 为 7.6～8.0g/(m²·s)[44]。由于 OSB 是由不同的木材构成的，其 $\dot{m}''_{cri}$ 的测量值在以上文献中测量的范围内。下面将 T_{ig} 和 $\dot{m}''_{cri}$ 的平均值作为着火判据预测 OSB 的自燃着火时间。

6. 着火时间

图 6.54 为着火时间实验与模拟结果的对比，以验证模型的可靠性。将 $\dot{m}''_{cri}$ 和 T_{ig} 单独作为着火判据进行模型计算。正如预期，着火时间随热流增长速率 a 的增大而减小。在所研究的 a 值范围内，两组数值模型预测的结果均与实验值吻合较好。测量值和使用 $\dot{m}''_{cri}$ 与 T_{ig} 预测结果的最大相对误差分别为 5.51% 和 2.22%。在研究森林火灾中固体着火时，Reszka 等[27]将常热流下的经典着火公式外推到时变热流下，提出了一种临界能量着火判据：

$$t_{ig}=\frac{1}{\theta_{ig}^2\pi k\rho C_p}\left(\int_0^{t_{ig}}\dot{q}''\mathrm{d}t\right)^2 \tag{6.111}$$

式中，θ_{ig} 为相对温度，$\theta_{ig}=T_{ig}-T_0$。式(6.111)表明，着火时间与在着火前传输给固体的能量的平方成正比。将 $\dot{q}''=at^{1.4}$ 代入积分公式并重新整理可得

$$t_{ig}=\left(\frac{5.76\theta_{ig}^2\pi k\rho C_p}{a^2}\right)^{1/3.8} \tag{6.112}$$

式(6.112)忽略了固体热解、表面热损失和热物性参数对温度的影响。利用测

量的 T_{ig} 和表 6.12 所列各文献以及优化得到的室温下的 k 和 C_p，将式 (6.112) 绘制在图 6.54 中进行对比，尽管有差异，但是式 (6.112) 较为成功地预测了实验所测着火时间的大小和变化趋势。

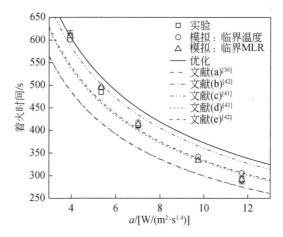

图 6.54　着火时间实验值、模拟值和分析值间的比较

7. 热解动力学参数不确定度分析

为了定量评估优化所得的动力学和热物性参数的不确定性，本节进行 TGA 实验和自燃实验结果的参数研究，即增大或减小数值模型中相关参数的值，直至预测的曲线刚好包裹住实验结果的不确定度范围，如图 6.55 所示。预测的 A、E_a、k 和 C_p 的不确定度分别为 30%、3%、60% 和 50%。A 和 E_a 的不确定度与聚合物材料相同[54]，即 20%~50% 和 3%~10%。由于 OSB 为生物质基材料，其 k 和 C_p 两个参数较大的不确定度范围也与文献所给出的不同材料的范围吻合，且高于文献中给出的聚合物的不确定度范围，即 8%~22%(k)[55] 和 8%~25%(C_p)[54,55]。

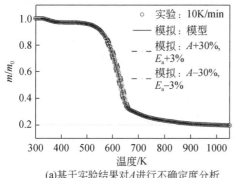

(a) 基于实验结果对 A 进行不确定度分析

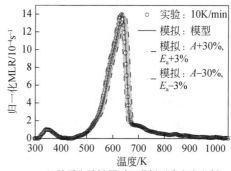

(b) 基于实验结果对 E_a 进行不确定度分析

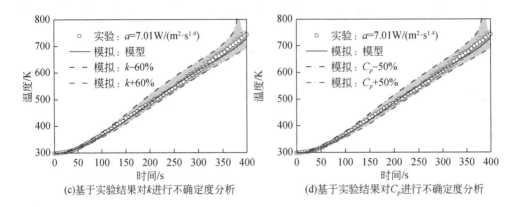

(c)基于实验结果对k进行不确定度分析　　　(d)基于实验结果对C_p进行不确定度分析

图 6.55　基于实验结果对 A、E_a、k 和 C_p 不确定度分析

6.3　自然指数上升热流下可燃物热解着火

在之前的研究中,利用表面吸收、深度吸收或两者组合的方式,已建立了恒定热流下固体可燃物着火问题的解析模型。本节将建立一个解析模型,旨在揭示自然指数增长热流下半透明聚合物的着火机理,该模型同时考虑了表面吸收和深度吸收,并采用临界温度作为着火判据。以 PMMA、POM、PA6 和 PP 四种典型非碳化聚合物为研究对象,采用数值模型对解析模型进行验证。

6.3.1　解析模型

表面热损失、表面/深度吸收、深度吸收系数和外部热流对固体材料的热响应有直接影响,包括表面温升、着火时间、热穿透层厚度、着火热流和着火能量等。当固体可燃物(红外半透明或不透明)被自然指数热流加热时,固相的一维传热如图 6.56 所示。为了简化推导,本节引用一些重要假设:

(1)考虑热厚情况,即认为材料厚度远大于热穿透层厚度。

(2)忽略入射热流在材料表面上的反射,对于大多数聚合物,反射率小于 0.05。

(3)忽略固体中的热解反应,着火前热物性参数不变,即采用热惯性假设。

(4)忽略半透明固体内部辐射的方向性、空间性、光谱性和热依赖性,并忽略内部再辐射[9]。

(5)采用临界温度。

本研究中的自然指数热流表示为

$$\dot{q}'' = \dot{q}_0'' e^{bt} \tag{6.113}$$

式中，$\dot{q}''$ 和 $\dot{q}_0''$ 分别为瞬态热流和初始热流；t 为时间；b 为确定热流增长率的常数。

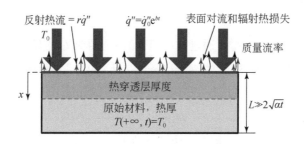

图 6.56　自然指数热流下聚合物传热示意图

1. 情况 A（表面吸收）

在第一种情况下，假设辐射热流被材料的吸收过程为表面吸收，即假设所有能量都被表面吸收，且没有发生深度吸收。在这种情况下，热传导是固体传热的主要方式。引入相对温度，$\theta = T - T_0$，其中 T 为瞬态温度，T_0 为环境和初始温度，固体内部能量守恒方程、初始条件和边界条件为

$$\begin{cases} \dfrac{\partial \theta}{\partial t} = \alpha \dfrac{\partial^2 \theta}{\partial x^2} \\[2mm] \theta(x,0) = 0 \\[2mm] -k \left. \dfrac{\partial \theta}{\partial x} \right|_{x=0} = \dot{q}_0'' e^{bt} - h\theta \\[2mm] \theta(\infty, t) = 0 \end{cases} \tag{6.114}$$

式中，α 为热扩散系数，$\alpha = k/(\rho C_p)$，k 为热导率，ρ 为密度，C_p 为比热容；x 为空间变量；h 为总热损失系数，$h = h_c + \varepsilon h_R$，$h_c$ 为对流传热系数，h_R 为满足 $\sigma(T^4 - T_0^4) = h_R(T - T_0)$ 的辐射热损失系数；ε 和 σ 分别为发射率和 Stefan-Boltzmann 常数。表面的对流和再辐射热损失是表面温度的函数。然而，若 h_c 和 h_R 与表面温度相关，则无法获得解析解。因此，可以采用常热损失系数来简化推导过程，该方法带来的误差较小。该方程的解可通过拉普拉斯变换[6]得到

$$\theta(x,t) = \dfrac{\dot{q}_0''}{k} \left\{ \dfrac{1}{2} e^{bt} \left[\begin{array}{l} \dfrac{\sqrt{\alpha}}{h\sqrt{\alpha}/k + \sqrt{b}} e^{-x\sqrt{b/\alpha}} \operatorname{erfc}\left(\dfrac{x}{2\sqrt{\alpha t}} - \sqrt{bt} \right) \\[3mm] + \dfrac{\sqrt{\alpha}}{h\sqrt{\alpha}/k - \sqrt{b}} e^{x\sqrt{b/\alpha}} \operatorname{erfc}\left(\dfrac{x}{2\sqrt{\alpha t}} + \sqrt{bt} \right) \end{array} \right] \right.$$
$$\left. - \dfrac{h\alpha k}{h^2 \alpha - bk^2} e^{hx/k + h^2 \alpha t/k^2} \operatorname{erfc}\left(\dfrac{x}{2\sqrt{\alpha t}} - \dfrac{h}{k}\sqrt{bt} \right) \right\} \tag{6.115}$$

当 $x=0$ 时,表面温度为

$$\theta(0,t)=\frac{\dot{q}_0''}{h^2\alpha-bk^2}\left\{\sqrt{\alpha}\,\mathrm{e}^{bt}\left[h\sqrt{\alpha}-k\sqrt{b}\,\mathrm{erf}(\sqrt{bt})\right]-h\alpha\mathrm{e}^{h^2\alpha t/k^2}\,\mathrm{erfc}\left(\frac{h}{k}\sqrt{bt}\right)\right\}$$

$$(6.116)$$

着火时,有 $\theta(0,t)=\theta_{\mathrm{ig}}$,$t=t_{\mathrm{ig}}$。通过式(6.116)不能得到 t_{ig} 的显式表达式,因此需要对其进行近似简化。如图 6.57 所示,$\mathrm{erf}(\sqrt{bt})$ 的范围为 $0\sim1$。对于较小的 $\sqrt{bt}$,有

$$\frac{\dot{q}_0''\sqrt{\alpha}}{k\sqrt{b}-\alpha h^2/(k\sqrt{b})}\mathrm{e}^{bt}\approx0 \qquad (6.117)$$

因此有

$$\frac{\dot{q}_0''\sqrt{\alpha}}{k\sqrt{b}-\alpha h^2/(k\sqrt{b})}\mathrm{e}^{bt}\,\mathrm{erf}(\sqrt{bt})\approx\frac{\dot{q}_0''\sqrt{\alpha}}{k\sqrt{b}-\alpha h^2/(k\sqrt{b})}\mathrm{e}^{bt}\approx0 \qquad (6.118)$$

对于较大的 $\sqrt{bt}$,有 $\mathrm{erf}(\sqrt{bt})\approx1$。同时,在 $\sqrt{bt}$ 的增加过程中,$\mathrm{erf}(\sqrt{bt})$ 从 0 急剧增加到 1,且随后变化不大,如图 6.57 所示。因此,$\mathrm{erf}(\sqrt{bt})\approx1$ 在整个持续时间内有较高的近似精度。只有对于较低的 $\sqrt{bt}$,其精度略有降低。在随后着火时间预测中,在 b 值较低的情况下,解析解和数值解之间的着火时间偏差主要是由此处的近似方法精度降低引起的,因此有

$$\frac{\dot{q}_0''\sqrt{\alpha}}{k\sqrt{b}-\alpha h^2/(k\sqrt{b})}\mathrm{e}^{bt}\,\mathrm{erf}(\sqrt{bt})\approx\frac{\dot{q}_0''\sqrt{\alpha}}{k\sqrt{b}-\alpha h^2/(k\sqrt{b})}\mathrm{e}^{bt} \qquad (6.119)$$

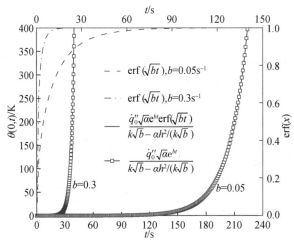

图 6.57　$\mathrm{erf}(\sqrt{bt})$ 曲线和式(6.119)中所用近似方法验证的结果

需要注意的是,当 t 增加时,$h\sqrt{bt}/k$ 远大于 $\sqrt{bt}$,因此 $\mathrm{erfc}(h\sqrt{bt}/k)$ 从 1 下降到 0 比 $\mathrm{erf}(\sqrt{bt})$ 从 0 上升到 1 更迅速,$\mathrm{erfc}(h\sqrt{bt}/k)\approx0$ 在整个持续时间内也有较高的近似精度。可使用这两个近似方法($\mathrm{erf}(\sqrt{bt})\approx1$ 和 $\mathrm{erfc}(h\sqrt{bt}/k)\approx0$)简化式(6.116):

$$\theta(0,t)\approx C_{\mathrm{A}}\mathrm{e}^{bt} \tag{6.120}$$

$$C_{\mathrm{A}}=\frac{\dot{q}''_0}{\sqrt{bk\rho C_p}+h} \tag{6.121}$$

式中,C_{A} 是一个常数。

在着火时刻,有 $t=t_{\mathrm{ig}}$,$\theta(0,t_{\mathrm{ig}})=\theta_{\mathrm{ig}}$,着火时间可表示为

$$t_{\mathrm{ig}}=\frac{1}{b}\ln\left(\frac{\theta_{\mathrm{ig}}}{C_{\mathrm{A}}}\right) \tag{6.122}$$

考虑到 $\dot{q}''_{\mathrm{ig}}=\dot{q}''_0\mathrm{e}^{bt_{\mathrm{ig}}}$,着火时的瞬态热流,即着火热流可通过式(6.123)获得

$$\dot{q}''_{\mathrm{ig},\mathrm{A}}=\frac{\dot{q}''_0}{C_{\mathrm{A}}}\theta_{\mathrm{ig}} \tag{6.123}$$

临界能量(定义为着火前吸收的净热量)也可计算为

$$Q_{\mathrm{ig},\mathrm{A}}=\int_0^{t_{\mathrm{ig}}}\dot{q}''\mathrm{d}t=\frac{1}{b}(\dot{q}''_0-hC_{\mathrm{A}})\left(\frac{\theta_{\mathrm{ig}}}{C_{\mathrm{A}}}-1\right) \tag{6.124}$$

此外,值得注意的是,在着火时,式(6.123)可以改写为

$$\dot{q}''_{\mathrm{ig}}=k\frac{\theta_{\mathrm{ig}}(0,t)}{\delta_{\mathrm{A}}},\quad \delta_{\mathrm{A}}=\frac{\sqrt{\alpha/b}}{1+h/\sqrt{bk\rho C_p}} \tag{6.125}$$

式中,δ_{A} 为热穿透层厚度。

2. 情况 B(深度吸收)

对于红外半透明介质,假设所有能量都通过深度吸收而不是表面吸收被材料吸收。当同时考虑深度吸收和表面热损失时,该问题可表示为

$$\begin{cases}\dfrac{\partial\theta}{\partial t}=\alpha\dfrac{\partial^2\theta}{\partial x^2}+\dfrac{\kappa\dot{q}''_0}{\rho C_p}\mathrm{e}^{-\kappa x+bt}\\[2mm]\theta(x,0)=0\\[2mm]-k\left.\dfrac{\partial\theta}{\partial x}\right|_{x=0}=-h\theta\\[2mm]\theta(\infty,t)=0\end{cases} \tag{6.126}$$

式中,κ 为深度吸收系数。该方程的解可通过拉普拉斯变换得出:

$$\theta(x,t)=\frac{\kappa\dot{q}''_0\mathrm{e}^{-\kappa x}}{\rho C_p}\int_0^t\mathrm{e}^{\alpha\kappa^2\tau}\mathrm{e}^{b(t-\tau)}\mathrm{d}\tau-\frac{\kappa(\kappa+h/k)\dot{q}''_0}{\rho C_p}$$

$$\times \int_0^t \left\{ \frac{1}{2} e^{\alpha \kappa^2 \tau} \left[\begin{array}{l} \dfrac{1}{h/k+\kappa} e^{-\kappa x} \operatorname{erfc}\left(\dfrac{x}{2\sqrt{\alpha\tau}} - \kappa \sqrt{\alpha\tau} \right) \\[2mm] + \dfrac{1}{h/k-\kappa} e^{\kappa x} \operatorname{erfc}\left(\dfrac{x}{2\sqrt{\alpha\tau}} + \kappa \sqrt{\alpha\tau} \right) \end{array} \right] \right\} e^{b(t-\tau)} d\tau \quad (6.127)$$
$$\left. - \frac{hk}{h^2 - \kappa^2 k^2} e^{hx/k + h^2 \alpha\tau/k^2} \operatorname{erfc}\left(\frac{x}{2\sqrt{\alpha\tau}} + \frac{h}{k}\sqrt{\alpha\tau} \right) \right\}$$

当 $x=0$ 时,表面温度为

$$\theta(0,t) = \frac{\kappa^2 \dot{q}_0'' e^{bt}}{\rho C_p (\kappa - h/k)} \int_0^t e^{(\alpha\kappa^2 - b)\tau} \operatorname{erfc}(\kappa\sqrt{\alpha\tau}) d\tau$$
$$- \frac{\kappa h \dot{q}_0'' e^{bt}}{(\kappa k - h)\rho C_p} \int_0^t e^{(h^2 \alpha/k^2 - b)\tau} \operatorname{erfc}\left(\frac{h}{k}\sqrt{\alpha\tau} \right) d\tau \quad (6.128)$$

经过分部积分后,式(6.128)可简化为

$$\theta(0,t) = \frac{\kappa^2 \dot{q}_0'' e^{bt}}{\rho C_p (\alpha\kappa^2 - b)(\kappa - h/k)} \left[e^{(\alpha\kappa^2 - b)t} \operatorname{erfc}(\kappa\sqrt{\alpha t}) - 1 + \kappa\sqrt{\frac{\alpha}{b}} \operatorname{erf}(\sqrt{bt}) \right]$$
$$- \frac{\kappa h \dot{q}_0'' e^{bt}}{\rho C_p (\kappa k - h)(\alpha h^2/k^2 - b)} \left[e^{(\alpha h^2/k^2 - b)t} \operatorname{erfc}\left(\frac{h}{k}\sqrt{\alpha t} \right) - 1 + \frac{h}{k}\sqrt{\frac{\alpha}{b}} \operatorname{erf}(\sqrt{bt}) \right]$$
$$(6.129)$$

当 t 增加时,$\operatorname{erf}(\sqrt{bt})$ 和 $\operatorname{erfc}(\kappa\sqrt{\alpha t})$ 分别急剧变为 1 和 0,用 $\operatorname{erf}(\sqrt{bt}) \approx 1$ 和 $\operatorname{erfc}(\kappa\sqrt{\alpha t}) \approx 0$ 近似式(6.129)可得

$$\theta(0,t) \approx C_B e^{bt} \quad (6.130)$$

$$C_B = \frac{\alpha\kappa \dot{q}_0''}{(\kappa\sqrt{\alpha} + \sqrt{b})(h\sqrt{\alpha} + k\sqrt{b})} \quad (6.131)$$

$$t_{ig} = \frac{1}{b} \ln\left(\frac{\theta_{ig}}{C_B} \right) \quad (6.132)$$

着火热流、临界能量和热穿透层厚度可表示为

$$\dot{q}_{ig,B}'' = \frac{\dot{q}_0''}{C_B} \theta_{ig} \quad (6.133)$$

$$Q_{ig,B} = \int_0^{t_{ig}} [\dot{q}'' - h\theta(0,t)] dt = \frac{1}{b}(\dot{q}_0'' - hC_B)\left(\frac{\theta_{ig}}{C_B} - 1 \right) \quad (6.134)$$

$$\delta_B = k\frac{\theta_{ig}(0,t)}{\dot{q}_{ig}''} = \frac{1}{1 + h/\sqrt{bk\rho C_p}} \frac{\alpha\kappa}{\kappa\sqrt{\alpha b} + b} \quad (6.135)$$

3. 情况 C(组合吸收)

情况 A 和情况 B 均较为理想,而在实际火灾中,辐射热流两种吸收模式均存在,每种模式吸收的比例由表面吸收率决定。对于特定材料,表面吸收率由材料本身的光学特性和加热器类型决定。通常,当电阻型加热线圈和卤素灯分别作为加

热器时,对于聚合物,应分别采用表面吸收和深度吸收[56-58]。现考虑两种吸收模式的组合吸收,固体中的传热问题可表示为

$$\begin{cases} \dfrac{\partial \theta}{\partial t} = \alpha \dfrac{\partial^2 \theta}{\partial x^2} + (1-\lambda) \dfrac{\kappa \dot{q}_0''}{\rho C_p} e^{-\kappa x + bt} \\ \theta(x,0) = 0 \\ -k \dfrac{\partial \theta}{\partial x} \Big|_{x=0} = \lambda \dot{q}_0'' e^{bt} - h\theta \\ \theta(\infty, t) = 0 \end{cases} \tag{6.136}$$

式中,λ 为外加热流下的表面吸收分数。根据 Delichatsios 等[5] 提出的解耦方法,该方程可以分解为两个简单的问题:

$$\theta = (1-\lambda)\theta_1 + \lambda\theta_2 \tag{6.137}$$

分解后的相对温度满足如下两方程组:

$$\begin{cases} \dfrac{\partial \theta_1}{\partial t} = \alpha \dfrac{\partial^2 \theta_1}{\partial x^2} + \dfrac{\kappa \dot{q}_0''}{\rho C_p} e^{-\kappa x + bt} \\ \theta_1(x,0) = 0 \\ -k \dfrac{\partial \theta_1}{\partial x} \Big|_{x=0} = -h\theta_1 \\ \theta_1(\infty, t) = 0 \end{cases}$$

$$\begin{cases} \dfrac{\partial \theta_2}{\partial t} = \alpha \dfrac{\partial^2 \theta_2}{\partial x^2} \\ \theta_2(x,0) = 0 \\ -k \dfrac{\partial \theta_2}{\partial x} \Big|_{x=0} = \dot{q}_0'' e^{bt} - h\theta_2 \\ \theta_2(\infty, t) = 0 \end{cases} \tag{6.138}$$

不难发现,θ_1 和 θ_2 分别为深度吸收和表面吸收的精确解。因此,固体中内部温度式(6.137)可写为

$$\theta(x,t) = (1-\lambda)\theta_B + \lambda\theta_A \tag{6.139}$$

当 $x=0$ 时,表面温度为

$$\theta(0,t) = C_C e^{bt} \tag{6.140}$$

$$C_C = (1-\lambda)C_B + \lambda C_A \tag{6.141}$$

在着火时刻,有 $\theta(0,t) = \theta_{ig}$,$t = t_{ig}$。因此,着火时间、着火热流、临界能量和热穿透层厚度可表示为

$$t_{ig} = \frac{1}{b} \ln\left(\frac{\theta_{ig}}{C_C}\right) \tag{6.142}$$

$$\dot{q}_{ig,c}'' = \frac{\dot{q}_0''}{C_C} \theta_{ig} \tag{6.143}$$

$$Q_{\mathrm{ig,C}} = \int_0^{t_{\mathrm{ig}}} \left[\dot{q}'' - h\theta_{\mathrm{ig}}(0,t) \right] \mathrm{d}t = \frac{1}{b} \left(\dot{q}_0'' - hC_{\mathrm{C}} \right) \left(\frac{\theta_{\mathrm{ig}}}{C_{\mathrm{C}}} - 1 \right) \tag{6.144}$$

$$\delta_{\mathrm{C}} = k \frac{\theta_{\mathrm{ig}}(0,t)}{\dot{q}_{\mathrm{ig}}''} = (1-\lambda)\delta_{\mathrm{C}} + \lambda\delta_{\mathrm{A}} \tag{6.145}$$

显然,当 $\lambda=1$ 和 $\lambda=0$ 时,组合吸收分别退化为表面吸收和深度吸收。表 6.14 罗列了以上三种热流吸收模式下推导出的关系式,包括常数 C、着火时间 t_{ig}、着火热流 $\dot{q}_{\mathrm{ig}}''$、临界能量 Q_{ig} 和热穿透层厚度 δ。当 $h=0$ 时,表 6.14 中的公式适用于忽略表面热损失的情况。

表 6.14　不同热流吸收模式下情况汇总

模式	C	t_{ig}	$\dot{q}_{\mathrm{ig}}''$	Q_{ig}	δ
表面吸收	$\dfrac{\dot{q}_0''}{\sqrt{bk\rho C_p}+h}$	$\dfrac{1}{b}\ln\left(\dfrac{\theta_{\mathrm{ig}}}{C_{\mathrm{A}}}\right)$	$\dfrac{\dot{q}_0''}{C_{\mathrm{A}}}\theta_{\mathrm{ig}}$	$\dfrac{1}{b}(\dot{q}_0''-hC_{\mathrm{A}})\left(\dfrac{\theta_{\mathrm{ig}}}{C_{\mathrm{A}}}-1\right)$	$\dfrac{\sqrt{a/b}}{1+h/\sqrt{bk\rho C_p}}$
深度吸收	$\dfrac{\alpha\kappa\dot{q}_0''}{(\kappa\sqrt{a}+\sqrt{b})(h\sqrt{a}+k\sqrt{b})}$	$\dfrac{1}{b}\ln\left(\dfrac{\theta_{\mathrm{ig}}}{C_{\mathrm{B}}}\right)$	$\dfrac{\dot{q}_0''}{C_{\mathrm{B}}}\theta_{\mathrm{ig}}$	$\dfrac{1}{b}(\dot{q}_0''-hC_{\mathrm{B}})\left(\dfrac{\theta_{\mathrm{ig}}}{C_{\mathrm{B}}}-1\right)$	$\dfrac{1}{1+h/\sqrt{bk\rho C_p}}\dfrac{\alpha\kappa}{\kappa\sqrt{ab}+b}$
组合吸收	$C_{\mathrm{B}}+\lambda(C_{\mathrm{A}}-C_{\mathrm{B}})$	$\dfrac{1}{b}\ln\left(\dfrac{\theta_{\mathrm{ig}}}{C_{\mathrm{C}}}\right)$	$\dfrac{\dot{q}_0''}{C_{\mathrm{C}}}\theta_{\mathrm{ig}}$	$\dfrac{1}{b}(\dot{q}_0''-hC_{\mathrm{C}})\left(\dfrac{\theta_{\mathrm{ig}}}{C_{\mathrm{C}}}-1\right)$	$(1-\lambda)\delta_{\mathrm{C}}+\lambda\delta_{\mathrm{A}}$

6.3.2　表面温度

表面温度是预测固体着火时间的关键参数,特别是在采用临界温度时。当 $\dot{q}_0''=1\mathrm{W/m^2}$、$b=0.1\mathrm{s^{-1}}$ 和 $b=0.15\mathrm{s^{-1}}$ 时,所建立的分析模型和数值模拟预测的四种聚合物表面温度比较如图 6.58 所示,图中还绘制了忽略表面热损失($h=0$)的情况。对于所有材料,分析曲线与模拟结果都非常吻合,这再次证实了推导过程中使用的近似方法的可靠性和高精度。与恒定热流下的解释类似,表面吸收将吸收的热量集中在靠近表面的一个薄层中,从而导致更高的表面温度和更短的着火时间。而深度吸收使吸收能量在热穿透层内分布更为均匀,导致该层温度梯度降低。因此,在深度吸收情况下,表面温度更低,着火时间更长。此外,在所有情况下,表面热损失对表面温度几乎没有影响。

深度吸收系数 κ 对表面温度也有较大的影响。如图 6.58(a) 和 (d) 所示,这两种材料的深度吸收系数均低于 $1000\mathrm{m^{-1}}$,对应更好的透明度,表面吸收和深度吸收曲线间存在明显差异。然而,在图 6.58(b) 和 (c) 中,深度吸收系数接近 $4000\mathrm{m^{-1}}$,两组曲线间的差异较小。

表面温度表示为 $\theta_i(0,t) \approx C_i \mathrm{e}^{\alpha}$ $(i=\mathrm{A,B,C})$,可以很容易发现:

$$\frac{\theta_i}{\theta_{i,h=0}} = \frac{1}{1+h/\sqrt{bk\rho C_p}} \tag{6.146}$$

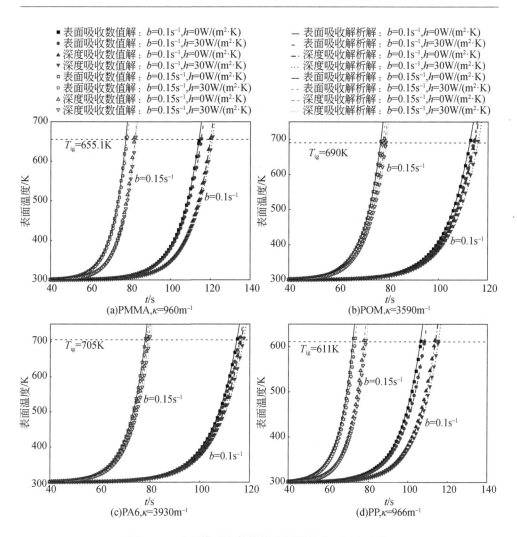

图 6.58　分析模型和数值模型预测的表面温度比较

　　该方程意味着在所有情况下,表面热损失以相同的比例因子影响表面温度。在固定的外部热流下,表面吸收会导致较高的表面温度 $\theta_A(0,t) > \theta_B(0,t)$。因此,与深度吸收相比,表面热损失对表面温度的影响更大。而对于纯深度吸收,与低 κ 聚合物(如 PMMA 和 PP 的 960m^{-1} 和 966m^{-1})相比,较大的 κ(如本研究中的 POM 和 PA6 的 3590m^{-1} 和 3930m^{-1})会导致较高的表面温度。因此,具有较高 κ 值的表面热损失对表面温度的影响更大。

6.3.3　着火时间

分析模型和数值模型预测的四种聚合物的着火时间,结果如图 6.59 所示。对于所有材料,两模型的吻合度均较好。较小的偏差主要归因于推导过程中使用的近似方法,即 $\mathrm{erf}(\sqrt{bt}\,)\approx 1$,$\mathrm{erfc}(h\sqrt{bt}\,/k)\approx 0$ 和 $\mathrm{erfc}(\kappa\sqrt{\alpha t}\,)\approx 0$。对于图 6.59 中的所有材料,在分析模型和数值模型两种模型的着火时间曲线中,对应四条曲线彼此非常接近。忽略表面热损失时,表面吸收和深度吸收间的着火时间差异可分别通过式(6.147)和式(6.148)估算:

$$t_{\mathrm{ig,B},h=0}-t_{\mathrm{ig,A},h=0}=\ln\left(\frac{\theta_{\mathrm{ig}}}{C_{\mathrm{B}}}\right)_{h=0}-\ln\left(\frac{\theta_{\mathrm{ig}}}{C_{\mathrm{A}}}\right)_{h=0}=\ln\left[1+\frac{\sqrt{b}}{\kappa\sqrt{\alpha}}\right] \tag{6.147}$$

$$t_{\mathrm{ig,B}}-t_{\mathrm{ig,A}}=\ln\left(\frac{\theta_{\mathrm{ig}}}{C_{\mathrm{B}}}\right)-\ln\left(\frac{\theta_{\mathrm{ig}}}{C_{\mathrm{A}}}\right)=\ln\left[1+\frac{\sqrt{b}}{\kappa\sqrt{\alpha}}\right] \tag{6.148}$$

(a)PMMA

(b)POM

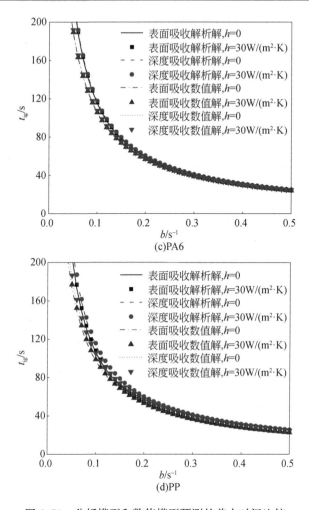

图 6.59　分析模型和数值模型预测的着火时间比较

当 b 从 0 变为 1 时，PMMA 的着火时间差为 $0\sim1.19\mathrm{s}$，说明热辐射吸收模式对着火时间预测的影响很小。同时，在表面吸收和深度吸收时，表面热损失对着火时间的影响可分别通过式（6.149）和式（6.150）来反映：

$$t_{\mathrm{ig,A}}-t_{\mathrm{ig,A},h=0}=\ln\left(\frac{\theta_{\mathrm{ig}}}{C_{\mathrm{A}}}\right)-\ln\left(\frac{\theta_{\mathrm{ig}}}{C_{\mathrm{A}}}\right)_{h=0}=\ln\left(1+\frac{h}{\sqrt{bk\rho C_{p}}}\right) \qquad (6.149)$$

$$t_{\mathrm{ig,B}}-t_{\mathrm{ig,B},h=0}=\ln\left(\frac{\theta_{\mathrm{ig}}}{C_{\mathrm{B}}}\right)-\ln\left(\frac{\theta_{\mathrm{ig}}}{C_{\mathrm{B}}}\right)_{h=0}=\ln\left(1+\frac{h}{\sqrt{bk\rho C_{p}}}\right) \qquad (6.150)$$

显然，这两个方程意味着表面热损对着火时间的影响与辐射吸收模式无关。此外，当 b 从 0.005 增加到 1 时，由表面热损引起的着火时间差异在 $0.04\sim0.42\mathrm{s}$，其影响可忽略不计。当表面吸收分数 λ 为 $0\sim1$ 时，C_C 从 C_B 变为 C_A，预测的着火时间曲线也应从纯深度吸收曲线变为纯表面吸收曲线。

参 考 文 献

[1] Lautenberger C, Fernandez P A. Approximate analytical solutions for the transient mass loss rate and piloted ignition time of a radiatively heated solid in the high heat flux limit[J]. Fire Safety Science, 2005, 8(8): 445-456.

[2] Fernandez P A, Hirano T. Controlling mechanisms of flame spread[J]. Fire Science and Technology, 1983, 2: 21-31.

[3] Jiang F H, De Ris J L, Khan M M. Absorption of thermal energy in PMMA by in-depth radiation[J]. Fire Safety Journal, 2008, 44: 106-112.

[4] Li J, Gong J H, Stoliarov S I. Gasification experiments for pyrolysis model parameterization and validation[J]. International Journal of Heat and Mass Transfer, 2014, 77: 738-744.

[5] Delichatsios M A, Zhang J P. An alternative way for the ignition times for solids with radiation absorption in-depth by simple asymptotic solutions[J]. Fire and Materials, 2012, 36: 41-47.

[6] Carslaw H S, Jaeger J C. Conduction of Heat in Solids[M]. 2nd ed. Oxford: Oxford University Press, 1959.

[7] Zhai C J, Gong J H, Zhou X D, et al. Pyrolysis and spontaneous ignition of wood under time-dependent heat flux[J]. Journal of Analytical and Applied Pyrolysis, 2017, 125: 100-108.

[8] Janssens M. Fundamental thermo physical characteristics of wood and their role in enclosure fire growth[D]. Ghent: Ghent University, 1991.

[9] Linteris G, Zammarano M, Wilthan B, et al. Absorption and reflection of infrared radiation by polymers in fire-like environments[J]. Fire and Materials, 2012, 36(7): 537-553.

[10] Li J, Stoliarov S I. Measurement of kinetics and thermodynamics of the thermal degradation for non-charring polymers[J]. Combustion and Flame, 2013, 160(7): 1287-1297.

[11] Bal N, Rein G. Relevant model complexity for non-charring polymer pyrolysis[J]. Fire Safety Journal, 2013, 61(61): 36-44.

[12] Beaulieu P A, Dembsey N A. Flammability characteristics at applied heat flux levels up to 200 kW/m² [J]. Fire and Materials, 2008, 32(2): 61-86.

[13] Safronava N, Lyon R E, Crowley S, et al. Effect of moisture on ignition time of polymers[J]. Fire Technology, 2015, 51: 1093-1112.

[14] Lyon R E, Quintiere J G. Criteria for piloted ignition of combustible solids[J]. Combustion and Flame, 2007, 151(4): 551-559.

[15] Bal N, Raynard J, Rein G, et al. Experimental study of radiative heat transfer in a translucent fuel sample exposed to different spectral sources[J]. International Journal of Heat and Mass Transfer, 2013, 61(1): 742-748.

[16] Quintiere J G. Fundamentals of Fire Phenomena [M]. New York: John Wiley and

Sons, 2006.

[17] Incropera F P, DeWitt D P, Bergman T L, et al. Fundamentals of heat and mass transfer [J]. Wiley, 2007, DOI: US5328671 A.

[18] Benkoussas B, Consalvi J L, Porterie B, et al. Modelling thermal degradation of woody fuel particles[J]. International Journal of Thermal Sciences, 2006, 46(4): 319-327.

[19] Lamorlette A, Candelier F. Thermal behavior of solid particles at ignition: Theoretical limit between thermally thick and thin solids [J]. International Journal of Heat and Mass Transfer, 2015, 82(2): 117-122.

[20] Delichatsios M A. Ignition times for thermally thick and intermediate conditions in flat and cylindrical geometries[J]. Fire Safety Science, 2000, 6: 233-244.

[21] Delichatsios M A. Piloted ignition times, critical heat fluxes and mass loss rates at reduced oxygen atmospheres[J]. Fire Safety Journal, 2004, 40(3): 197-212.

[22] Wichman I S. A model describing the steady-state gasification of bubble-forming thermoplastics in response to an incident heat flux[J]. Combustion and Flame, 1986, 63: 217-229.

[23] Torero J L. Flaming Ignition of Solids Fuels[M]. New York: Springer, 2008.

[24] Ding Y, Stoliarov S I, Kraemer R H. Pyrolysis model development for a polymeric material containing multiple flame retardants: Relationship between heat release rate and material composition[J]. Combustion and Flame, 2019, 202: 43-57.

[25] Ding Y, Kwon K, Stoliarov S I, et al. Development of a semi-global reaction mechanism for thermal decomposition of a polymer containing reactive flame retardant[J]. Proceedings of the Combustion Institute, 2019, 37: 4247-4255.

[26] Leventon I T, Korver K T, Stoliarov S I. A generalized model of flame to surface heat feedback for laminar wall flames[J]. Combustion and Flame, 2017, 179: 338-353.

[27] Reszka P, Borowiec P, Steinhaus T, et al. A methodology for the estimation of ignition delay times in forest fire modelling[J]. Combustion and Flame, 2012, 159: 3652-3657.

[28] Gong J H, Li Y B, Chen Y X, et al. Approximate analytical solutions for transient mass flux and ignition time of solid combustibles exposed to time-varying heat flux[J]. Fuel, 2018, 211: 676-687.

[29] Carslaw H S, Jaeger J C, Morral J E. Conduction of heat in solids [J]. Journal of Engineering Materials and Technology, 1986, DOI: 10. 1115/1. 3225900.

[30] Mark E J. Physical Properties of Polymers Handbook [M]. 2nd ed. New York: Springer, 1997.

[31] Xie Q Y, Tu R, Wang N, et al. Experimental study on flowing burning behaviors of a pool fire with dripping of melted thermoplastic[J]. Journal of Hazard Materials, 2014, 267: 48-54.

[32] Xie Q Y, Zhang H P, Ye R B. Experimental study on melting and flowing behavior of thermoplastics combustion based on a new setup with a T-shape trough[J]. Journal of Hazardous Materials, 2008, 166: 1321-1325.

[33] Gong J H, Stoliarov S I, Shi L, et al. Analytical prediction of pyrolysis and ignition time of translucent fuel considering both time-dependent heat flux and in-depth absorption[J]. Fuel, 2019, 223: 913-922.

[34] Ira J, Hasalová L, Šálek V, et al. Thermal analysis and cone calorimeter study of engineered wood with an emphasis on fire modelling[J]. Fire Technology, 2019, 56(2): 1099-1132.

[35] Richter F, Rein G. Pyrolysis kinetics and multi-objective inverse modelling of cellulose at the microscale[J]. Fire Safety Journal, 2017, 91: 191-199.

[36] Li K Y, Huang X Y, Fleischmann C, et al. Pyrolysis of medium-density fiberboard: Optimized search for kinetics scheme and parameters via a genetic algorithm driven by kissinger's method[J]. Energy and Fuels, 2014, 28(9): 6130-6139.

[37] Morten G G, Gabor V, Colomba D B. Thermogravimetric analysis and devolatilization kinetics of wood[J]. Industrial and Engineering Chemistry Research, 2002, 41: 4201-4208.

[38] Richter F, Rein G. Heterogeneous kinetics of timber charring at the microscale[J]. Journal of Analytical and Applied Pyrolysis, 2018, 138: 1-9.

[39] Haberle I, Skreiberg O, Lazar J, et al. Numerical models for thermochemical degradation of thermally thick woody biomass, and their application in domestic wood heating appliances and grate furnaces[J]. Progress in Energy and Combustion Science, 2017, 63: 204-252.

[40] Báez S, Vasco D A, Díaz A, et al. Computational study of transient conjugate conductive heat transfer in light porous building walls[J]. Ingeniare, 2017, 25(4): 654-661.

[41] Yuen R, Casey R, Davis G D V, et al. A Three-dimensional mathematical model for the pyrolysis of wet wood[J]. Fire Safety Science, 1997, 5: 189-200.

[42] Anca-Couce A, Zobel N, Berger A, et al. Smouldering of pine wood: Kinetics and reaction heats[J]. Combustion and Flame, 2012, 159(4): 1708-1719.

[43] Lautenberger C, Fernandez-Pello C. A model for the oxidative pyrolysis of wood[J]. Combustion and Flame, 2009, 156(8): 1514-1524.

[44] Sand U, Sandberg J, Larfeldt J, et al. Numerical prediction of the transport and pyrolysis in the interior and surrounding of dry and wet wood log[J]. Applied Energy, 2008, 85(12): 1208-1224.

[45] Ding Y M, Wang C J, Lu S X. Modeling the pyrolysis of wet wood using FireFOAM[J]. Energy Conversion and Management, 2015, 98: 500-506.

[46] Mealy C, Boehmer H, Scheffey J L, et al. Characterization of the flammability and thermal decomposition properties of aircraft skin composite materials and combustible surrogates[R]. Washington: Federal Aviation Administration, 2014.

[47] Gong J H, Cao J L, Zhai C J, et al. Effect of moisture content on thermal decomposition and autoignition of wood under power-law thermal radiation[J]. Applied Thermal Engineering, 2020, 179: 115-125.

[48] Yang L Z, Zhou Y P, Wang Y F, et al. Predicting charring rate of woods exposed to time-increasing and constant heat fluxes[J]. Journal of Analytical and Applied Pyrolysis, 2008, 81

(1): 1-6.

[49] Boonmee N,Quintiereand J G. Glowing and flaming auto ignition of wood-science direct[J]. Proceedings of the Combustion Institute,2002,29(1): 289-296.

[50] Boonmee N,Quintiere J G. Glowing ignition of wood: The onset of surface combustion[J]. Proceedings of the Combustion Institute,2004,30(2): 2303-2310.

[51] Bilbao R,Mastral J F,Aldea M E,et al. Expermental and theoretical study of the ignition and smoldering of wood including convective effects[J]. Combustion and Flame,2001,126: 1363-1372.

[52] Vermesi I,DiDomizio M J,Richter F,et al. Pyrolysis and spontaneous ignition of wood under transient irradiation: Experiments and a- priori predictions[J]. Fire Safety Journal, 2017,91: 218-225.

[53] Yang L Z,Guo Z F,Zhou Y P,et al. The influence of different external heating ways on pyrolysis and spontaneous ignition of some woods[J]. Journal of Analytical and Applied Pyrolysis,2006,78(1): 40-45.

[54] Li J,Stoliarov S I. Measurement of kinetics and thermodynamics of the thermal degradation for charring polymers[J]. Polymer Degradation and Stability,2014,106: 2-15.

[55] Li J,Gong J H,Stoliarov S I. Development of pyrolysis models for charring polymers[J]. Polymer Degradation and Stability,2015,115: 138-152.

[56] Boulet P,Parent G,Acem Z,et al. Radiation emission from a heating coil or a halogen lamp on a semitransparent sample[J]. International Journal of Thermal Sciences, 2014, 77: 223-232.

[57] Girods P,Bal N,Biteau H,et al. Comparison of pyrolysis behaviour results between the cone calorimeter and the fire propagation apparatus heat sources[J]. Fire Safety Science, 2011,DOI: 10. 3801/IAFSS. FSS. 10-889.

[58] Hallman J R. Ignition characteristics of plastics and rubber[D]. Norman: University of Oklahoma,1971.

第7章　衰减型时变热流下固体可燃物热解着火

目前,对非炭化聚合物在常热流和随时间增长热流下的热解着火问题已开展了广泛研究,但对随时间衰减热流下可燃物的热解着火研究较少。随时间衰减热流产生的原因包括可燃物加热过程中生成的气体和烟雾会吸收部分辐射热流,腔室火灾中顶棚高温烟气在冷却过程中对未燃材料的辐射加热也会导致随时间下降的热流。Bilbao 等[1]通过在达到预定热流后关闭加热器电源,首次实验研究了木材在随时间衰减热流下的自燃和引燃问题,并建立了数值模型来预测实验数据。该模型考虑了热解,但只使用临界温度作为着火判据而非临界质量损失速率,且没有分析质量损失数据。本章通过实验、理论分析和数值模拟的方法对线性下降热流下热厚型 PMMA 和木材的热解着火过程进行研究。通过对比实验数据、解析模型及数值模拟结果验证模型的有效性,并提出适用于衰减型时变热流下 PMMA 的复合自燃着火判据。

7.1　线性衰减热流下 PMMA 热解着火

7.1.1　实验研究

1. 实验装置和样件

图 7.1 为所搭建的可产生随时间衰减热流的实验装置,该装置能较为灵活地设置多种时变热流(包括恒定热流、增长型热流和衰减型热流),其配置和结构与锥形量热仪的加热系统相似。该系统由两个基本模块组成,即一个加热模块和一个控制箱。加热模块由一个锥形加热器、一个加热器挡板、一个可调支架、一个电子天平和一个电动机组成。控制箱由一个温度控制器(Delta DT320)和三个开关组成,三个开关分别控制加热器、点火器和挡板。加热器中安装了两个直径为 1mm 的电绝缘热电偶,用于监测加热线圈的温度,并为温度控制器提供反馈信号,温度控制器根据反馈信号自动调整加热器的输入功率。在试验前对温度控制器进行编程,以确定所需热流的变化模式。加热器底部和顶部分别设有一个直径为 15cm 的辐射口和一个直径为 5cm 的排气口。在加热器的下方安装有一个直径为 16cm、厚度为 8mm 的隔热挡板,由框架底部的电动机驱动其开合。一个高度可调节的支

架放置在精度为 0.001g 的电子天平上,用于水平放置样品。考虑到自燃实验中空气波动会导致测量的自燃着火时间和质量数据有较大波动,所以整个实验装置位于半密闭状态下的排气罩下,且四周由亚麻织物密封。

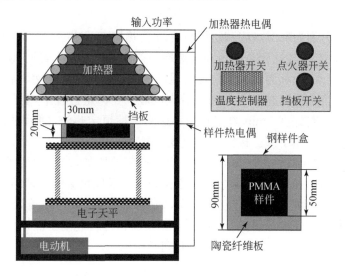

图 7.1　随时间衰减热流下固体热解着火实验装置及 PMMA 样品示意图

　　实验所采用的样品为边长为 50mm、厚度为 20mm 的方形透明 PMMA。在室温下通过测试四个随机样品的质量和尺寸得到其平均密度为 (1172.9±5.6)kg/m³。样品放置在一块长为 90mm、厚为 40mm 的陶瓷纤维板(热导率为 0.065~0.085W/(m·K))中,样品顶部表面与陶瓷纤维板上表面齐平,侧面和底部与陶瓷纤维接触良好,以实现一维假设。陶瓷纤维板被一个壁厚 1mm 的无盖不锈钢盒(样品盒)包裹,用于方便移动样品。样品盒放置在可调支架上。调整电子天平上的支架,以确保样品位于加热器下方 3cm 处。样品表面中心固定两个直径为 0.5mm 的 K 型热电偶,以测量实验过程中的表面温度,且取其平均值作为最终实验数据。热电偶的存在会干扰质量测量,因此质量数据和温度数据需单独测量。所有数据采集频率均为 2Hz,每种工况至少重复三次实验,以确保实验的重复性。

　　2. 热流标定

　　首先标定 20~60kW/m² 的 5 个恒定热流,以确保热流在水平面上的稳定性和均匀性。使用一个直径为 12mm,量程为 0~100kW/m² 的水冷式热流计在加热器正下方 3cm 处标定热流。在整个标定过程中,恒定热流至少维持 25min,以确保热流不确定度范围小于 0.3kW/m²。实验中使用尺寸为 50mm×50mm 的 PMMA

样品,因此在标定过程中还测量了样品四角处接收到的热流,结果发现,角落处的热流下降值未超过中心值的 4%,说明样品上表面的辐射热流较为均匀。

随后,设计了两组初始值为 30.5kW/m² 和 50.2kW/m² 的线性下降热流:

$$\dot{q}'' = \dot{q}''_0 - at \tag{7.1}$$

式中,$\dot{q}''$ 和 $\dot{q}''_0$ 分别为瞬时热流和初始热流;a 为热流衰减速率;t 为时间。

在预实验中,发现这两个热流在自然冷却条件下均未发生着火,说明热流的下降速率必须低于一个临界值才能保证有足够的能量加热可燃物使其着火。本节所设计的两组下降热流跨越了着火和非着火区域。在标定过程中,对加热器控制器进行程序设置。首先在 5min 内使其功率达到目标恒定热流,随后维持 20min,然后以不同的预定速率下降。标定的两组线性衰减热流如图 7.2 所示。当衰减速率较低时,测得的热流线性度较好,但随着衰减速率的增加,线性度变差。在大衰减速率条件下进行非线性拟合,结果发现模拟结果与线性热流的模拟结果偏差较小。考虑到线性衰减热流是本节研究的重点,因此采用近似线性热流进行分析计算。产生非线性热流的主要原因是当热流变化率较高时,通过基于反馈信号的温度控制器来调整加热器温度,温度控制器的时间有所延迟。

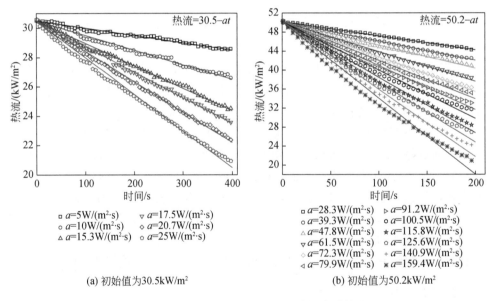

(a) 初始值为30.5kW/m²　　(b) 初始值为50.2kW/m²

图 7.2　实验中设计并标定的两组线性衰减热流

线性衰减热流下的实验结果如表 7.1 所示。当热流下降速率接近临界值时,若样品不能点火,则需要再进行多次重复实验来确定其是否会着火。在某些情况下,如表 7.1 中 20.7W/(m²·s) 和 125.6W/(m²·s) 两种下降速率下,只观察到闪燃现象而没有持续可见火焰产生，因此被归类为未燃区域。由实验结果可得，当初始热流为 $30.5kW/m^2$ 和 $50.2kW/m^2$ 时，热流的临界衰减速率分别为 $17.5\sim20.7W/(m^2 \cdot s)$ 和 $115.8\sim125.6W/(m^2 \cdot s)$。

表 7.1　基于实验结果的着火现象和着火时间统计

$\dot{q}_0''=30.5kW/m^2$			$\dot{q}_0''=50.2kW/m^2$		
$a/[W/(m^2 \cdot s)]$	着火次数/总实验次数	着火时间/s	$a/[W/(m^2 \cdot s)]$	着火次数/总实验次数	着火时间/s
5.0	3/3	172.3	28.3	3/3	54.0
10.0	3/3	189.7	39.3	3/3	55.7
15.3	3/3	235.3	47.8	3/3	57.5
17.5	4/5	257.3	61.5	3/3	62
20.7	0/5	无	72.3	3/3	65.8
25.0	0/3	无	79.9	3/3	66.2
—	—	—	91.2	3/3	70.5
—	—	—	100.5	3/3	73
—	—	—	115.8	4/5	95
—	—	—	125.6	0/5	无
—	—	—	140.9	0/3	无
—	—	—	159.4	0/3	无

3. 热重实验

利用 Mettler Toledo 热重分析仪对 PMMA 进行热重实验，以获得其热解动力学参数。在测试中，持续用体积流量为 40mL/min 的氮气吹扫维持惰性气氛。实验中采用不带盖的陶瓷坩埚以促进挥发物的逸出。加热过程包括稳定阶段和线性加热阶段。在稳定阶段，样品在 313K 下维持 25min，以稳定气流并进一步消除残留水分和氧气的影响，随后进入线性加热阶段。实验中将 $5\sim7mg$ 的粉末样品从室温加热到 800K，采用 5K/min、10K/min 和 20K/min 三个加热速率。先采用反演模型和优化算法[2]得到 10K/min 升温速率下的动力学参数，随后利用其他升温速率下的数据进行模型验证。由于热重实验的重复性较好，每种工况进行三次重复实验以进行不确定度估计。

7.1.2　数值模型

本节分析中，对热重结果的分析采用 2.2 节中的零维数值模型（热薄材料）和优化算法确定材料的动力学参数，而对线性衰减热流下可燃物的热解着火实验结果分析采用3.2.1节中的一维数值模型进行计算。本质上,2.2节中的零维数值模型是3.2.1节中的零维数值模型的简化和特殊情况,即只采用一个网格进行的计算。对于PMMA,其热解反应较为简单,可采用单步一级反应进行计算:

$$PMMA \longrightarrow 0.01PMMA\_Res + 0.99PMMA\_Gas \qquad (7.2)$$

经过优化得到样品动力学参数后,将三个加热速率条件下的模拟结果和实验结果进行对比,如图7.3所示,包括归一化质量和归一化质量损失速率(MLR)。在三种加热条件下,得到的动力学参数为$A = 3.5 \times 10^{13}\,s^{-1}$,$E_a = 1.94 \times 10^5\,J/mol$,且模拟结果与实验数据吻合较好。同时,Li等[3]的研究中得到的PMMA动力学参数的数值预测结果也在此图中给出。Li等[3]的模型略高估了MLR曲线的峰值温度,但其成功预测了质量曲线和三种升温速率下MLR的峰值大小。本节计算中其余未知的动力学参数和热力学参数均来自文献,如表7.2所示。

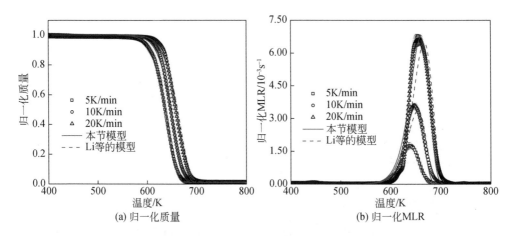

(a) 归一化质量　　　　　　　(b) 归一化MLR

图7.3　热重实验数据与数值模型结果对比

表7.2　PMMA热解动力学和热力学参数

参数	数值	来源
指前因子 $A_s/10^{13}\,s^{-1}$	3.5	测量值
活化能 $E_a/(10^5\,J/mol)$	1.94	测量值
初始密度 $\rho_0/(10^6\,g/m^3)$	1.17	测量值
反应热 $\Delta H_v/(J/g)$	846	文献[3]
比热容 $C_p/[J/(g \cdot K)]$	1.68	文献[3]
热导率 $k/[W/(m \cdot K)]$	0.336	文献[3]
表面发射率 ε	0.945	文献[4]

参数	数值	来源
表面反射率 r	0.055	文献[4]
辐射换热系数 $h_R/[\text{W}/(\text{m}^2 \cdot \text{K})]$	20	文献[5]
对流换热系数 $h_c/[\text{W}/(\text{m}^2 \cdot \text{K})]$	10	文献[5]
初始和环境温度 T_0/K	298	测量值

7.1.3　解析模型

本节通过对热厚材料内部传热过程进行分析,以期得到在随时间线性衰减辐射热流和忽略固相反应条件下的表面温度及着火时间解析模型,其中着火时间以临界温度作为着火判据。

1. 不考虑表面热损

当不考虑包括对流和辐射的表面热损失时,定义相对温度

$$\theta = T - T_0 \tag{7.3}$$

式中,T 和 T_0 分别为瞬态温度和初始温度。固相中的传热问题可表示为

$$
\begin{cases}
\dfrac{\partial \theta}{\partial t} = \alpha \dfrac{\partial^2 \theta}{\partial x^2} \\[2mm]
\theta(x, 0) = 0 \\[2mm]
-k \dfrac{\partial \theta}{\partial x}\bigg|_{x=0} = \dot{q}_0'' - at \\[2mm]
\theta(\infty, t) = 0
\end{cases}
\tag{7.4}
$$

式中,α 为热扩散系数,$\alpha = k/(\rho C_p)$,ρ 为密度,C_p 为比热容;x 为空间变量;k 为热导率。通过拉普拉斯变换可得该方程的解为

$$\theta(x, t) = \frac{2\sqrt{t}\,\dot{q}_0''}{\sqrt{k\rho C_p}}\, i\,\text{erfc}\left(\frac{x}{2\sqrt{\alpha t}}\right) - \frac{a}{\sqrt{k\rho C_p}}(4t)^{2.5}\, i^3\,\text{erfc}\left(\frac{x}{2\sqrt{\alpha t}}\right) \tag{7.5}$$

$$i\,\text{erfc}(\varphi) = \frac{1}{\sqrt{\pi}}\,\text{e}^{-\varphi^2} - \varphi\,\text{erfc}(\varphi) \tag{7.6}$$

$$i^3\,\text{erfc}(\varphi) = \frac{1+\varphi^2}{6\sqrt{\pi}}\,\text{e}^{-\varphi^2} - \frac{1}{4}\left(\varphi + \frac{2}{3}\varphi^3\right)\text{erfc}(\varphi) \tag{7.7}$$

式中,$\varphi = x/(2\sqrt{\alpha t})$ 为一个无量纲空间变量。在样件表面,$x=0$,$\varphi=0$,式(7.5)可简化为

$$\theta(0, t) = \frac{2\sqrt{t}}{\sqrt{\pi k\rho C_p}}\left(\dot{q}_0'' - \frac{2}{3}at\right) \tag{7.8}$$

当 $a=0$ 时,式(7.8)正好是恒定热流下的着火时间公式:

$$\frac{1}{\sqrt{t_{\text{ig, const}}}}=\frac{2\dot{q}_0''}{\theta_{\text{ig}}\sqrt{\pi k\rho C_p}}\tag{7.9}$$

式(7.8)为非单调函数,当 $a>0$ 时,可计算其最大值。通过 $\mathrm{d}\theta(0,t)/\mathrm{d}t=0$ 可得到其峰值时间和温度:

$$t_{\max}=\frac{\dot{q}_0''}{2a}\tag{7.10}$$

$$\theta_{\max}=\frac{2\dot{q}_0''\sqrt{2\dot{q}_0''}}{3\sqrt{\pi ak\rho C_p}}\tag{7.11}$$

图 7.4 为两组线性衰减热流下 PMMA 的相对表面温度。只有当最高表面温度大于临界温度时才会发生着火。因此,着火区域内的热流下降速率 a 的范围为

$$a\leqslant a_{\text{cri}}=\frac{8\dot{q}_0''^3}{9\pi k\rho C_p\theta_{\text{ig}}^2}\tag{7.12}$$

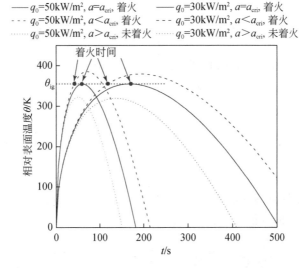

图 7.4　线性衰减热流下 PMMA 的相对表面温度

如图 7.4 所示,当 a 大于该临界值时,不会发生着火。在此临界条件下,可通过式(7.10)获得着火时间:

$$t_{\text{ig, cri}}=\frac{\dot{q}_0''}{2a_{\text{cri}}}=\frac{9\pi k\rho C_p\theta_{\text{ig}}^2}{16\dot{q}_0''^2}\tag{7.13}$$

$$\theta_{\text{ig}}=\frac{2\sqrt{t_{\text{ig}}}}{\sqrt{\pi k\rho C_p}}\left(\dot{q}_0''-\frac{2}{3}at_{\text{ig}}\right)\tag{7.14}$$

若 $a \leqslant a_{cri}$ 会发生着火,且着火时间和热流衰减速率 a 可通过式(7.8)得到,则着火时间可根据 Cardano 的三次方程式计算得到

$$\frac{1}{\sqrt{t_{ig}}} = \left[\frac{p}{6\Delta} - \frac{\sqrt{3}i}{2}\left(\frac{p}{3\Delta} + \Delta\right) - \frac{\Delta}{2}\right]^{-1} \tag{7.15}$$

$$p = -\frac{3\dot{q}_0''}{2a}, \quad q = \frac{3\theta_{ig}\sqrt{\pi k\rho C_p}}{4a}, \quad \Delta = \sqrt[3]{\sqrt{\left(\frac{q}{2}\right)^2 + \left(\frac{p}{3}\right)^3} - \frac{q}{2}} \tag{7.16}$$

式中,i 为虚数;Δ 为复数。式(7.16)给出了着火时间的精确解,但其较为复杂,因此根据此公式解出着火时间非常困难。

2. 考虑表面热损

当考虑表面热损时,该问题的能量守恒方程、初始条件和边界条件为

$$\begin{cases} \dfrac{\partial \theta}{\partial t} = \alpha \dfrac{\partial^2 \theta}{\partial x^2} \\ \theta(x,0) = 0 \\ -k \left. \dfrac{\partial \theta}{\partial x}\right|_{x=0} = \dot{q}_0'' - at - h\theta \\ \theta(\infty, t) = 0 \end{cases} \tag{7.17}$$

式中,h 为总换热系数[5],表达式为

$$h = h_c + \varepsilon h_R \tag{7.18}$$

式中,h_c 为对流换热系数;ε 为发射率;h_R 为辐射近似换热系数,其满足 $\sigma(T^4 - T_\infty^4) \approx h_R\theta$,$\sigma$ 为 Stefan-Boltzmann 常数;h_c 可通过前人研究中的经验公式计算得到[6]。当表面温度从 350K 增加到 700K 时,h_c 变化范围为 $9.53 \sim 12.31 W/(m^2 \cdot K)$。在 Zhang 等[7] 的研究中,$h_c$ 的范围为 $7.25 \sim 13.5 W/(m^2 \cdot K)$,其平均值为 $11.35 W/(m^2 \cdot K)$。在 Jiang 等[5] 的研究中也使用了近似值($10 W/(m^2 \cdot K)$),因此本节采用 Jiang 等[5] 的值。式(7.18)的解可通过拉普拉斯变换得到[8]

$$\theta(x,t) = \frac{\dot{q}_0''}{h}\left[\text{erfc}\left(\frac{x}{2\sqrt{\alpha t}}\right) - e^{\delta_L x + \alpha\delta_L^2 t}\text{erfc}\left(\frac{x}{2\sqrt{\alpha t}} + \delta_L\sqrt{\alpha t}\right)\right]$$

$$+ \frac{a}{h\alpha\delta_L^2}\left\{\begin{array}{l} e^{\delta_L x + \alpha\delta_L^2 t}\text{erfc}\left(\dfrac{x}{2\sqrt{\alpha t}} + \delta_L\sqrt{\alpha t}\right) \\ -\displaystyle\sum_{n=0}^{2}(-2\delta_L\sqrt{\alpha t})^n i^n\text{erfc}\left(\dfrac{x}{2\sqrt{\alpha t}}\right) \end{array}\right\} \tag{7.19}$$

式中,δ_L 为传热系数比值,$\delta_L = h/k$。在样件表面,$x=0$,式(7.19)可表示为

$$\theta(0,t) = \frac{1}{h}\left\{\begin{array}{l} \dot{q}_0''\left[1 - e^{\alpha\delta_L^2 t}\text{erfc}(\delta_L\sqrt{\alpha t})\right] - at \\ + \dfrac{a}{\alpha\delta_L^2}\left[e^{\alpha\delta_L^2 t}\text{erfc}(\delta_L\sqrt{\alpha t}) - 1 + \dfrac{2\delta_L\sqrt{\alpha t}}{\sqrt{\pi}}\right] \end{array}\right\} \tag{7.20}$$

由式(7.20)得不到着火时间的显式解,因此本节采用 Delichatsios 等[9,10]的渐进近似方法对式(7.20)进行简化,可得

$$\theta(0,t) = \frac{1}{\sqrt{\pi k\rho C_p}} \int_0^t \frac{\dot{q}_0'' - a\tilde{t} - h\theta}{\sqrt{t - \tilde{t}}} \mathrm{d}\tilde{t} \tag{7.21}$$

采用与文献[9]和[10]相同的变换方法和无量纲化方法对式(7.21)进行简化:

$$hT^* = \dot{q}_0'' + hT_0 = \dot{q}_e'' \tag{7.22}$$

$$\psi = \frac{T - T_0}{T^* - T_0} = \frac{\theta}{\theta^*} \tag{7.23}$$

$$\tau = \frac{1}{\pi k\rho C_p} \frac{\dot{q}_e''^2}{\theta^{*2}} t \tag{7.24}$$

$$\tilde{\tau} = \frac{1}{\pi k\rho C_p} \frac{\dot{q}_e''^2}{\theta^{*2}} \tilde{t} \tag{7.25}$$

$$\lambda = \frac{a\pi k\rho C_p \theta^{*2}}{\dot{q}_e''^3} \tag{7.26}$$

$$\beta = T_0/T^* \tag{7.27}$$

式中,T^* 为表面最高温度;$\dot{q}_0'' = \dot{q}_L'' = \theta^*$,$\dot{q}_L''$ 为表面损失热;$\dot{q}_e''$ 为有效热流;ψ、τ、λ 分别为无量纲表面温度、时间和热流衰减速率;β 为初始温度与最大温度的比值,也是一个无量纲参数。因此,式(7.21)可整理为

$$\psi = \int_0^\tau \frac{1 - \lambda\tilde{\tau} - [\beta + (1 - \beta)\psi]}{\sqrt{\tau - \tilde{\tau}}} \mathrm{d}\tilde{\tau} \tag{7.28}$$

对式(7.28)进行拉普拉斯变换,有

$$L(\psi) = \int_0^\infty \mathrm{e}^{-s\tau}\psi\mathrm{d}\tau = \int_0^\infty \mathrm{e}^{-s\tau}\mathrm{d}\tau \int_0^\tau \frac{1 - \lambda\tilde{\tau} - [\beta + (1 - \beta)\psi]}{\sqrt{\tau - \tilde{\tau}}} \mathrm{d}\tilde{\tau}$$

$$= L\left(\frac{1}{\sqrt{\tau}}\right) \{1 - \lambda\tau - [\beta + (1 - \beta)\psi]\}$$

$$= \frac{\sqrt{\pi}}{\sqrt{s}} [(1 - \beta)L(1) - \lambda L(\tau) - (1 - \beta)L(\psi)] \tag{7.29}$$

$$L(\psi) = \frac{(1 - \beta)s - \lambda}{s^2[\sqrt{s/\pi} + (1 - \beta)]} \tag{7.30}$$

$$\psi = L^{-1} \frac{(1 - \beta)s - \lambda}{s^2[\sqrt{s/\pi} + (1 - \beta)]}$$

$$= 1 - \frac{\lambda}{\pi(1 - \beta)^3}[1 - 2(1 - \beta)\sqrt{\pi\tau} + (1 - \beta)^2\pi\tau]$$

$$+ \left[\frac{\lambda}{\pi(1 - \beta)^3} - 1\right]\mathrm{e}^{\pi\tau(1 - \beta)^2}\mathrm{erfc}[\sqrt{\pi\tau}(1 - \beta)] \tag{7.31}$$

对于较小和较大的 τ 值，$e^{\pi\tau(1-\beta)^2}\mathrm{erfc}[\sqrt{\pi\tau}(1-\beta)]$ 可分别近似为

$$e^{\pi\tau(1-\beta)^2}\mathrm{erfc}[\sqrt{\pi\tau}(1-\beta)]\approx 1-\frac{2}{\sqrt{\pi}}(1-\beta)\sqrt{\pi\tau}+(1-\beta)^2\pi\tau+O(\tau^{3/2}) \quad (7.32)$$

$$e^{\pi\tau(1-\beta)^2}\mathrm{erfc}[\sqrt{\pi\tau}(1-\beta)]\approx\frac{1}{\sqrt{\pi}}\left\{\frac{1}{(1-\beta)\sqrt{\pi\tau}}-\frac{1}{2[(1-\beta)\sqrt{\pi\tau}]^3}\right\} \quad (7.33)$$

忽略高阶项，对于较小和较大的 τ 值，式（7.31）可近似为

$$\psi=2(1-\beta)\sqrt{\tau}-(1-\beta)^2\pi\tau \quad (7.34)$$

$$\psi=1-\frac{\lambda}{\pi(1-\beta)^3}[1-2(1-\beta)\sqrt{\tau}+(1-\beta)^2\pi\tau]+\left[\frac{\lambda}{\pi(1-\beta)^3}-1\right]\frac{1}{(1-\beta)\pi\sqrt{\tau}}$$
$$(7.35)$$

若 τ 较小，则采用积分变换 $\bar{\tau}=\xi\tau$ 和 $\xi=1-\omega^2$，式（7.28）可近似为

$$\psi=2\sqrt{\tau}\int_0^1\{(1-\beta)-\lambda\tau(1-\omega^2)-(1-\beta)\psi[\tau(1-\omega^2)]\}\mathrm{d}\omega \quad (7.36)$$

对式（7.34）的一阶近似 $\psi=2(1-\beta)\sqrt{\tau}$ 进行积分，且利用 $\sqrt{\tau}=\psi/[2(1-\beta)]$ 对积分结果进行整理，有

$$\tau=\frac{\psi^2}{4\left[(1-\beta)-\dfrac{\lambda\psi^2}{6(1-\beta)^2}-\dfrac{(1-\beta)\pi\psi}{4}\right]^2} \quad (7.37)$$

将式（7.37）转换为原始变量，在着火时刻有 $t=t_{\mathrm{ig}}$，$\theta=\theta_{\mathrm{ig}}$，因此式（7.37）可整理为

$$\frac{1}{\sqrt{t_{\mathrm{ig,a}}}}=\frac{1}{\sqrt{\pi k_\rho C_p}\,\theta_{\mathrm{ig}}}\left[\left(2\dot{q}_0''-\frac{\pi\dot{q}_{\mathrm{cri}}''}{2}\right)(1-\beta)-\frac{a\pi k_\rho C_p\theta_{\mathrm{ig}}^2\dot{q}_0''}{3(1-\beta)^2(\dot{q}_0''+hT_0)^3}\right]\frac{\dot{q}_0''+hT_0}{\dot{q}_0''}$$
$$(7.38)$$

或

$$\frac{1}{\sqrt{t_{\mathrm{ig,a}}}}=\left[\frac{1-\beta}{\sqrt{t_{\mathrm{ig,const}}}}-\frac{a\sqrt{\pi k_\rho C_p}\,\theta_{\mathrm{ig}}\dot{q}_0''}{3(1-\beta)^2(\dot{q}_0''+hT_0)^3}\right]\frac{\dot{q}_0''+hT_0}{\dot{q}_0''} \quad (7.39)$$

式中，$\dot{q}_{\mathrm{cri}}''$ 为临界热流，$\dot{q}_{\mathrm{cri}}''=h\theta_{\mathrm{ig}}$。

若 $\beta=0$，对应高流，$(\dot{q}_0''+hT_0)/\dot{q}_0''\approx 1$，则式（7.38）可近似为

$$\frac{1}{\sqrt{t_{\mathrm{ig,a}}}}=\frac{1}{\sqrt{\pi k_\rho C_p}\,\theta_{\mathrm{ig}}}\left[\left(2\dot{q}_0''-\frac{\pi\dot{q}_{\mathrm{cri}}''}{2}\right)-\frac{a\pi k_\rho C_p\theta_{\mathrm{ig}}^2\dot{q}_0''}{3(\dot{q}_0''+hT_0)^3}\right] \quad (7.40)$$

式（7.38）～式（7.40）表明，$t_{\mathrm{ig}}^{-0.5}$ 与 a 呈负线性关系。当 $a=0$ 时，即常热热流，式（7.40）可简化为

$$\frac{1}{\sqrt{t_{\mathrm{ig,const}}}}=\frac{2}{\sqrt{\pi k_\rho C_p}\,\theta_{\mathrm{ig}}}\left(\dot{q}_0''-\frac{\pi\dot{q}_{\mathrm{cri}}''}{4}\right) \quad (7.41)$$

式（7.41）即为常热流下考虑表面对流热损失时的着火时间公式[10]。当只考

虑辐射热损失时,式(7.41)中的 $\pi/4$ 可替换为 $0.64^{[10]}$。式(7.40)可整理为

$$\frac{1}{\sqrt{t_{ig,a}}} = \frac{1}{\sqrt{t_{ig,const}}} - a\frac{\sqrt{\pi k\rho C_p}\theta_{ig}}{3(\dot{q}_0'' + hT_0)^2} \tag{7.42}$$

对于常热流下较大的 τ 值,$\lambda = 0$,式(7.35)可重新整理为

$$\frac{1}{\sqrt{t}} = \frac{\sqrt{\pi}(\dot{q}_0'' - h\theta)}{\sqrt{k\rho C_p}\theta^*} \tag{7.43}$$

在着火时刻有 $t = t_{ig}$,$\theta = \theta_{ig}$,当 $\tau \to \infty$ 时有 $\theta^* \to \theta_{ig}$,式(7.43)即为文献[10]中热流接近临界热流 $\dot{q}_{cri}''$ 时的着火时间解析公式:

$$\frac{1}{\sqrt{t_{ig,const}}} = \frac{\sqrt{\pi}(\dot{q}_0'' - \dot{q}_{cri}'')}{\sqrt{k\rho C_p}\theta_{ig}} \tag{7.44}$$

对于随时间衰减热流下较大的 τ 值,根据式(7.31)或式(7.35),当 ψ 达到最大值时会变为负值,这显然与物理过程不符。事实上,当热流小到接近临界热流时,在着火区域范围内,a 的变化范围相当有限,此时着火时间几乎不随 a 发生变化。也就是说,当初始热流接近临界热流时,采用经典的常热流着火时间公式预测衰减热流下的着火时间也不会有较大的误差。

Zarzecki 等[11]和 Quintiere 等[12]也提出了常热流下热厚 PMMA 着火时间的经验和解析公式:

$$\frac{1}{\sqrt{t_{ig}}} = \frac{-2\dot{q}_{cri}''}{\theta_{ig}\sqrt{\pi k\rho C_p}\ln(1 - \dot{q}_{cri}''/\dot{q}_0'')} \tag{7.45}$$

$$\frac{1}{\sqrt{t_{ig}}} = \frac{\sqrt{3}h}{\sqrt{2k\rho C_p\left[\frac{\phi^2}{2(1-\phi)^2} + \frac{\phi}{1-\phi} + \ln(1-\phi)\right]}} \tag{7.46}$$

式中,ϕ 为着火时刻表面热损失与辐射热流的比值,$\phi = h\theta_{ig}/\dot{q}_0''$。常热流下表面温度的精确解可通过式(7.47)获得

$$\theta_{ig} = \frac{1}{h}\dot{q}_0''\left[1 - e^{a\delta_L^2 t_{ig}}\text{erfc}(\delta_L\sqrt{\alpha t_{ig}})\right] \tag{7.47}$$

通过对比数值模型计算结果和解析公式结果可以很容易地发现,式(7.41)、式(7.44)~式(7.46)具有与数值模型相同的计算精度。

7.1.4　表面温度

在线性衰减热流下,材料内部和表面温度解析表达式如式(7.19)和式(7.20)所示。图7.5为两组衰减热流下测量的表面温度。图7.5(a)和(d)中的着火温度 T_{ig} 为每组实验中能够发生着火的重复测量平均值。当初始热流为 30.5kW/m^2,其衰减速率小于 $17.5\text{W/(m}^2 \cdot \text{s)}$ 和大于 $20.7\text{W/(m}^2 \cdot \text{s)}$ 时,可分别观察到自燃和

未燃现象。而当初始热流为 $50.2kW/m^2$ 时,临界衰减速率为 $115.8\sim125.6W/(m^2 \cdot s)$。
临界温度对于区分自燃和未燃区域似乎是一个合理的着火判据。若整个加热过程
中材料的最高温度低于 T_{ig},则不会着火。图 7.5(b)~(f)为两组衰减热流下着火
和未着火情况下典型的表面温度对比图,为了避免曲线重叠,每个子图中只绘制了
一组对比数据。在未着火图中,T_{ig} 采用着火情况下的值。为了与解析解结果进行
比较,图中的数值模拟忽略了热解,而在后续的模拟中考虑了热解。图中较好的吻
合度再次验证了数值模型的准确性。但值得注意的是,图 7.5(c)和(f)中的解析模
型和数值模型都在一定程度上高估了表面的最高温度。可预见的是,由于预测的
最高温度接近临界温度,这一微小的高估导致着火时间预测的不准确性并不大。
在常热流、随时间增长热流及本节研究的着火情况下,T_{ig} 判据都是适用的,但 T_{ig}
适用于本节研究的前提是着火时温度曲线的斜率足够大,如图 7.5(b)和(e)所示。
当热流的下降速率接近临界值时,接近 T_{ig} 的较高温度区域衰减速率较低,如图 7.5
(c)和(f)所示,因此着火过程对 T_{ig} 的大小较为敏感。

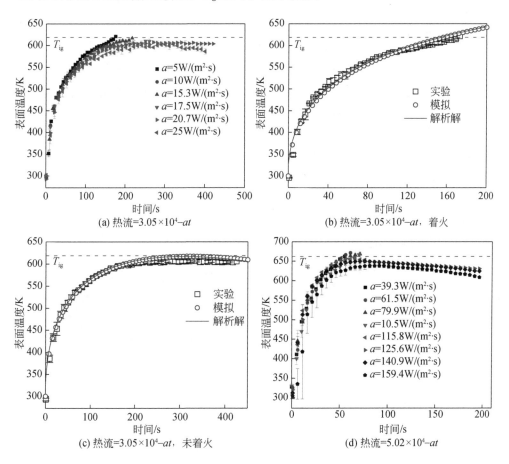

(a) 热流=$3.05\times10^4-at$

(b) 热流=$3.05\times10^4-at$,着火

(c) 热流=$3.05\times10^4-at$,未着火

(d) 热流=$5.02\times10^4-at$

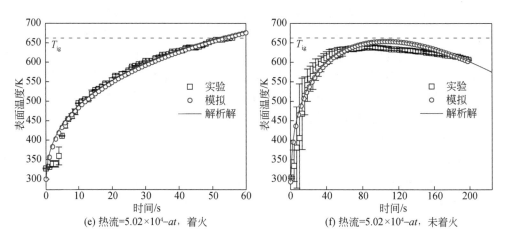

(e) 热流=5.02×10⁴-at，着火　　　　(f) 热流=5.02×10⁴-at，未着火

图 7.5　两组衰减热流下实验、分析和数值模拟结果的表面温度对比

7.1.5　质量损失速率

质量损失速率(MLR)为实测质量对时间的导数。原始实测质量数据存在明显的噪点，因此采用窗口数为 11、二次多项式的 Savitzky-Golay 平滑方法来消除噪点的影响，然后利用处理后的数据计算出不同热流衰减速率下的 MLR 随时间的变化。$\dot{m}''_{cri}$ 代表重复实验中着火时刻 MLR 的平均值。图 7.6(a)和(b)为初始热流为 $30.5kW/m^2$ 时着火和未着火情况下测量的质量数据。两幅图中的三条曲线呈现出相似的趋势，说明实验的重复性较好，它们之间的差异是由样件初始质量不同造成的。初始热流为 $30.5kW/m^2$、不同衰减速率下的 MLR 曲线如图 7.6(c)所

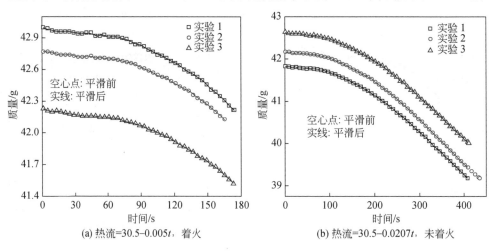

(a) 热流=30.5-0.005t，着火　　　　(b) 热流=30.5-0.0207t，未着火

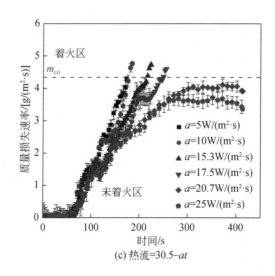

(c) 热流=30.5-at

图 7.6　初始热流为 30.5kW/m² 的衰减热流下测量的质量和 MLR

示。各曲线之间存在明显的差异且数据噪点较多,即热流衰减速率对 MLR 有很大的影响。在较小的热流衰减速率下,$\dot{m}''_{cri}$ 似乎也是一个可靠的着火判据。

实验所测初始热流为 50.2kW/m² 下的 MLR 曲线如图 7.7 所示。显然,自燃组 MLR 曲线差异不大,而未燃组 MLR 曲线差异明显。此外,两组之间也存在明显的差异。出现的意料之外的现象是,一些未着火情况下的 MLR 大于着火实验中测量的 $\dot{m}''_{cri}$,这意味着 $\dot{m}''_{cri}$ 在衰减速率相对较高的热流下并非可靠的着火判据。

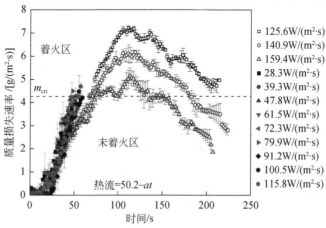

图 7.7　初始热流为 50.2kW/m² 时的衰减热流下测量的 MLR 曲线

这一现象可解释为即使在近表面处热解可燃气的浓度高于其最低可燃浓度下限，但对应的挥发分温度约等于表面温度且低于自燃着火所需的临界温度。因此，考察耦合 $\dot{m}''_{cri}$ 和 T_{ig} 的复合着火临界判据对本节研究中预测自燃着火过程是非常必要的。

图 7.8 和图 7.9 分别为两组衰减热流下 MLR 实验和数值模拟结果对比。由图可见，实验结果波动较大，但数值结果和实验数据吻合较好。除此之外，对于固定的 $\dot{q}''_0$，MLR 均随 a 的增大而减小。图 7.9 中，在未着火情况下，部分 MLR 曲线峰值比 $\dot{m}''_{cri}$ 高，意味着在这些加热条件下用 $\dot{m}''_{cri}$ 预测着火时间是不可靠的。

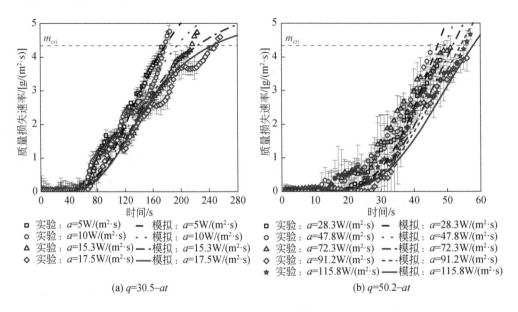

(a) $q=30.5-at$　　　　　　　　　(b) $q=50.2-at$

图 7.8　两组衰减热流下 MLR 实验和数值模拟结果对比（着火）

7.1.6　复合自燃着火判据

两组衰减热流下测得的 T_{ig} 和 $\dot{m}''_{cri}$ 曲线如图 7.10 所示。在初始热流为 30.5kW/m² 和 50.2kW/m² 下测得的 T_{ig} 范围分别为 612.2～625.6K 和 643.4～678.1K，其均值分别为 618.64K 和 662.43K，总平均值为 640.54K。T_{ig} 随着热流的增大而增大的趋势与恒定热流下的结论一致[13]。这是因为在较高的热流下，较多的热量会在短时间内集中在表面附近的较薄层中，随后扩散到材料内部更深处。该薄层中的温度越高，热解反应越剧烈，从而能够产生着火所需的可燃气浓度。在较低热流下，较厚的热解层可在着火时刻提供相当比例的分解气体，从而导致较低

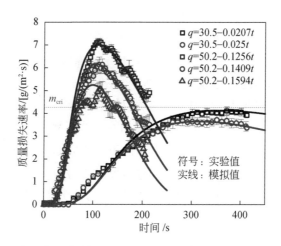

图 7.9　两组衰减热流下 MLR 实验和数值模拟结果对比（未着火）

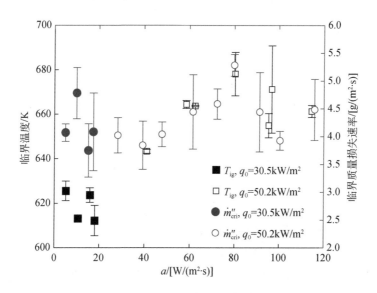

图 7.10　两组衰减热流下测得的 T_{ig} 和 $\dot{m}''_{cri}$ 曲线

的 T_{ig}。本部分实验测得的 T_{ig} 与文献中的值较为一致，即 653K[14]、621K[15]、513～673K[14]。而对于 $\dot{m}''_{cri}$，初始热流为 30.5kW/m² 和 50.2kW/m² 时，其值范围分别为 3.75～4.78g/(m² · s) 和 3.84～5.28g/(m² · s)，其均值从 4.17g/(m² · s) 略微增加到 4.34g/(m² · s)，总平均值为 4.26g/(m² · s)。该值也与文献中给出

的自燃 $\dot{m}''_{cri}$ 值 $4\sim5\text{g}/(\text{m}^2\cdot\text{s})$ 较为一致[16]。

如前所述,在衰减热流下 $\dot{m}''_{cri}$ 不是一个可靠的着火判据。图 7.11 为模拟的在自燃和未着火区域内最大表面温度 T_{max} 和最大质量流量 $\dot{m}''_{max}$。自燃区内 T_{max} 与 T_{ig} 相等。计算得到的两组热流下的临界衰减速率 a_{cri} 分别为 $18.4\text{W}/(\text{m}^2\cdot\text{s})$ 和 $119\text{W}/(\text{m}^2\cdot\text{s})$,该值与表 7.1 中的实验测量值较吻合。在图 7.11(a)中,明显可见着火时刻的 $\dot{m}''_{cri}$ 超过了测量所得的 $\dot{m}''_{cri}$,直至 $a=21\text{W}/(\text{m}^2\cdot\text{s})$,该热流衰减速率大于 a_{cri}。而在图 7.11(b)中,在整个 a 值范围内,$\dot{m}''_{max}$ 总是高于实验所测 $\dot{m}''_{cri}$。在图 7.11(a)和(b)中,模拟得到的 $\dot{m}''_{max}$ 与测量得到的 $\dot{m}''_{cri}$ 之间的差异在 a_{cri} 处达到最大。但当 $a>a_{cri}$ 时,T_{max} 在图 7.11(a)和(b)中均低于 T_{ig},从而出现未着火现象。这些结果也与图 7.5~图 7.9 中的实验观测结果一致。

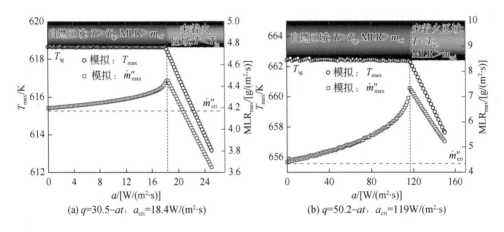

(a) $q=30.5-at$, $a_{cri}=18.4\text{W}/(\text{m}^2\cdot\text{s})$ (b) $q=50.2-at$, $a_{cri}=119\text{W}/(\text{m}^2\cdot\text{s})$

图 7.11　两组衰减热流下自燃和未燃情况下模拟的 T_{max} 和 $\dot{m}''_{max}$

根据以上结果,可推断出较为合理的着火判据,应综合考虑 T_{ig} 和 $\dot{m}''_{cri}$,即耦合两者的复合自燃着火临界判据。由图 7.11 可见,当仅使用 T_{ig} 时,在自燃着火区域着火时刻的 $\dot{m}''_{cri}$ 总是大于临界值。因此,当在数值模型中仅使用 T_{ig} 或复合着火判据时,预测着火时间不会出现偏差,但依旧需要考虑 $\dot{m}''_{cri}$,因为在某些未着火情况下,$\dot{m}''_{cri}$ 这一判据也是可以单独满足的。这一结论不同于恒定热流或随时间增长热流下的结论,即表面温度和质量流量总是单调增加。在这些加热条件下,着火时吸收的能量集中在一个较薄的热穿透层内,以热解自燃所需温度的挥发分,因此该层内温度较高,表面温度总是高于自燃所需温度的最小值,因此质量流量是决定是否自燃的主要因素。而对于衰减热流,固体吸收的热量不断减少,使热波能穿透到材料更深处,即体积更大、温度更低的固体参与热解。结果表明,表面温度低于 T_{ig},

但质量流量已经超过 $\dot{m}''_{\text{cri}}$，这就导致 T_{ig} 成为决定线性衰减热流下材料是否着火的主要因素。

7.1.7　着火时间

常热流下考虑表面热损的着火时间可用 Delichatsios 等[10] 的渐进解进行估算：

$$t_{\text{ig}} = \frac{\pi k\rho C_p \theta_{\text{ig}}^2}{4(\dot{q}''_0 - 0.64\dot{q}''_{\text{cri}})^2} \tag{7.48}$$

式中，$\dot{q}''_{\text{cri}}$ 为临界热流，表达式为

$$\dot{q}''_{\text{cri}} = \varepsilon\sigma(T_{\text{ig}}^4 - T_0^4) + h_c(T_{\text{ig}} - T_0) = h\theta_{\text{ig}} \tag{7.49}$$

采用本节提出的复合自燃着火判据，在初始热流分别为 30.5kW/m² 和 50.2kW/m² 条件下，测量和模拟的着火时间与热流衰减速率的关系如图 7.12 所示。由式(7.48)计算的常热流下的着火时间也在图中进行了对比，该常热流对应于 $a=0$ 时的加热条件。数值模拟与实验测量的着火时间及由式(7.48)计算的着火时间吻合较好，说明模型具有较高的准确度。与此同时，通过分别将 T_{ig} 升高和降低 10K 模拟着火时间对 T_{ig} 的灵敏度。结果显示，预测的着火时间和 a_{cri} 受 T_{ig} 变化的影响较大，这些高灵敏度归因于 7.1.4 节所讨论的当表面温度接近 T_{ig} 时的低衰减速率。

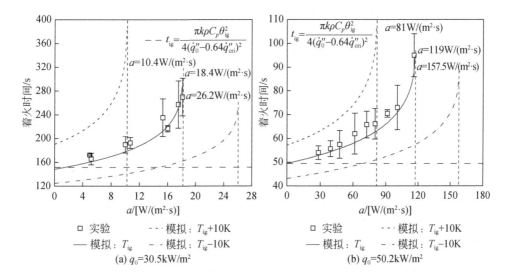

图 7.12　着火时间实验值和模拟值的比较及着火时间对临界温度的敏感度

着火时间主要取决于热流衰减速率,这一结论与 Bilbao 等[1] 的研究结果并不一致,Bilbao 等得出的结论为:衰减热流的不同主要决定着火是否发生而不是着火时间的大小。Bilbao 等测得的松木着火时间均小于 1min 且不受衰减热流的影响,给出的解释是:其研究中使用的衰减热流是通过关闭加热器实现的,热流在初始阶段急剧下降。在自燃情况下,样件表面的临界温度在较短时间内达到,且在不同加热条件下着火时间差异不大。初始阶段结束后,热流迅速降到较低值,对样件是否着火影响并不大。因此,热流的下降仅决定着火是否发生而并非着火时间的大小。但在本节的测试中,热流的衰减速率跨越了较宽的范围。因此,衰减速率不仅决定临界着火条件,而且决定着火时间的大小。

7.2　自然冷却型衰减热流

固体热解及在外部热流作用下的着火对火灾防护具有重要意义,它们决定了随后的火焰传播速度和火灾蔓延趋势,因此可燃材料的着火是火灾过程中的一个重要方面。在实际火灾中,可燃物受到的热辐射是随时间变化的,因此固体可燃物在变化辐射热流条件下的着火更具有普遍性,研究该条件下固体可燃物的着火特性对火灾安全科学具有重要意义。本节所述内容为 Bilbao 等[1] 的研究成果,即木材在随时间衰减热流下着火过程的实验和理论分析,包括自燃和引燃着火实验,并利用数学模型预测不同加热条件下木材的着火时间。

7.2.1　实验研究

图 7.13 为 Bilbao 等[1] 研究所用的木材热解着火实验装置,其结构类似于锥形量热仪。它主要由燃烧室和数据采集系统等组成。锥形加热器、挡板和电动机固定在支架上。燃烧室是一个尺寸为 $750\text{mm} \times 750\text{mm} \times 700\text{mm}$ 的耐火钢构成的倒锥形外壳,并与风扇相连,腔室底部有一个开口,以便空气能从外部流入,内壁是绝热的,以最大限度减少热量损失。加热元件是一个锥形加热器,与锥形量热仪类似,由电阻丝缠绕而成,该设计可使样品表面的辐射热流均匀且高达 100kW/m^2。点火源是丙烷火焰,长度为 10mm,位于样品上方 10mm 处。通过有无引火源对比实验,测试引燃火焰所提供的热流对总入射热流的影响,结果发现其影响可忽略不计。为了测定样品表面的辐射热流,采用水冷式和气体净化式热流计。样品表面不同位置的温度由直径为 0.5mm 的 K 型热电偶测定,温度及热流采样频率为 1Hz。

在衰减型热流的标准实验中,在移除热流计上方的绝热材料后,可手动调节加热元件的功率,以实现不同衰减条件下的热流。当关闭电源自然冷却时,可实现最

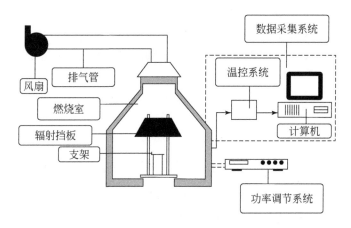

图 7.13　Bilbao 等[1]研究所用的木材热解着火实验装置

大衰减速率的热流。木材热解着火实验中,样品尺寸为 110mm × 110mm × 19mm,侧面和背面均被绝热材料包裹。为了测量样品内部的温度分布,设有 9 个热电偶,分别固定于样品的不同位置,其中 7 个热电偶固定在样品表面下方 1mm 处,另外 2 个热电偶固定在样品表面。然后将木材样品水平放置在加热器下方的三个位置,分别距加热器 25mm、50mm 和 100mm。为了避免木材试样在实验准备过程中受热分解,在试样表面覆盖了一层隔热材料。当加热器达到稳定状态时,移除样品表面绝热层。在引燃着火实验中,引燃火焰被放置在样品上方,使样品暴露在辐射热流下,并用数据采集系统记录着火时间。校准实验和着火实验均重复 3～4 次,且重复性较好。

7.2.2　数值模型

本节建立一个数学模型用于预测木材在给定辐射热流下的着火行为。该模型较为简单,包含材料热解着火过程中的基本物理过程和化学过程。该模型除了可以预测着火时间,还可以预测样品不同位置的温度变化及样品的质量损失速率曲线。该模型的主要假设有:

(1)固体表面被辐射热流加热,表面热损失包括辐射、向固体内部的热传导及对流,同时考虑热解反应及水分蒸发的产热和吸热过程。

(2)固体内部传热为热传导主控制,热导率和比热容随温度变化,当表面完全热解时,其热导率为剩余残炭的热导率。

(3)高厚度方向的一维传热。

(4)忽略固体内传质过程,假定热解气产生瞬间即从固体中析出。

(5)热解反应为一阶反应。

(6)自由水达到沸点时即蒸发,样品内无水分传输,也没有水蒸气再冷凝。

(7)固相中不考虑挥发物的对流流动。

(8)样品体积在热解过程中保持不变,因此密度变化由反应引起的质量损失决定。

1. 能量守恒

当 $T_s \neq T_b$ 时,有

$$\frac{\partial(\rho_s C_{ps} T_s)}{\partial t} = K_s \frac{\partial^2 T_s}{\partial x^2} + (-\Delta H_r)(-r_A) \tag{7.50}$$

式中,T_s 为固体温度;T_b 为水蒸发温度;t 为时间;x 为空间变量;C_{ps} 为固体比热容;ρ_s 为固体密度;K_s 为热导率;$-\Delta H_r$ 为反应热;$-r_A$ 为木材热解反应速率。

在样品表面,考虑在空气中得到的焓和燃烧化学动力学;在样品内部,考虑 623K 以下的热解焓以及 623K 以上的燃烧焓和热解动力学。当温度超过 623K 时,木材燃烧,开始释放大量热量[17]。在该温度下,样品表面出现一些裂缝,氧气可扩散到样品内部,因此低氧浓度(10%)下也足以发生燃烧[17]。

当 $T_s = T_b$ 时,水分蒸发温度低于固体热解温度。在每个温度下,固体温度等于汽化温度,直至水被完全释放,此时有

$$K_s \frac{\partial^2 T_s}{\partial x^2} = \frac{\partial(\rho_s H)}{\partial t}(-\Delta H_v) \tag{7.51}$$

2. 固体质量守恒

控制热解质量损失速率的方程为

$$(-r_A) = -\frac{\partial \rho_s}{\partial t} = \rho_0 \frac{dX_s}{dt} \tag{7.52}$$

式中,X_s 为基于样品干重的转化率,定义为

$$X_s = \frac{W_{0s} - W}{W_{0s}} \tag{7.53}$$

式中,W_{0s} 为固体初始质量;W 为固体瞬时质量。初始条件和边界条件为

当 $t = 0$ 时,

$$T = T_0, \quad X_s = 0, \quad H = H_0, \quad q''_e = 0, \quad q''_r = 0 \tag{7.54}$$

当 $t > 0, x = L$ 时,

$$\frac{\partial T}{\partial x} = 0 \tag{7.55}$$

当 $t > 0, x = 0$ 时,

$$q''_e - q''_r - K_s \frac{\partial T}{\partial x} - h_c(T_s - T_\infty) = 0 \tag{7.56}$$

式中，H 为样品中水分含量的瞬时干重分数；H_0 为样品中初始水分含量的干重分数；h_c 为对流传热系数。式(7.56)表示厚度为 $\Delta x/2$ 的表面控制容积内的热平衡。式中，q_e'' 为辐射热流，可通过实验测定，q_r'' 为辐射热损失，$K_s\dfrac{\partial T}{\partial x}-h_c(T_s-T_\infty)$ 对应于对流热损失。辐射热损失利用材料发射率和模型计算的表面温度进行计算。

3. 模型参数

求解该模型所需的参数可从其他实验研究或文献中获取。

(1)在 Bilbao 等[17-19] 的前期研究中，得到了木材热解的动力学方程，并在实验中进行了验证，其动力学方程为

$$(\mathrm{d}X_s/\mathrm{d}t)_\beta = k(A_s-X_s)+F(\beta-\beta_i) \tag{7.57}$$

式中，k 为在热重实验中恒定加热速率 β_i 下的动力学常数；A_s 为最大热解质量分数(在每种温度下所能达到的最大转化率)；F 为在恒定温升速率热重实验中转换率随温度变化的系数[18]。

在与空气接触的样品表面，木材根据空气中热解动力学常数进行降解。在不同温度范围内，动力学常数如下：

$$k(\mathrm{s}^{-1})=1.54\times10^4\times\mathrm{e}^{-9454/T}, \quad T\leqslant565\mathrm{K} \tag{7.58}$$

$$k(\mathrm{s}^{-1})=6.16\times10^{14}\times\mathrm{e}^{-23212/T}, \quad 565\mathrm{K}<T\leqslant593\mathrm{K} \tag{7.59}$$

$$k(\mathrm{s}^{-1})=7.83\times10^{-4}, \quad 593\mathrm{K}<T\leqslant643\mathrm{K} \tag{7.60}$$

$$k(\mathrm{s}^{-1})=2.33\times10^8\times\mathrm{e}^{-17782/T}, \quad T>643\mathrm{K} \tag{7.61}$$

式中，k 为在动力学试验中加热速率 $\beta_i=7\mathrm{K/min}$ 时的动力学常数。在样品内部，没有氧气存在，动力学常数是在惰性气体条件下得到的：

$$k(\mathrm{s}^{-1})=2.83\times10^{-4}, \quad T\leqslant563\mathrm{K} \tag{7.62}$$

$$k(\mathrm{s}^{-1})=6.01\times10^2\times\mathrm{e}^{-8266/T}, \quad 563\mathrm{K}<T\leqslant598\mathrm{K} \tag{7.63}$$

$$k(\mathrm{s}^{-1})=1.66\times10^{16}\times\mathrm{e}^{-26663/T}, \quad T>598\mathrm{K} \tag{7.64}$$

式中，k 为在加热速率 $\beta_i=1.5\mathrm{K/min}$ 下热重实验中得到的动力学常数。样品内部材料的 A_s 为在先前研究中获得的温度函数[20]。木材在空气和惰性气体[18]中热分解动力学方程式 F 系数值如下：

$$F(\mathrm{K}^{-1})=0.0, \quad T\leqslant435\mathrm{K} \tag{7.65}$$

$$F(\mathrm{K}^{-1})=0.0017, \quad 453\mathrm{K}<T\leqslant563\mathrm{K} \tag{7.66}$$

$$F(\mathrm{K}^{-1})=0.0043, \quad T>563\mathrm{K} \tag{7.67}$$

(2)利用 DSC 实验测定木材在惰性气体中的反应热，可以观察到两个连续的反应阶段，第一个吸热阶段的反应热 $-\Delta H_r=-274\mathrm{J/g}$，其中纤维素和部分半纤维素发生了分解；第二个放热阶段的反应热 $-\Delta H_r=353\mathrm{J/g}$，其中木质素发生了分解。当温度低于 623K 时，这些值仅可用于样品内部。在样品表面和当固体内部

温度超过 623K 时,使用的反应热是燃烧反应的反应热。这些数值也是通过 DSC 获得的,是固体转化率的函数:

$$-\Delta H_r = 0, \quad X_s \leqslant 0.30 \tag{7.68}$$

$$-\Delta H_r = 4950\text{kJ/kg}, \quad 0.30 < X_s \leqslant 0.76 \tag{7.69}$$

$$-\Delta H_r = 17363\text{kJ/kg}, \quad X_s > 0.76 \tag{7.70}$$

(3)木材和残炭的热导率[21]和比热容[22]从文献中获得,其值如下。

木材:

$$K_m = 10.3 \times 10^{-5} \text{kW/(m · K)} \tag{7.71}$$

$$C_{pm} = 1.67\text{J/(g · K)} \tag{7.72}$$

式中,K_m 为木材热导率;C_{pm} 为木材比热容。

残炭:

$$K_c = 6.87 \times 10^{-5} \text{kW/(m · K)} \tag{7.73}$$

$$C_{pc} = 1.0\text{J/(g · K)} \tag{7.74}$$

式中,K_c 为木炭热导率;C_{pc} 为木炭比热容。

如前所述,假定这些参数与转换率呈线性变化,即

$$\Gamma = \Gamma_{\text{wood}} \frac{A_{s,f} - X_s}{A_{s,f}} + \Gamma_{\text{char}} \frac{X_s}{A_{s,f}} \tag{7.75}$$

式中,Γ 为所考虑的参数(热导率或比热容);$A_{s,f}$ 为在惰性气氛中的可热解部分(大小为 0.76)。

(4)模型除了考虑热解的热效应,还考虑水蒸发的热效应。假设蒸发不是在恒定温度下进行的,而是在一定温度范围内进行的,并且在材料干燥过程中所需的热量是不同的,水沸点和汽化焓都随样品中残留的水分量而变化。因此,当水蒸发时,沸点温度和汽化焓升高,需要更高的热量供应。蒸发温度和汽化焓对干重水分含量的依赖性分别由 Kent 等[23]和 Siau 等[24]提出,其关系式如下:

$$T_b = \{2.130 \times 10^{-3} + 2.778 \times 10^{-4} \ln(100H) + 9.99710^{-6} [\ln(100H)]^2$$
$$- 1.461 \times 10^{-5} [\ln(100H)]^3\}^{-1} \tag{7.76}$$

式中,H 为样品中的干重水分。式(7.76)在 $H < 0.144$ 时有效,而当 $H \geqslant 0.144$ 时,$T_b = 378\text{K}$。

汽化焓:

$$\Delta H_v = 3348 - 13.085H + 60.262H^2 - 95.778H^3 \tag{7.77}$$

式(7.77)在 $H < 0.3$ 时有效,木材中水分含量通常在 5%~10%,因此这些方程在大多数情况下都是有效的。

(5)通过实验测定木材的初始密度 ρ_0 为 459kg/m³。

(6)从文献[25]中得到木材的发射率 ε 为 0.78。

4. 着火判据

该模型可预测衰减热流下自燃和引燃着火的时间。该模型采用临界温度作为着火判据，即认为材料表面温度一旦达到临界温度，就认为着火。对于木材引燃着火，采用 558K 的临界温度[26]，相当于木材中最活跃的成分半纤维素的最大热解速率所对应的温度，同时纤维素也开始热解。该着火判据假定此时分解出的可燃气体浓度已达到可燃浓度下限，且有足够的温度和能量发生着火。若存在引燃源，则最后一个条件很容易满足。对于自燃着火，温度判据取决于木材的类型，在本次实验中，采用 798K 的临界温度。本实验中所测值比 Janssens[27] 建议的临界温度（873K）更低。因此，在自燃着火情况下，样品表面须达到足够高的温度（798K），以提供足够的热量使热解出的可燃气体混合物被点燃。

7.2.3　着火时间

着火时间是材料着火特性中的一个重要参数，定义为从固体表面开始接受热流到出现明火的这段时间，若超过一定时间仍未能出现明火，则认为不能发生着火。实验中，着火时间可用秒表进行记录，也可通过查询实验中的视频录像来确定，也有学者通过固定在样件表面的热电偶所测温度的上升拐点来确定，因为发生着火后火焰的出现会引起样件表面处热电偶温度的突升。

本节通过实验确定木材样品最开始被加热时的初始热流，进行自燃和引燃着火实验。在这两种实验条件下，在达到初始热流后，可通过关闭电源使加热器自然冷却而得到最终热流。本实验中，自燃实验的初始热流分别为 62.0kW/m²、54.0kW/m²、44.3kW/m²、41.5kW/m²，引燃实验的初始热流分别为 62.0kW/m²、41.5kW/m²、31.0kW/m²、26.1kW/m²。所测着火时间结果如表 7.3 和表 7.4 所示。当加热时间超过 900s 仍未发生着火时，认为不会发生着火。

表 7.3　衰减热流下自燃着火时间

初始热流/(kW/m²)	自燃着火时间/s
62.0	10
62.0	14
62.0	17
62.0	15
54.0	14
44.3	32
41.5	>900（未着火）

由表 7.3 可知,初始热流为 44.3kW/m² 和 41.5kW/m² 时,自燃着火时间差距较大;当初始热流为 44.3kW/m² 时,自燃时间为 32s;而当初始热流为 41.5kW/m² 时,未观察到自燃现象。考虑到这种自然冷却衰减型的热流衰减速率是实验系统所能测得的最大衰减速率,对于热流衰减速率较小的曲线,着火时间更短。值得注意的是,当着火时间小于 32s 时,初始热流为 44.3kW/m²,且热流的衰减速率较慢。为了减小实验误差,需要延长着火时间,所以选择最小的初始热流(41.5kW/m²)。该热流下没有观察到着火现象,但随着热流衰减速率的降低,将会出现着火现象。图 7.14 为初始热流为 41.5kW/m² 时不同衰减速率下所得到的热流曲线。

表 7.4　衰减热流下引燃着火时间

初始热流/(kW/m²)	引燃着火时间/s
62.0	<10
62.0	10
62.0	10
41.5	33
31.0	25
26.1	>900(未着火)

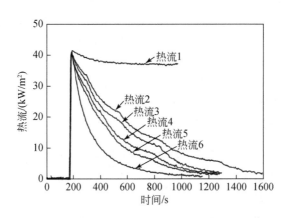

图 7.14　自燃着火实验中最小初始热流条件下校准的 6 组时间-热流曲线

木材引燃着火实验中选择最小初始热流也采用同样的方法。显然,测得的最小初始热流小于自燃着火测得的最小初始热流。在衰减热流下测得的木材引燃着火时间实验结果如表 7.4 所示。在引燃实验中,实验所测得的最小初始热流为 26.1kW/m²。根据该最小初始热流,进行 4 个衰减速率下的热流校准实验,校准的 4 组衰减热流曲线如图 7.15 所示。根据热流曲线可计算并比较衰减热流下自燃着火和引燃着火的实验和数值模拟计算结果,如表7.5和表7.6所示。表7.5和表7.6分别是在初始热流为41.5kW/m² 和 26.1kW/m² 情况下得到的结果。观察实验结果发现,着火发生时,不同衰减热流对着火时间几乎没有影响。模拟着火时间随热流的减小而略有上升。自燃着火的模拟结果略高于实验结果,与实验结果吻合较好。

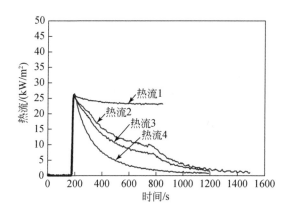

图 7.15　引燃着火实验中最小初始热流条件下校准的 4 组时间-热流曲线

表 7.5　衰减热流下自燃着火时间实验和模拟结果比较

递减曲线(图 7.14)	实验结果/s	模拟结果/s
热流 1	22	33
热流 1	22	33
热流 2	33	41
热流 3	33	44
热流 4	33	71
热流 4	24	71
热流 5	>900(未着火)	>900(未着火)
热流 5	>900(未着火)	>900(未着火)
热流 6	>900(未着火)	>900(未着火)

表 7.6　衰减热流下引燃着火时间实验和模拟结果比较

递减曲线(图 7.15)	实验结果/s	模拟结果/s
热流 1	35	43
热流 1	36	43

续表

递减曲线(图 7.15)	实验结果/s	模拟结果/s
热流 2	59	47
热流 2	47	47
热流 3	66	50
热流 3	57	50
热流 4	>900(未着火)	>900(未着火)

参 考 文 献

[1] Bilbao R, Mastral J F, Lana J A, et al. A model for the prediction of the thermal degradation and ignition of wood under constant and variable heat flux[J]. Journal of Analytical and Applied Pyrolysis, 2002, 62(1): 63-82.

[2] Gong J H, Gu Y M, Zhai C J, et al. A hybrid pyrolysis mechanism of phenol formaldehyde and kinetics evaluation using isoconversional methods and genetic algorithm [J]. Thermochimica Acta, 2020, 690: 178708.

[3] Li J, Gong J H, Stoliarov S I. Gasification experiments for pyrolysis model parameterization and validation[J]. International Journal of Heat and Mass Transfer, 2014, 77: 738-744.

[4] Bal N, Rein G. Numerical investigation of the ignition delay time of a translucent solid at high radiant heat fluxes[J]. Combustion and Flame, 2011, 158(6): 1109-1116.

[5] Jiang F H, De Ris J L, Khan M M. Absorption of thermal energy in PMMA by in-depth radiation[J]. Fire Safety Journal, 2009, 44(1): 106-112.

[6] Gong J H, Chen Y X, Jiang J C, et al. A numerical study of thermal degradation of polymers: Surface and in-depth absorption[J]. Applied Thermal Engineering, 2016, 106: 1366-1379.

[7] Zhang J, Delichatsios M A. Determination of the convective heat transfer coefficient in three-dimensional inverse heat conduction problems [J]. Fire Safety Journal, 2009, 44 (5): 681-690.

[8] Carslaw H S, Jaeger J C. Conduction of Heat in Solids[M]. Oxford: Oxford University Press, 1959.

[9] Delichatsios M, Chen Y. Asymptotic, approximate, and numerical solutions for the heatup and pyrolysis of materials including reradiation losses[J]. Combustion and Flame, 1993, 92 (3): 292-307.

[10] Delichatsios M, Panagiotou T, Kiley F. The use of time to ignition data for characterizing the thermal inertia and the minimum (critical) heat flux for ignition or pyrolysis[J]. Combustion and Flame, 1991, 84(3-4): 323-332.

[11] Zarzecki M, Quintiere J G, Lyon R E, et al. The effect of pressure and oxygen concentration on the combustion of PMMA[J]. Combustion and Flame, 2013, 160(8): 1519-1530.

[12] Quintiere J G. Approximate solutions for the ignition of a solid as a function of the Biot number[J]. Fire and Materials,2019,43(1): 57-63.

[13] Lamorlette A,Candelier F. Thermal behavior of solid particles at ignition: Theoretical limit between thermally thick and thin solids[J]. International Journal of Heat and Mass Transfer,2015,82: 117-122.

[14] Vermesi I, Roenner N, Pironi P, et al. Pyrolysis and ignition of a polymer by transient irradiation[J]. Combustion and Flame,2016,163(Jan.): 31-41.

[15] Safronava N,Lyon R E,Crowley S,et al. Effect of moisture on ignition time of polymers[J]. Fire Technology,2015,51(5): 1093-1112.

[16] Deepak D,Drysdale D D. Flammability of solids: An apparatus to measure the critical mass flux at the firepoint[J]. Fire Safety Journal,1983,5(2): 167-169.

[17] Bilbao R,Mastral J F,Aldea M E,et al. Kinetic study for the thermal decomposition of cellulose and pine sawdust in an air atmosphere[J]. Journal of Analytical and Applied Pyrolysis,1997,39(1): 53-64.

[18] Bilbao R,Millera A,Arauzo J. Kinetics of weight loss by thermal decomposition of different lignocellulosic materials. Relation between the results obtained from isothermal and dynamic experiments[J]. Thermochimica Acta,1990,165(1): 103-112.

[19] Bilbao R,Murillo M B,Millera A,et al. Thermal decomposition of lignocellulosic materials: Comparison of the results obtained in different experimental systems[J]. Thermochimica Acta,1991,190(2): 163-173.

[20] Bilbao R, Millera A, Arauzo J. Thermal decomposition of lignocellulosic materials: Influence of the chemical composition[J]. Thermochimica Acta,1989,143: 149-159.

[21] Bilbao R,Millera A,Murillo M B. Temperature profiles and weight loss in the thermal decomposition of large spherical wood particles[J]. Industrial and Engineering Chemistry Research,1993,32(9): 1811-1817.

[22] Chilton C H,Perry J H,Perry R H. Chemical Engineers' Handbook[M]. New York: McGraw-Hill,1984.

[23] Kent A C,Rosen H N,Hari B M. Determination of equilibrium moisture content of yellow-poplar sapwood above 100°C with the aid of an experimental psychrometer[J]. Wood Science and Technology,1981,15(2): 93-103.

[24] Siau J F. Transport processes in wood[J]. Textile Research Journal,1984,54(7): 495-495.

[25] Jones J C, Gray B F,Rahmati H. Experimental simulation of the infinite slab in thermal ignition[J]. Journal of Chemical Technology and Biotechnology, 1992, 53(4): 383-387.

[26] Bilbao R, Mastral J F, Ceamanos J, et al. Modelling of the pyrolysis of wet wood[J]. Journal of Analytical and Applied Pyrolysis,1996,36(1): 81-97.

[27] Janssens M. A thermal model for piloted ignition of wood including variable thermophysical properties[J]. Fire Safety Science,1991,3(3): 167-176.

第8章 其他形式时变热流下固体可燃物热解着火

8.1 抛物线型时变热流

除了第 6 章和第 7 章介绍的单调上升和单调下降的热流,国内外学者还开展了其他非单调变化形式的时变热流的研究,如本章所介绍的二次抛物线型时变热流、上升-恒定型时变热流、周期性热流等。本章所介绍的二次抛物线型时变热流下固体可燃物的热解着火为 Vermesi 等[1]在标准热解着火实验装置——FPA 的基础上,通过控制辐射源输入电压的方法实现的特殊形式时变热流。本章将介绍该工作的主要内容,更为详细的内容可参考文献[1]。

8.1.1 经典着火理论

本节主要研究固体可燃物受热的着火问题。固体在着火前,首先受热发生热解,释放出可燃气体后达到着火条件即可着火。因此,本节首先介绍着火判据。文献中常见的着火判据有四种,即临界能量、临界温度、临界质量损失速率、临界时间-能量平方。

常用的恒定热流下热厚固体着火时间可由临界表面温度计算[2]:

$$\frac{1}{\sqrt{t_{ig}}} = \frac{2}{\sqrt{\pi}\sqrt{k\rho C_p}} \frac{q''_e}{T_{ig} - T_0}$$ (8.1)

但此方法存在局限性,其中最大的问题是临界温度会随外界热流和环境条件(如氧气浓度)的变化而变化[3],很难确定其准确值[4]。临界质量损失速率作为最基本的着火判据,定义当临界质量损失速率下热解产物与空气混合后可燃物的浓度超过其可燃浓度下限时会发生着火[5],但是着火前的质量损失速率非常低,很难测出其准确值。Rich 等[6]提出了一个理论模型,通过 Spalding 数[7]将着火的临界质量损失速率和燃料的燃烧特性及环境参数关联起来。临界能量着火判据指出,样品在吸收一定的能量后会发生着火,但该判据忽略了表面热损失且采用恒定的临界温度判据[3],所以最终仅能确定每种材料的临界能量范围,没有给出精确值,其临界能量可表示为

$$Q_{ig} = \int_0^{t_{ig}} q''_e dt$$ (8.2)

Reszka 等[8]提出的临界时间-能量平方着火判据适用于线性增长热流,该判

据与时变热流相关,以入射热流与时间的积分平方来计算着火时间。着火时间与临界能量的关系为

$$\frac{Q_{ig}^2}{t_{ig}} = C \tag{8.3}$$

式中,C 为线性系数。对于恒定、线性和抛物线等不同类型的时变热流,C 取不同的值。

上述四种着火判据均适用于 PMMA,PMMA 是火灾科学研究中常见的聚合物之一,文献中有大量的实验和数据可供参考。PMMA 的四种着火判据如表 8.1 所示。

表 8.1　文献中 PMMA 经典着火判据值

着火标准	参数值
临界能量	$2MJ/m^2$(热流为 $30kW/m^2$)[3]
临界质量损失速率	$2.0g/(m^2 \cdot s)$[9],$1.9 \sim 3.2g/(m^2 \cdot s)$[10]
临界温度	$250 \sim 400℃$[11],$380℃$[2]
临界时间-能量平方	$226GJ^2/(m^4 \cdot s)$[8]

8.1.2　实验研究

本节实验装置是以国际标准 ASTM E2058[12] 中规定的标准热解着火装置——FPA 为基础进行改进的,如图 8.1 所示。样品上方固定四个红外线加热器对样品进行加热,每个加热器中有六个钨丝管状石英灯,样品上表面受到外部热流的辐射,引火源为标准的火焰引火源。每组实验采用不同的辐射时间,最大辐射时间的抛物线型热流参数如表 8.2 和图 8.2 所示。此外,在样品上方 2mm、5mm、8mm、10mm 处分别固定直径为 1.5mm 的 K 型热电偶以测量其内部温度,热电偶放置位置与受热表面平行,如图 8.1(a)所示。本研究的实验方法在之前研究中已应用[13,14],实验结果最大误差为 10%。由于材料的瞬时加热速率较小,热电偶测量的滞后性会产生一定的误差,但该误差可忽略不计。另外,可在样品底面放置一

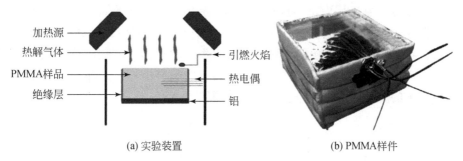

加热源
热解气体
PMMA样品
绝缘层
引燃火焰
热电偶
铝

(a) 实验装置　　　　　　　　　(b) PMMA样件

图 8.1　实验装置和 PMMA 样件

个铝块,通过在铝块中心位置插入热电偶测量铝块温度来研究样品底部边界的传热特性[14]。

表 8.2 实验中所用的抛物线型热流参数

实验编号	辐射峰值/(kW/m²)	峰值时间/s	辐射脉冲持续时间/s
1,2,3	30	320	640
4,5,6	45	320	640
7,8,9	25	320	640
10,11,12,13	30	480	960
14,15,16	30	260	520

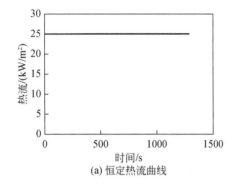 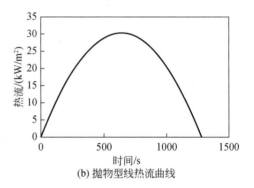

(a) 恒定热流曲线　　　　　　　(b) 抛物型线热流曲线

图 8.2　文献中采用的恒定热流与本实验采用的抛物线型热流

PMMA 样件的尺寸为 $100\text{mm}\times100\text{mm}\times30\text{mm}$。测试前,先将样品底面和侧面用铝箔包裹,然后将样品和铝箔一起用陶瓷毯包裹起来,最后在外层用 3 根细线将陶瓷毯固定。对抛物线型热流以 10s 间隔进行采样,在采样过程中根据校准需求改变辐射源的电压,最终实现抛物线型时变热流。实验前先点燃点火器,然后将点火器放置在样品上方且保持位置不变。

当热流峰值为 30kW/m^2 时,实验所测样品内部温度如图 8.3 所示,抛物线型热流如图 8.2 所示。热流在较短时间(520s)内达到了 30kW/m^2 峰值,但样品未发生着火。在实验设计参数条件下测量质量损失速率数据,以进一步研究整个着火过程,但本实验中由于环境条件不稳定,且着火时噪声信号过大等,未进行瞬态质量损失速率的测量,所以仅对其进行了数值模型预测。

8.1.3　数值模型

本节数值模拟采用的是 GPyro 一维热解模型,GPyro 是一个计算开源平

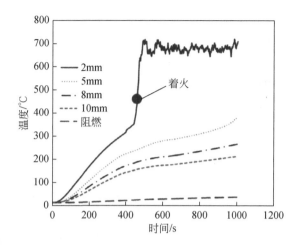

图 8.3　抛物线型热流下样品内部不同位置处温度变化曲线

台[15]，本节只介绍主要的且与本研究相关的内容。对于热厚材料，固相内的能量方程、质量守恒方程和组分守恒方程[16]为

$$\frac{\partial \bar{\rho}}{\partial t} = -\dot{w}_g'''$$ (8.4)

$$\frac{\partial(\bar{\rho}Y_i)}{\partial t} = -\dot{w}_i'''$$ (8.5)

$$\frac{\partial(\bar{\rho}Y_i)}{\partial t} = \frac{\partial}{\partial z}\left(\bar{k}\,\frac{\partial T}{\partial z}\right) + (-\dot{w}_i''')\Delta H_s - \frac{\partial \dot{q}_r''}{\partial z}$$ (8.6)

式中，$\bar{\rho}$ 为密度；t 为时间；$\dot{w}'''$ 为化学反应速度；Y 为组分质量百分比；$\bar{k}$ 为热导率；z 为空间变量；T 为温度；ΔH_s 为反应热；$\dot{q}_r''$ 为辐射热流；下标 g 表示气体；下角标 i 表示第 i 种组分。

　　PMMA 热解过程为三步反应机理，而 Bal 等[17]的研究表明，在 PMMA 着火过程中固相传热为主要影响因素，热解化学反应是次要影响因素。因此，当复杂的反应动力学过程不确定性较大时，可采用单步反应法。该假定的验证如图 8.4 所示，此图可见，当采用较为复杂的三步反应机理和简单的单步反应机理时，模型预测的表面温度和质量损失速率均与实验结果吻合较好，说明采用单步反应机理的预测精度是足够的。

　　本节热解用单步的 Arrhenius 公式表示：

$$\dot{w}_i = \frac{\partial m_i''}{\partial t} = m_{i0}'' A_i e^{-E_i/(RT)} \left(\frac{m_i''}{m_{i0}''}\right)^{n_i}$$ (8.7)

　　数值模拟中的计算域及边界条件如图 8.5 所示。样品底部和上表面边界条件及样品中热流在半透明介质中的传热过程可表示为

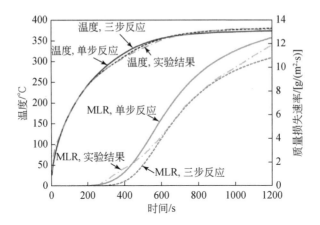

图 8.4　40kW/m² 恒定热流下 PMMA 三步热解反应[15] 和单步热解
反应模拟的表面温度及质量损失速率与实验结果对比[18,19]

$$-\bar{k}\frac{\partial T(L)}{\partial z}=0$$

$$-\bar{k}\frac{\partial T(0)}{\partial z}=\bar{\varepsilon}\dot{q}_r''-h_c(T_s-T_0)-\bar{\varepsilon}\sigma(T_s^4-T_0^4)$$

$$-\frac{\partial \dot{q}_r''}{\partial z}=\bar{\varepsilon}\dot{q}_r''\bar{k}\mathrm{e}^{-\bar{k}z} \qquad (8.8)$$

式中，m'' 为质量流率；A 为指前因子；E 为活化能；R 为摩尔气体常
数；n 为反应级数；L 为样品厚度；$\bar{\varepsilon}$ 为吸收率；h_c 为对流换热系数；T_s 为表面温度；T_0 为环境温
度；σ 为斯特藩-玻尔兹曼常数；下标 0 表示初始值；下标 s 表示表面温度。

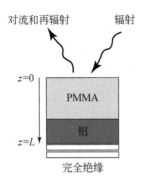

图 8.5　计算域和边界条件

其中，上表面热损失包括辐射和对流热损失。在半
透明材料中，非自由表面的内部温度较低，因此外部热
流的深度吸收比内部再辐射更为重要[4,20]。当表面发
射率为 0.95 时，PMMA 样件的热损失用表面辐射热损
失建模更为精确[4]。

8.1.4　着火判据

本节总结分析四种着火判据在恒定和抛物线型时
变热流下的情况，并与相关文献中的数据进行比较，如
表 8.3 所示。表中，下标 max 表示未着火实验中所测
最大值。结果表明，对于临界能量着火判据，无论是否发生着火，所有实验数据都
相差不大，这种情况说明该着火判据无法确定着火的临界值。另外，时间-能量平
方间的比例系数[8]取决于热流情况，因此该判据的适用性也有限。

表 8.3　恒定热流和抛物线型时变热流下 PMMA 热解着火实验结果

实验	t_{ig}/s	T_{ig} /℃	T_{max} /℃	Q_{ig} /(MJ/m²)	Q_{total} /(MJ/m²)	C/[GJ² /(m⁴·s)]	$\dot{m}''_{ig}$/[g /(m²·s)]	$\dot{m}''_{max}$/[g /(m²·s)]
15kW/m² 恒定热流	—	—	330	—	60	—	—	2.5
20kW/m² 恒定热流	520	320	—	11.2	—	240	4.9	—
320s 达到 30kW/m²	450	360	—	10.0	—	222	5.2	—
320s 达到 45kW/m²	300	383	—	8.8	—	258	9.0	—
320s 达到 25kW/m²	—	—	290	—	10.7	—	—	1.7
480s 达到 30kW/m²	475	335	—	9.4	—	186	4.1	—
260s 达到 30kW/m²	—	—	306	—	10.4	—	—	2.8
文献值	—	380[2]	—	2[3]	—	226[8]	3.0[6]	—

　　临界质量损失速率着火判据在 $4.1 \sim 9 \mathrm{g/(m^2 \cdot s)}$ 准确性较低。如图 8.6 所示,未着火样品质量损失速率低于临界值 $3 \mathrm{g/(m^2 \cdot s)}$,文献中 PMMA 的临界质量损失速率也大多参考数值 $3 \mathrm{g/(m^2 \cdot s)}$。因此,本研究也引用质量损失速率的最低阈值概念,低于最低阈值时不会发生着火。临界温度着火判据体现了 PMMA 发生着火的温度范围,平均值为 350℃,临界温度的范围较大,为 320~384℃。综合考虑临界质量损失速率和临界温度的复合着火临界判据的实验和数值模型预测结果如图 8.6 所示,与质量损失速率预测结果类似,低于最低阈值时不会发生着火。该复合着火临界判据表明,当只达到单一的着火判据时,着火条件不一定能满足,因此不一定能着火。只有当两个着火判据均达到时才会发生着火。需要注意的是,

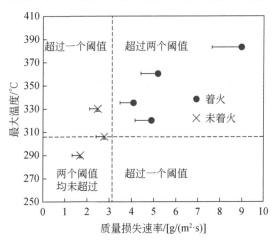

图 8.6　抛物线型热流条件下 PMMA 着火的复合着火临界判据

该复合着火临界判据是在抛物线型时变热流下得到的,该热流曲线在达到峰值后存在一个下降阶段。同样在 7.1 节的线性衰减热流研究中,也发现了需要利用此复合着火临界判据才能正确预测着火时间。因此,该复合着火临界判据适用于加热场景是针对时变热流中存在下降热流阶段的情况。

8.2　上升-恒定型时变热流

8.2.1　理论分析

在常见腔室火灾轰燃发生前,热释放速率或火灾强度在火灾增长阶段随时间增加,达到稳定后近似保持不变。模拟火灾增长阶段最常用的火灾类型是线性和平方火灾,腔室火灾研究中常用这两种类型的火源热释放速率来预测室内火灾行为[21,22]。在地面面积保持不变的情况下,地板表面或室内可燃物表面接收到的入射热流与放热率的变化趋势类似。在不考虑热损失的情况下,本节研究模拟腔室火灾轰燃发生前的受热情况,即对应的时变热流可表示为

$$\dot{q}'' = \begin{cases} at^b, & t \leqslant t_{\mathrm{t}} \\ \dot{q}''_{\mathrm{c}}, & t > t_{\mathrm{t}} \end{cases} \tag{8.9}$$

式中,$\dot{q}''$ 为瞬时热流;a 和 b 为决定热流增长速率的有理数常数;t 为时间;t_{t} 为过渡时间;$\dot{q}''_{\mathrm{c}}$ 为稳定阶段的恒定热流。本节对增长阶段为线性和平方增长形式的热流进行研究,可以预期的是在热流增长和稳定阶段均可能发生着火。在热流增长阶段的着火过程与稳定阶段无关,且已在第 6 章研究过,这里不再重复。因此,本节涉及的着火仅发生在稳定阶段,过渡时间之前不会发生着火。固体在上述热流下的固相一维传热问题如图 8.7 所示。

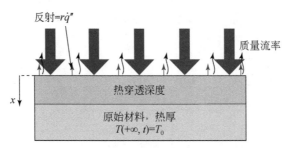

图 8.7　上升-恒定热流下热厚固体传热过程示意图

在对上述受热着火过程开展分析前,先介绍推导中用到的重要假设:

(1)固体为热厚固体。

(2)表面吸收率为 1。Boulet 等[23]测量了 PMMA 在 30~50kW/m² 热流下的

吸收率,发现其变化范围为 0.92~0.95。Tsilingiris[24]针对聚合物-空气界面的辐射反射情况,利用 Lambert-Beer 定律计算材料表面的反射率,结果表明,聚合物宽波段范围内的平均表面反射率的变化很小,大约为 0.05。因此,该假设是合理的。

(3)着火前材料热参数保持不变,忽略固体中的热解。

(4)固体是不透明的,忽略热辐射的深度吸收。

(5)忽略对流和辐射表面热损失。该假设在开放环境下可能不太合理,如在锥形量热仪的测试中。但在封闭环境中,墙壁和固体表面附近的空气均被加热到与固体表面温度相当的温度范围,因此该假设在封闭环境中较为合理。

(6)采用临界温度着火判据。

1. 线性上升-恒定热流

在线性上升-恒定热流加热条件下,线性热流为增长阶段。定义相对温度 $\theta = T - T_0$,其中 T 和 T_0 分别为瞬时温度和初始温度,则线性上升热流阶段内固体能量守恒方程、初始条件和边界条件可表示为

$$\begin{cases} \dfrac{\partial \theta}{\partial t} = \alpha \dfrac{\partial^2 \theta}{\partial x^2} \\ \theta(x,0) = 0 \\ -k \dfrac{\partial \theta}{\partial x}\bigg|_{x=0} = at \\ \theta(\infty, t) = 0 \end{cases} \tag{8.10}$$

式中,α 为固体热扩散系数,$\alpha = k/(\rho C_p)$,k 为热导率,ρ 为密度,C_p 为比热容;x 为空间变量。此方程的解为

$$\theta(x,t) = \frac{8at^{1.5}}{\sqrt{k\rho C_p}} i^3 \mathrm{erfc}\left(\frac{x}{2\sqrt{\alpha t}}\right) \tag{8.11}$$

式中,$x/(2\sqrt{\alpha t}) = \psi$,误差函数 $i^3 \mathrm{erfc}(\psi)$ 可简化为

$$i^3 \mathrm{erfc}(\psi) = \frac{1+\psi^2}{6\sqrt{\pi}} e^{-\psi^2} - \frac{1}{4}\left(\psi + \frac{2}{3}\psi^3\right) \mathrm{erfc}(\psi) \tag{8.12}$$

表面温度可计算为

$$\theta(0, t_{t,1}) = \frac{4at_{t,1}^{1.5}}{3\sqrt{\pi k\rho C_p}} \tag{8.13}$$

式中,$t_{t,1}$ 为过渡时间;下标 1 表示线性热流。

线性阶段不会发生着火,因此表面温度在 $t_{t,1}$ 时刻应低于临界温度 θ_{cri},$t_{t,1}$ 不变时 a 的范围限定为

$$a \leqslant a_{\mathrm{cri},1} = \frac{3\theta_{\mathrm{cri}}\sqrt{\pi k\rho C_p}}{4t_{t,1}^{1.5}} \tag{8.14}$$

而当 a 不变时，$t_{t,1}$ 的范围可限定为

$$t_{t,1} \leqslant t_{t,1,\mathrm{cri}} = \left(\frac{3\theta_{\mathrm{cri}} \sqrt{\pi k \rho C_p}}{4a} \right)^{2/3} \tag{8.15}$$

在第二阶段，表面温度可通过常用的积分方程来估算[25]：

$$\theta(0,t) = \frac{1}{\sqrt{\pi k \rho C_p}} \int_0^t \frac{\dot{q}''(\tau)}{\sqrt{t-\tau}} \mathrm{d}\tau \tag{8.16}$$

将式(8.9)代入式(8.16)，利用分部积分法，式(8.16)可进一步简化为

$$\theta(0,t) = \frac{1}{\sqrt{\pi k \rho C_p}} \left(\int_0^{t_{t,1}} \frac{a\tau}{\sqrt{t-\tau}} \mathrm{d}\tau + \int_{t_{t,1}}^t \frac{a t_{t,1}}{\sqrt{t-\tau}} \mathrm{d}\tau \right)$$
$$= \frac{4a}{3\sqrt{\pi k \rho C_p}} \left[t^{1.5} - (t-t_{t,1})^{1.5} \right] \tag{8.17}$$

当 $t = t_{t,1}$ 时，式(8.17)与式(8.13)完全相同。通过此方程可计算表面温度，但当 θ_{cri} 已知时，无法得到着火时间的显式解，因此可用着火时间的近似解析解代替。定义相对时间 $\tau = t - t_{t,1}$，则第二阶段的传热可表示为

$$\begin{cases} \dfrac{\partial \theta}{\partial \tau} = \alpha \dfrac{\partial^2 \theta}{\partial x^2} \\[2mm] \theta(x,0) = \dfrac{8a t_{t,1}^{1.5}}{\sqrt{k\rho C_p}} i^3 \mathrm{erfc}\left(\dfrac{x}{2\sqrt{\alpha t_{t,1}}} \right) \\[2mm] -k \dfrac{\partial \theta}{\partial x} \bigg|_{x=0} = \dot{q}_c'' \\[2mm] \theta(\infty,\tau) = 0 \end{cases} \tag{8.18}$$

方程(8.18)可分解为两个简单问题的叠加：

$$\theta = \theta_1 + \theta_2 \tag{8.19}$$

$$\begin{cases} \dfrac{\partial \theta_1}{\partial \tau} = \alpha \dfrac{\partial^2 \theta_1}{\partial x^2} \\[2mm] \theta_1(x,0) = 0 \\[2mm] -k \dfrac{\partial \theta_1}{\partial x} \bigg|_{x=0} = \dot{q}_c'' \\[2mm] \theta_1(\infty,\tau) = 0 \end{cases}$$

$$\begin{cases} \dfrac{\partial \theta_2}{\partial \tau} = \alpha \dfrac{\partial^2 \theta_2}{\partial x^2} \\[2mm] \theta_2(x,0) = \dfrac{8a t_{t,1}^{1.5}}{\sqrt{k\rho C_p}} i^3 \mathrm{erfc}\left(\dfrac{x}{2\sqrt{\alpha t_{t,1}}} \right) \\[2mm] -k \dfrac{\partial \theta_2}{\partial x} \bigg|_{x=0} = 0 \\[2mm] \theta_2(\infty,\tau) = 0 \end{cases} \tag{8.20}$$

式中，θ_1 为经典着火理论中恒定热流下的解，表达式为

$$\theta_1(x,\tau)=\frac{2\dot{q}_{\mathrm{c}}''\sqrt{\tau}}{\sqrt{k\rho C_p}}i\,\mathrm{erfc}\left(\frac{x}{2\sqrt{\alpha\tau}}\right) \tag{8.21}$$

θ_1 的详细推导过程如下。

定义拉普拉斯变换：

$$L[\theta(x,t)]=\Theta_1(x,p) \tag{8.22}$$

式中，p 为拉普拉斯变换中的频率因子。因此，与 θ_1 相关的传热问题可表示为

$$\begin{cases} p\Theta_1=\alpha\Theta_{1xx} \\[1mm] -k\Theta_{1x}\big|_{x=0}=\dfrac{\dot{q}_{\mathrm{c}}''}{p} \\[2mm] -k\Theta_{1x}\big|_{x=\infty}=0 \end{cases} \tag{8.23}$$

解常微分方程(8.23)可得

$$\Theta_1=\frac{\dot{q}_0''}{k}\frac{\mathrm{e}^{-qx}}{pq} \tag{8.24}$$

式中，$q=p/\alpha$，经过拉普拉斯逆变换，θ_1 可求解为

$$\begin{aligned} \theta_1(x,\tau)&=L^{-1}[\Theta_1(x,p)]=L^{-1}\left(\frac{\dot{q}_{\mathrm{c}}''}{k}\frac{\mathrm{e}^{-qx}}{pq}\right) \\[2mm] &=\frac{2\sqrt{\alpha\tau}\dot{q}_{\mathrm{c}}''}{k}\left[\frac{1}{\sqrt{\pi}}\mathrm{e}^{-\frac{x^2}{4\alpha\tau}}-\frac{x}{2\sqrt{\alpha\tau}}\mathrm{erfc}\left(\frac{x}{2\sqrt{\alpha\tau}}\right)\right] \\[2mm] &=\frac{2\dot{q}_{\mathrm{c}}''\sqrt{\tau}}{\sqrt{k\rho C_p}}i\,\mathrm{erfc}\left(\frac{x}{2\sqrt{\alpha\tau}}\right) \end{aligned} \tag{8.25}$$

在绝热边界条件和给定的初始条件下，θ_2 为半无限厚固体自然冷却过程的解。该方程的初始条件将导致无法得到解析解，因此需要用近似指数函数来简化该方程。引入无量纲空间参数：

$$\xi=\frac{x}{2\sqrt{\alpha\tau}} \tag{8.26}$$

误差函数 $i^3\mathrm{erfc}(\xi)$ 可简化为

$$i^3\mathrm{erfc}(\xi)=\frac{1+\xi^2}{6\sqrt{\pi}}\mathrm{e}^{-\xi^2}-\frac{1}{4}\left(\xi+\frac{2}{3}\xi^3\right)\mathrm{erfc}(\xi)\approx\frac{\mathrm{e}^{-2.9\xi}}{6\sqrt{\pi}} \tag{8.27}$$

该近似方程的精度如图 8.8 所示，显然在热穿透层内其精度较高。

因此，式(8.20)中 θ_2 的初始条件可转换为

$$\theta_2(x,0)=A_1\mathrm{e}^{-B_1 x} \tag{8.28}$$

$$A_1=\theta_{\mathrm{t},1}=\frac{4at_{\mathrm{t},1}^{3/2}}{3\sqrt{\pi k\rho C_p}},\quad B_1=\frac{1.45}{\sqrt{at_{\mathrm{t},1}}} \tag{8.29}$$

式中，A_1 和 B_1 均为常数，A_1 是 $t_{\mathrm{t},1}$ 时的相对表面温度。θ_2 可通过拉普拉斯变换求

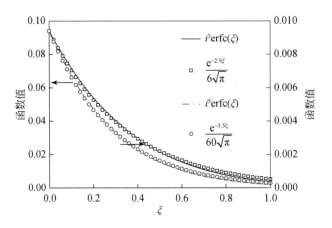

图 8.8　误差函数与近似指数函数比较

←代表左纵坐标轴；→代表右纵坐标轴

解[26-28]，与 θ_2 相关的传热问题可表述为

$$\begin{cases} p\Theta_2 - A_1 e^{-B_1 x} = \alpha\Theta_{2xx} \\ -k\Theta_{2x}\big|_{x=0} = 0 \\ -k\Theta_{2x}\big|_{x=\infty} = 0 \end{cases} \tag{8.30}$$

解该常微分方程可得

$$\Theta_2 = \frac{A_1}{p-\alpha B_1^2} e^{-B_1 x} - \frac{A_1 B_1}{q(p-\alpha B_1^2)} e^{-qx} \tag{8.31}$$

经过拉普拉斯逆变换，θ_2 可求解为[29]

$$\theta_2(x,\tau) = L^{-1}[\Theta_2(x,p)] = L^{-1}\left[\frac{A_1}{p-\alpha B_1^2} e^{-B_1 x} - \frac{A_1 B_1}{q(p-\alpha B_1^2)} e^{-qx}\right]$$

$$= L^{-1}\left[\frac{A_1}{p-\alpha B_1^2} e^{-B_1 x}\right] - L^{-1}\left[\frac{A_1 B_1}{q(p-\alpha B_1^2)} e^{-qx}\right]$$

$$= A_1 e^{-B_1 x + \alpha B_1^2 \tau} - \frac{A_1}{2} e^{\alpha B_1^2 \tau}\left[\begin{array}{l} e^{-B_1 x}\mathrm{erfc}\left(\dfrac{x}{2\sqrt{\alpha\tau}} - B_1\sqrt{\alpha\tau}\right) \\ -e^{-B_1 x}\mathrm{erfc}\left(\dfrac{x}{2\sqrt{\alpha\tau}} + B_1\sqrt{\alpha\tau}\right) \end{array}\right] \tag{8.32}$$

最终可得出固相内部的瞬时温度为

$$\theta(x,\tau) = \frac{2\dot{q}_c''\sqrt{\tau}}{\sqrt{k\rho C_p}} i\,\mathrm{erfc}\left(\frac{x}{2\sqrt{\alpha\tau}}\right) + A_1 e^{-B_1 x + \alpha B_1^2 \tau}$$

$$- \frac{A_1}{2} e^{\alpha B_1^2 \tau}\left[e^{-B_1 x}\mathrm{erfc}\left(\frac{x}{2\sqrt{\alpha\tau}} - B_1\sqrt{\alpha\tau}\right) - e^{B_1 x}\mathrm{erfc}\left(\frac{x}{2\sqrt{\alpha\tau}} + B_1\sqrt{\alpha\tau}\right)\right]$$

$$\tag{8.33}$$

当 $x=0$ 时，表面温度为

$$\theta(0,\tau)=\frac{2\dot{q}_c''\sqrt{\tau}}{\sqrt{\pi k\rho C_p}}+A_1 e^{aB_1^2\tau}\mathrm{erfc}(B_1\sqrt{a\tau}) \tag{8.34}$$

式(8.34)等号右侧第一项是第二阶段恒定热流导致的温升，第二项是表面温度达到转变温度 A_1 或 $\theta(0,t_{t,1})$ 后的冷却过程。$e^{\varphi^2}\mathrm{erfc}(\varphi)$ 是单调递减函数且在热传导问题中比较常见，φ 是无量纲参数且 $\varphi=B_1\sqrt{a\tau}=1.45\sqrt{\tau/t_{t,1}}$。根据低恒定热流和高恒定热流的两个渐近解，可得出更加精确的着火时间关系式。

1)低恒定热流(长着火时间)

在恒定热流较低、着火时间较长的情况下，有 $t\gg t_{t,1}$，$\varphi\gg1$。另外，当 $\varphi>1$，$\tau>t_t/1.45^2$ 时，$e^{\varphi^2}\mathrm{erfc}(\varphi)$ 可以展开为

$$e^{\varphi^2}\mathrm{erfc}(\varphi)=\frac{1}{\sqrt{\pi}}\left[\frac{1}{\varphi}-\frac{1}{2\varphi^3}+\frac{1\times3}{2^2\varphi^5}+\cdots+(-1)^{n-1}\frac{1\times3(2n-1)}{2^{n-1}\varphi^{2n-1}}+\cdots\right] \tag{8.35}$$

若忽略方括号内的高阶项，即 $e^{\varphi^2}\mathrm{erfc}(\varphi)\approx1/(\varphi\sqrt{\pi})$，则式(8.34)可简化为

$$\theta(0,\tau)=\frac{2\dot{q}_c''\sqrt{\tau}}{\sqrt{\pi k\rho C_p}}+\frac{A_1}{B_1\sqrt{\pi a\tau}} \tag{8.36}$$

式(8.36)是恒定热流较低时的渐近解，根据渐近解可较好地预测表面温度，如图 8.9(a)和(b)所示。当 $\theta=\theta_{cri}$，$\tau=\tau_{ig}$ 时，着火时间可表示为

$$\tau_{ig}^{-0.5}=\frac{2\dot{q}_c''}{\theta_{cri,1}^*\sqrt{\pi k\rho C_p}} \tag{8.37}$$

$$\theta_{cri,1}^*=\frac{1}{2}\left[\theta_{cri}+\sqrt{\theta_{cri}^2-\frac{32a\dot{q}_c''t_{t,1}^2}{435\pi^{1.5}k\rho C_p}}\right] \tag{8.38}$$

式中，$\theta_{cri,1}^*$ 为等效着火温度。式(8.37)形式上与恒定热流下的经典着火公式类似[27,28]。

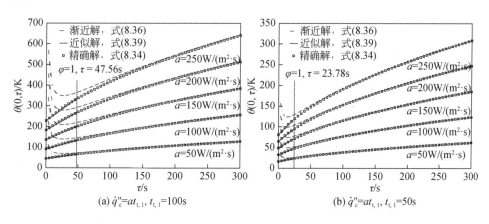

(a) $\dot{q}_c''=at_{t,1}$, $t_{t,1}=100s$　　　　(b) $\dot{q}_c''=at_{t,1}$, $t_{t,1}=50s$

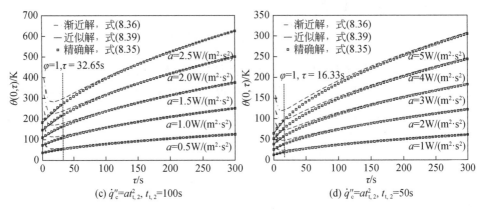

(c) $\dot{q}''_c = at^2_{t,2}$, $t_{t,2} = 100$s　　　　(d) $\dot{q}''_c = at^2_{t,2}$, $t_{t,2} = 50$s

图 8.9　线性((a)和(b))和平方上升((c)和(d))-恒定热流下
热厚材料表面温度渐近解和精确解对比

2)高恒定热流(短着火时间)

$\varphi \leqslant 1$ 对应短着火时间和高恒定热流情况,此时式(8.35)等号右侧不收敛,对应的近似值 $e^{\varphi^2} \operatorname{erfc}(\varphi) \approx 1/(\varphi\sqrt{\pi})$ 也不精准。如图 8.9 所示,在 $0 \leqslant \tau \leqslant t_{t,1}/1.45^2$ 或 $0 \leqslant \varphi \leqslant 1$ 时,表面温度近似线性增加。另一种近似方法是用直线代替 $\theta(0,\tau)$ 曲线,该方法得到的近似值更为合理,该直线过点 $(0,A_1)$ 和点 $(\tau_{t,1}/1.45^2, \theta(0,t_{t,1}/1.45^2))$,可表示为

$$\theta(0,\tau) \approx A_1 + C_1\tau \tag{8.39}$$

$$C_1 = \frac{2.9\dot{q}''_c}{\sqrt{\pi t_{t,1}}k\rho C_p} + \frac{2.1A_1}{t_{t,1}}\left[e^1\operatorname{erfc}(1)-1\right] \tag{8.40}$$

如图 8.9(a)和(b)所示,该范围内的着火时间可表示为

$$\tau_{ig}^{-0.5} = \left(\frac{\theta_{ig}-A_1}{C_1}\right)^{-0.5} \tag{8.41}$$

2. 平方上升-恒定热流

平方上升-恒定热流着火问题的推导过程与线性上升-恒定热流类似,上升阶段控制方程为

$$\begin{cases} \dfrac{\partial\theta}{\partial t} = \alpha\dfrac{\partial^2\theta}{\partial x^2} \\[2mm] \theta(x,0) = 0 \\[2mm] -k\dfrac{\partial\theta}{\partial x}\bigg|_{x=0} = at^2 \\[2mm] \theta(\infty,t) = 0 \end{cases} \tag{8.42}$$

$$\theta(x,t) = \frac{64at^{2.5}}{\sqrt{k\rho C_p}} i^5 \mathrm{erfc}\left(\frac{x}{2\sqrt{at}}\right) \tag{8.43}$$

$$i^5 \mathrm{erfc}(\psi) = \frac{4 + 9\psi^2 + 2\psi^4}{240\sqrt{\pi}} e^{-\psi^2} - \frac{1}{4}\left(\frac{\psi}{8} + \frac{\psi^3}{6} + \frac{\psi^5}{30}\right)\mathrm{erfc}(\psi) \tag{8.44}$$

在过渡时间 $t_{\mathrm{t},2}$ 这一时刻,表面温度为

$$\theta(0, t_{\mathrm{t},2}) = \frac{16at_{\mathrm{t},2}^{2.5}}{15\sqrt{\pi k\rho C_p}} \tag{8.45}$$

第一阶段未着火时,a 和 $t_{\mathrm{t},2}$ 的范围被限定为

$$a \leqslant a_{\mathrm{cri},2} = \frac{15\theta_{\mathrm{ig}}\sqrt{\pi k\rho C_p}}{16t_{\mathrm{t},2}^{2.5}} \tag{8.46}$$

$$t_{\mathrm{t},2} \leqslant t_{\mathrm{t},2,\mathrm{cri}} = \left(\frac{15\theta_{\mathrm{ig}}\sqrt{\pi k\rho C_p}}{16a}\right)^{2/5} \tag{8.47}$$

第二阶段,根据积分方程可推导出表面温度为

$$\theta(0,t) = \frac{1}{\sqrt{\pi k\rho C_p}} \int_0^t \frac{\dot{q}''(\tau)}{\sqrt{t-\tau}} \mathrm{d}\tau$$

$$= \frac{16a}{15\sqrt{\pi k\rho C_p}} \left[t^{2.5} - (t - t_{\mathrm{t},2})^{1.5}(t + 1.5t_{\mathrm{t},2}) \right] \tag{8.48}$$

当 $t = t_{\mathrm{t},2}$ 时,式(8.48)与式(8.45)完全相同。但此方程无法得到着火时间的精确解,因此需采用近似方法,即第二阶段的传热为

$$\begin{cases} \dfrac{\partial \theta}{\partial \tau} = \alpha \dfrac{\partial^2 \theta}{\partial x^2} \\[2mm] \theta(x,0) = \dfrac{64at_{\mathrm{t}}^{2.5}}{k\rho C_p} i^5 \mathrm{erfc}\left(\dfrac{x}{2\sqrt{\alpha t_{\mathrm{t}}}}\right) \\[2mm] -k\dfrac{\partial \theta}{\partial x}\bigg|_{x=0} = \dot{q}_{\mathrm{c}}'' \\[2mm] \theta(\infty, \tau) = 0 \end{cases} \tag{8.49}$$

同样地,该方程可分解为

$$\begin{cases} \dfrac{\partial \theta_3}{\partial \tau} = \alpha \dfrac{\partial^2 \theta_3}{\partial x^2} \\[2mm] \theta_3(x,0) = 0 \\[2mm] -k\dfrac{\partial \theta_3}{\partial x}\bigg|_{x=0} = \dot{q}_{\mathrm{c}}'' \\[2mm] \theta_3(\infty, \tau) = 0 \end{cases}$$

$$\begin{cases} \dfrac{\partial \theta_4}{\partial \tau} = \alpha \dfrac{\partial^2 \theta_4}{\partial x^2} \\[2mm] \theta_4(x,0) = \dfrac{64at_t^{2.5}}{\sqrt{k\rho C_p}} i^5 \mathrm{erfc}\!\left(\dfrac{x}{2\sqrt{\alpha t_t}}\right) \\[2mm] -k\left.\dfrac{\partial \theta_4}{\partial x}\right|_{x=0} = 0 \\[2mm] \theta_4(\infty,\tau) = 0 \end{cases} \tag{8.50}$$

$i^5\mathrm{erfc}(\xi)$ 可近似为

$$i^5\mathrm{erfc}(\xi) = \frac{4 + 9\xi^2 + 2\xi^4}{240\sqrt{\pi}}\mathrm{e}^{-\xi^2} - \frac{1}{4}\left(\frac{\xi}{8} + \frac{\xi^3}{6} + \frac{\xi^5}{30}\right)\mathrm{erfc}(\xi) \approx \frac{\mathrm{e}^{-3.5\xi}}{60\sqrt{\pi}} \tag{8.51}$$

图 8.9 验证了该近似方法的准确性。因此,θ_4 的初始条件可简化为

$$\theta_4(x,0) = A_2 \mathrm{e}^{-B_2 x} \tag{8.52}$$

$$A_2 = \theta_{t,2} = \frac{16at_{t,2}^{5/2}}{15\sqrt{\pi k\rho C_p}}, \quad B_2 = \frac{1.75}{\sqrt{\alpha t_{t,2}}} \tag{8.53}$$

式中,A_2 和 B_2 均为常数,A_2 为 $t_{t,2}$ 时的相对表面温度,θ_3 和 θ_1 完全相同。θ_4 与式 (8.32)的解法相同。第二阶段固体内部的瞬时温度可表示为

$$\theta(x,\tau) = \frac{2\dot{q}_c''\sqrt{\tau}}{\sqrt{k\rho C_p}} i\,\mathrm{erfc}\!\left(\frac{x}{2\sqrt{\alpha\tau}}\right) + A_2\mathrm{e}^{-B_2 x + aB_2^2\tau}$$

$$-\frac{A_2}{2}\mathrm{e}^{aB_2^2\tau}\left[\mathrm{e}^{-B_2 x}\mathrm{erfc}\!\left(\frac{x}{2\sqrt{\alpha\tau}} - B_2\sqrt{\alpha\tau}\right) - \mathrm{e}^{B_2 x}\mathrm{erfc}\!\left(\frac{x}{2\sqrt{\alpha\tau}} + B_2\sqrt{\alpha\tau}\right)\right] \tag{8.54}$$

当 $x=0$ 时,表面温度为

$$\theta(0,\tau) = \frac{2\dot{q}_c''\sqrt{\tau}}{\sqrt{\pi k\rho C_p}} + A_2\mathrm{e}^{aB_2^2\tau}\mathrm{erfc}(B_2\sqrt{\alpha\tau}) \tag{8.55}$$

1)低恒定热流(长着火时间)

在低恒定热流(长着火时间)情况下,$\varphi = B_2\sqrt{\alpha\tau} = 1.75\sqrt{\tau/t_{t,2}}$。在 $\varphi > 1,\tau > t_t/1.75^2$ 时,有 $\mathrm{e}^{\varphi^2}\mathrm{erfc}(\varphi) \approx 1/(\varphi\sqrt{\pi})$,此时表面温度可利用近似方程简化为

$$\theta(0,\tau) = \frac{2\dot{q}_c''\sqrt{\tau}}{\sqrt{\pi k\rho C_p}} + \frac{A_2}{B_2\sqrt{\pi\alpha\tau}} \tag{8.56}$$

图 8.9(c)和(d)验证了该近似方法的准确性。当 $\theta = \theta_{cri}, \tau = \tau_{ig}$ 时,着火时间可表示为

$$\tau_{ig}^{-0.5} = \frac{2\dot{q}_c''}{\theta_{cri,2}^*\sqrt{\pi k\rho C_p}} \tag{8.57}$$

$$\theta_{cri,2}^* = \frac{1}{2}\left[\theta_{cri} + \sqrt{\theta_{cri}^2 - \frac{128a\dot{q}_c''t_{t,2}^3}{26.25\pi^{1.5}k\rho C_p}}\right] \tag{8.58}$$

2)高恒定热流(短着火时间)

与线性上升-恒定热流情况的简化方法类似,在 $0 \leqslant \tau \leqslant t_{t,2}/1.75^2$ 或 $0 \leqslant \varphi \leqslant 1$ 时,用直线代替原温度曲线,直线经过点 $(0, A_2)$ 和点 $(t_{t,2}/1.75^2, \theta(0, t_{t,2}/1.75^2))$,图 8.9(c)和(d)验证了该近似方法的准确性,直线可表示为

$$\theta(0, \tau) \approx A_2 + C_2 \tau \tag{8.59}$$

$$C_2 = \frac{3.5 \dot{q}_c''}{\sqrt{\pi t_{t,2} k \rho C_p}} + \frac{3.1 A_2}{t_{t,2}} [\mathrm{e}^1 \mathrm{erfc}(1) - 1] \tag{8.60}$$

此范围内的着火时间可表示为

$$\tau_{ig}^{-0.5} = \left(\frac{\theta_{ig} - A_2}{C_2} \right)^{-0.5} \tag{8.61}$$

所有加热条件下着火时间表达式和常数如表 8.4 所示。

表 8.4　着火时间表达式总结

热流	线性上升-恒定热流	平方上升-恒定热流
低 $\dot{q}_c''$(长 τ_{ig})	$\tau_{ig}^{-0.5} = \dfrac{2 \dot{q}_c''}{\theta_{cri,1}^* \sqrt{\pi k \rho C_p}}$ $\theta_{cri,1}^* = \dfrac{1}{2}\left(\theta_{cri} + \sqrt{\theta_{cri}^2 - \dfrac{32 a \dot{q}_c'' t_{t,1}^2}{4.35 \pi^{1.5} k \rho C_p}}\right)$	$\tau_{ig}^{-0.5} = \dfrac{2 \dot{q}_c''}{\theta_{cri,2}^* \sqrt{\pi k \rho C_p}}$ $\theta_{cri,2}^* = \dfrac{1}{2}\left(\theta_{cri} + \sqrt{\theta_{cri}^2 - \dfrac{128 a \dot{q}_c'' t_{t,2}^3}{26.25 \pi^{1.5} k \rho C_p}}\right)$
高 $\dot{q}_c''$(短 τ_{ig})	$\tau_{ig}^{-0.5} = \left(\dfrac{\theta_{ig} - A_1}{C_1}\right)^{-0.5}$;　$A_1 = \dfrac{4 a t_{t,1}^{3/2}}{3 \sqrt{\pi k \rho C_p}}$ $C_1 = \dfrac{2.9 \dot{q}_c''}{\sqrt{\pi t_{t,1} k \rho C_p}} + \dfrac{2.1 A_1}{t_{t,1}}[\mathrm{e}^1 \mathrm{erfc}(1) - 1]$	$\tau_{ig}^{-0.5} = \left(\dfrac{\theta_{ig} - A_2}{C_2}\right)^{-0.5}$;　$A_2 = \dfrac{16 a t_{t,2}^{5/2}}{15 \sqrt{\pi k \rho C_p}}$ $C_2 = \dfrac{3.5 \dot{q}_c''}{\sqrt{\pi t_{t,2} k \rho C_p}} + \dfrac{3.1 A_2}{t_{t,2}}[\mathrm{e}^1 \mathrm{erfc}(1) - 1]$

8.2.2　数值模型

本节所用数值模型为 3.2.1 节中所述一维数值模型,模拟 PMMA 样件厚度为 50mm,模拟时间、网格大小和时间步长分别为 10000s、0.05mm 和 0.2s。模拟所用 PMMA 热物性参数如表 8.5 所示。模拟采用四组上升-恒定时变热流,如图 8.10 所示。其中两组为线性上升-恒定热流,另外两组为平方上升-恒定热流。第一组为固定转变时间、不同上升速率下的热流,第二组为固定上升速率、不同转变时间下的热流。四组热流的具体参数如表 8.6 所示。

表 8.5　PMMA 热物性参数

参数	数值	参考文献
密度 $\rho/(\mathrm{kg} \cdot \mathrm{m}^3)$	1190	[29]
比热容 $C_p/[\mathrm{J}/(\mathrm{g} \cdot \mathrm{K})]$	1.7	[29]

参数	数值	参考文献
热导率 k/[W/(m·K)]	0.336	[29]
临界温度 T_{ig}/K	655.1	[1]
环境温度 T_{∞}/K	300	—

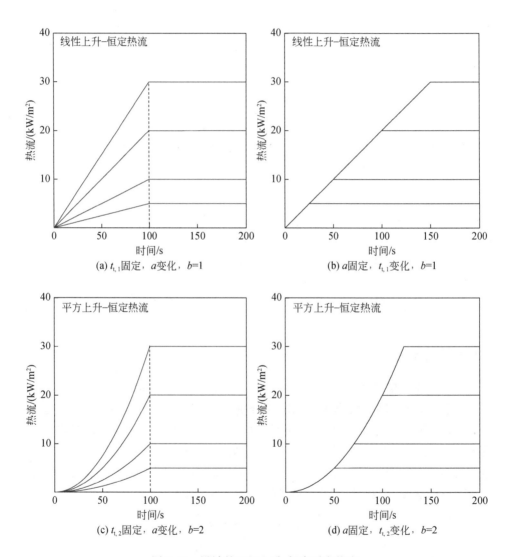

图 8.10　设计的四组上升-恒定时变热流

表 8.6　设计的四组上升-恒定时变热流参数及对应的 a_{cri}、$t_{t,cri}$、$\dot{q}_c''$

条件	参数	数值				
线性上升-恒定热流，$t_{t,1}$ 固定，a 变化	固定 $t_{t,1}/s$	50	100	150	200	250
	$a_{cri}/[W/(m^2 \cdot s)]$	1100.78	389.18	211.84	137.60	98.46
	$\dot{q}_c''/(kW/m^2)$	55.04	38.92	31.78	27.52	24.62
线性上升-恒定热流，a 固定，$t_{t,1}$ 变化	固定 $a/[W/(m^2 \cdot s)]$	50	100	150	200	250
	$t_{t,1,cri}/s$	392.76	247.42	188.82	155.87	134.32
	$\dot{q}_c''/(kW/m^2)$	19.64	24.74	28.32	31.18	33.58
平方上升-恒定热流，$t_{t,2}$ 固定，a 变化	固定 $t_{t,2}/s$	50	100	150	200	250
	$a_{cri}/[W/(m^2 \cdot s)]$	27.52	4.86	1.77	0.86	0.49
	$\dot{q}_c''/(kW/m^2)$	68.80	48.60	39.83	34.40	30.63
平方上升-恒定热流，a 固定，$t_{t,2}$ 变化	固定 $a/[W/(m^2 \cdot s)]$	1	2	3	4	5
	$t_{t,2,cri}/s$	188.29	142.70	121.33	108.14	98.91
	$\dot{q}_c''/(kW/m^2)$	35.45	40.73	44.16	46.78	48.92

8.2.3　表面温度

表面温度是预测着火时间的关键参数。图 8.11 为不同热流下两种解析模型（精确和近似解）及数值模型预测的表面温度对比。当相对着火温度小于 400K 时，所有曲线均吻合较好，说明近似模型推导过程中所用的近似公式（8.27）和（8.51）精确度较高，且数值模型预测精度也较高。其他工况下也有类似的结果，此处不再赘述。入射热流以分段函数的形式表示，所以表面温度也呈现出较明显的分段特征。在热流上升阶段，表面温度在接近过渡温度 t_t 时急剧上升；在热流稳定阶段，表面温度增长速率下降。

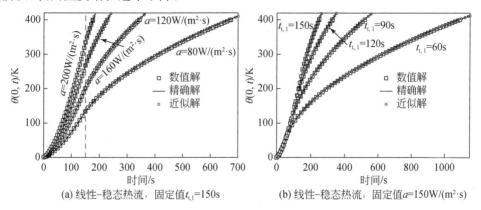

(a) 线性-稳态热流，固定值 $t_{t,1}$=150s　　　　(b) 线性-稳态热流，固定值 a=150W/(m²·s)

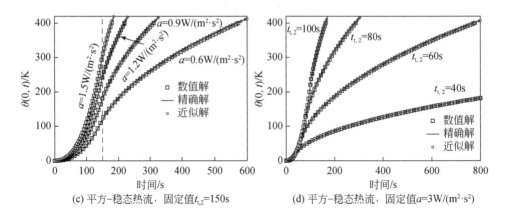

(c) 平方-稳态热流，固定值$t_{t,2}$=150s　　(d) 平方-稳态热流，固定值a=3W/(m²·s²)

图 8.11　表面温度解析解(包括精确解和近似解)与模拟结果比较

8.2.4　着火时间

图 8.12 和图 8.13 分别对比了线性上升-恒定热流及平方上升-恒定热流下着火时间解析解、数值模拟结果、利用式(8.48)和简单数值方法计算的着火时间。在所有条件下，精确解析解与数值模型模拟结果吻合得非常好，验证了数值模型的准确性。另外，当 a 和 t_t 较小时，低热流的结果比高热流的结果吻合度更好；而当 a 和 t_t 较大时，高热流的结果比低热流的结果吻合度更好。四组热流中 a 和 t_t 的阈值(a_{thr} 和 $t_{t,thr}$)可分别计算为

$$a_{thr,1} = \frac{\theta_{cri}\sqrt{4.35}\,\pi^{3/4}\sqrt{k\rho C_p}}{4\sqrt{2}\,t_{t,1}^{3/2}} \tag{8.62}$$

$$a_{thr,2} = \frac{\theta_{cri}\sqrt{26.25}\,\pi^{3/4}\sqrt{k\rho C_p}}{8\sqrt{2}\,t_{t,2}^{5/2}} \tag{8.63}$$

$$t_{t,1,thr} = \left[\frac{\theta_{cri}\sqrt{4.35}\,\pi^{3/4}\sqrt{k\rho C_p}}{4\sqrt{2}\,a}\right]^{2/3} \tag{8.64}$$

$$t_{t,2,thr} = \left[\frac{\theta_{cri}\sqrt{26.25}\,\pi^{3/4}\sqrt{k\rho C_p}}{8\sqrt{2}\,a}\right]^{2/5} \tag{8.65}$$

a_{thr} 和 $t_{t,thr}$ 的计算结果如图 8.12 和图 8.13 中竖虚线所示。前人研究中大多采用临界温度来估算着火时间。

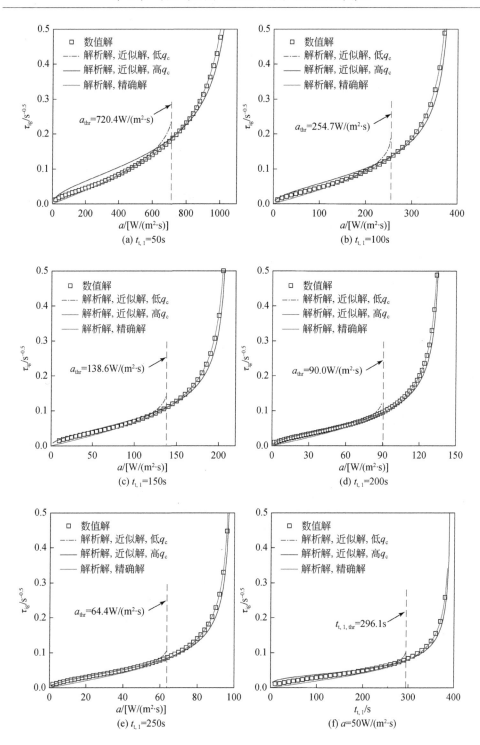

(a) $t_{t,1}=50\text{s}$

(b) $t_{t,1}=100\text{s}$

(c) $t_{t,1}=150\text{s}$

(d) $t_{t,1}=200\text{s}$

(e) $t_{t,1}=250\text{s}$

(f) $a=50\text{W}/(\text{m}^2\cdot\text{s})$

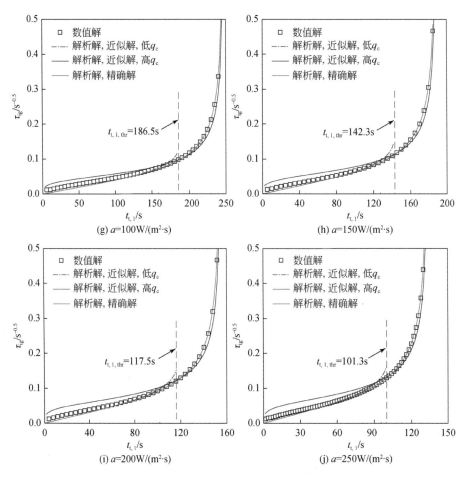

图 8.12　线性上升-恒定热流下着火时间解析解与模拟结果对比

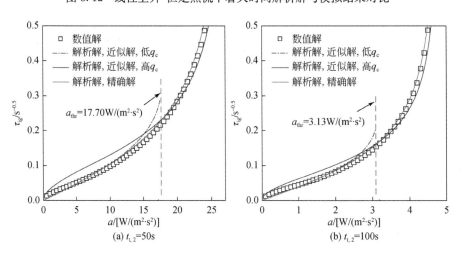

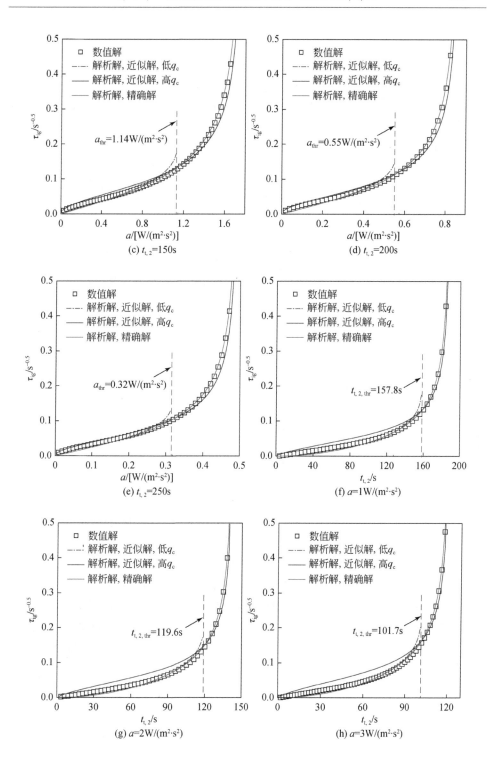

(c) $t_{t,2}$=150s

(d) $t_{t,2}$=200s

(e) $t_{t,2}$=250s

(f) a=1W/(m²·s²)

(g) a=2W/(m²·s²)

(h) a=3W/(m²·s²)

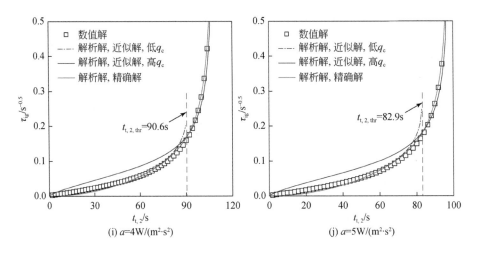

图 8.13　平方上升-恒定热流下着火时间解析解与模拟结果对比

Reszka 等[8]提出了一种常热和单调线性上升热流下临界能量的估算方法,即着火时间与入射热流的积分平方呈线性关系:

$$t_{ig} = \frac{4}{9\theta_{ig}^2 \pi k \rho C_p} \left(\int_0^{t_{ig}} \dot{q}'' dt \right)^2 \tag{8.66}$$

式(8.66)的局限性在于忽略了表面热损失[8],该式适用于热惯性较大的固体,如PMMA、PE、PA6 和硬纸板等,表面热损失对着火时间预测结果影响不大。而对于热惯性较小的固体,如泡沫,表面热损失不可忽略,此时的着火时间只能用数值模型进行计算。本节上升-恒定热流下入射热流的积分平方可计算为

$$\left(\int_0^{t_{ig}} \dot{q}'' dt \right)^2 = a^2 t_{t,1}^2 \left(t_{ig} - \frac{1}{2} t_{t,1} \right)^2, \quad \text{线性上升-恒定热流} \tag{8.67}$$

$$\left(\int_0^{t_{ig}} \dot{q}'' dt \right)^2 = a^2 t_{t,2}^4 \left(t_{ig} - \frac{2}{3} t_{t,2} \right)^2, \quad \text{平方上升-恒定热流} \tag{8.68}$$

图 8.14 为本节上升-恒定热流下着火时间-$\left(\int_0^{t_{ig}} \dot{q}'' dt \right)^2$ 关系图,以验证两者的线性关系。明显可见,在四组热流下其线性关系均较好,说明临界能量判据在本节时变热流下同样适用。此外,图 8.14 还比较了 Reszka 等[8]和 Dakka 等[30]在线性上升和恒定热流下 PMMA 的着火时间结果,其线性度均较好。文献[8]和[30]与本节中拟合直线斜率的差异主要是由实验测量的不同临界温度导致的。

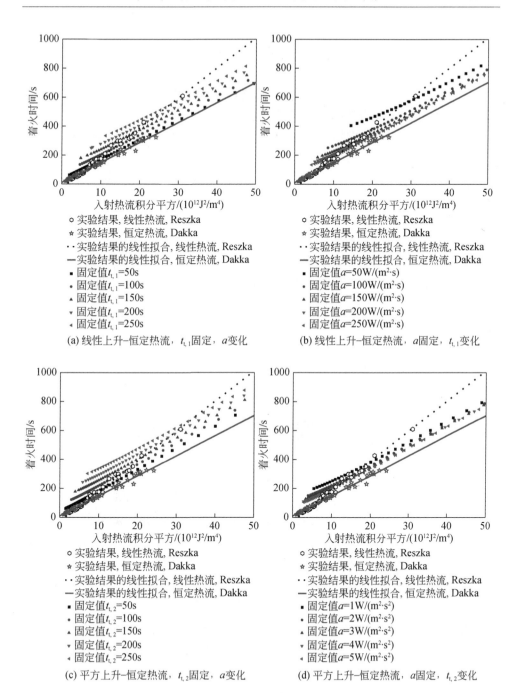

图 8.14 着火时间与入射热流的积分平方线性关系的验证

8.3　四次方热流

本节主要介绍 DiDomizio 等[31]在锥形量热仪下通过线性上升的方式控制辐射加热源温度的方法,实现的随时间四次方上升的时变热流及其相关的木材热解着火实验研究。本节只对实现过程和主要实验结果进行介绍,更为详细的内容读者可参考相关文献。

8.3.1　实验研究

本节实验装置为标准锥形量热仪。本节着火实验为自燃着火,因此未采用电火花引火源。为方便测量,实验对样品盒进行了改进,如图 8.15 所示。样品盒由两部分组成,分别是两层 5mm 厚的隔热板和单层 25.4mm 厚的耐火陶瓷纤维板,以减少样品侧面和下方的传热。样品底部也有一层陶瓷纤维板。两个 K 型热电偶固定在样品下方不同高度处,以测量试样底部和隔热板顶部中心温度。第三个热电偶固定在支架外侧的陶瓷纤维板和隔热板之间。为了将实验环境对表面温度、热解和点火过程的影响降至最低,未在试样表面安装热电偶。空气中的热电偶用于验证实验中的边界条件与模型边界条件假设的吻合度,实验所测样品底面温度和质量用于验证传热模型的可靠性。

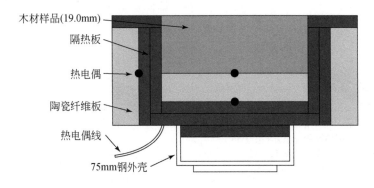

木材样品(19.0mm)
隔热板
热电偶
陶瓷纤维板
热电偶线
75mm钢外壳

图 8.15　样品盒结构示意图

实验过程中,将样品放置在电子天平上,其中锥形加热器以恒定热流或随时间变化热流加热木材样件。在恒定热流实验中,锥形加热器温度在实验前设置,并在整个实验过程中保持不变。而在时变热流实验中,控制锥形加热器温度,使其从环境温度在特定时间内上升到一定的高温(如 1K/s),从而产生时变热流。由实验结果可知,辐射源加热器的热滞后效应可忽略不计。设定锥形加热器温度以 1K/s 的速度上升到 800℃过程中产生的热流如图 8.16 所示,通过拟合发现,该热流可用四阶多项式较好表征,因此实验所用时变热流为四次方上升热流。图 8.17 为实验中所用其他热流形式,包括恒定-上升热流。这些热流虽然不是从零开始上升的,但在上升阶段同样可以用四次方程来表征,因此也被归为四次方上升热流。

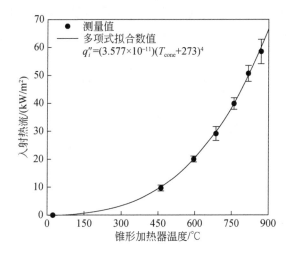

图 8.16　入射热流测量值(误差棒为每个温度下平均测量值的 95% 置信区间)
T_{cone} 为热锥温度

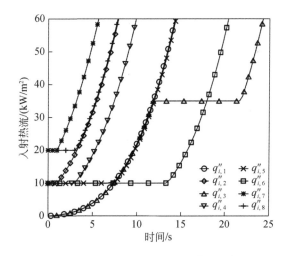

图 8.17　本节研究中的其他四次方上升热流

在本节研究中,自燃着火定义为在样品表面出现持续时间大于 5s 的可见火焰。若加热时间超过 30min 仍未着火,则记录为"未着火"结果。本部分实验包括一系数恒定和四次方时变热流下的自燃着火实验。某些特定情况下开展了次数较多的重复测试,以确保实验的重复性。

8.3.2　实验结果

本节在 35～60kW/m² 的恒定热流下开展了 14 次试验,其中 2 次实验没有发生着火,此外在图 8.17 所示的时变热流下进行了 18 次自燃着火实验。使用数值模型对着火的 30 次实验结果进行模拟分析,模型输入参数包括样品质量和尺寸、时变热流参数、环境温度和初始温度、测得的着火时间。模型采用实验所测临界温度为着火判据。表 8.7 为不同热流条件下的实验次数、平均着火时间、平均着火温度和着火时的平均入射热流。

表 8.7　恒定和四次方时变热流下的着火时间、着火温度和着火时刻热流平均值

条件	$q_i''/(kW/m^2)$	实验次数	平均着火时间/s	平均着火温度/℃	平均入射热流/(kW/m²)
恒定热流	35.0	1	—	—	—
	37.0	1	—	—	—
	38.0	1	332	522	38.0
	40.0	3	467	521	40.0
	45.0	2	46	511	45.0
	50.0	4	35	522	50.0
	60.0	2	21	536	60.0
时变热流	$q_{i,1}''$	7	764	538	43.4
	$q_{i,2}''$	5	347	505	37.0
	$q_{i,3}''$	1	1336	585	48.7
	$q_{i,4}''$	1	432	471	32.1
	$q_{i,5}''$	1	763	507	36.2
	$q_{i,6}''$	1	1089	507	35.8
	$q_{i,7}''$	1	208	493	36.5
	$q_{i,8}''$	1	321	500	35.5

发生着火的恒定入射热流最小值(q_{min}'')为 38.0kW/m²。35.0kW/m² 和 37.0kW/m² 热流下在规定的 30min 内未发生着火。本节研究中的着火最小热流明显大于 Drysdale[5] 研究中的 28kW/m²。Boonmee 等[32] 的研究表明,木材在低于 40kW/m² 热流下的自燃着火实验中会出现明显的炭氧化着火(表面发光),而非火焰着火,导致从炭氧化着火到火焰着火转变的最小热流在 35～37kW/m²。本

节的研究虽然没有考虑炭氧化着火，但实验结果与 Boonmee 的结论较为一致。

对于时变热流下木材的自燃着火，着火时的入射热流范围为 32.1～48.7kW/m²，平均值为 38.2kW/m²，该值非常接近恒定热流下实验确定的最小热流，$q''_{i,1}$ 和 $q''_{i,3}$ 的平均值偏大。值得注意的是，这两个热流均是在初始热流为零时开始的（图 8.17）。对于部分时变热流，着火时的入射热流小于 q''_{min}。因此，对于时变热流，恒定热流的 q''_{min} 并不适用。30 次着火实验的平均着火温度为 520.7℃，标准差为 27.4℃，由此计算出来的平均着火温度的 95％置信区间为 ±9.8℃。该结果与Bilbao 等[33] 的 525℃ 和 Drysdale[5] 的木材自燃着火温度低于 600℃ 的结果基本一致。12 次恒定热流实验的着火温度范围为 510～538℃，所有试验的结果都在平均着火温度的一个标准差范围内。相反，18 次时变热流实验的着火温度范围为 467～585℃，且只有 61％ 的结果落在平均着火温度的一个标准差范围内，说明时变热流下木材的着火温度范围比恒定热流的范围更大。

8.4　周　期　热　流

本节主要介绍 Fang 等[34] 实验研究的热厚 PMMA 在周期变化热流下的点燃着火过程。该周期热流的设计方法及标定的周期热流在 4.4.2 节已较为详细地介绍，因此本节只简要介绍其主要实验结果，更为详细的说明可参考相关文献。

在本节实验结果分析中，定义 τ 为一个热流周期的时长，并用数值模型对实验结果进行模拟。所采用的周期热流最大值和最小值分别为 20kW/m² 和 2kW/m²，当 τ 分别为 4s、24s、44s、64s 和 84s 时，平均着火时间分别为 275s、250s、235s、215s 和 195s。图 8.18 为 $\tau=64s$ 时的模拟（0mm 和 2mm 深度）和实验（2mm、5mm 和

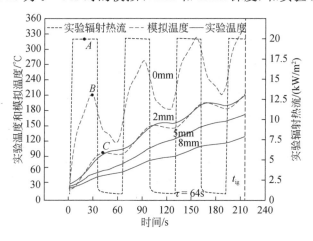

图 8.18　周期热流下模拟（0mm 和 2mm 深度）和实验（2mm、5mm 和 8mm 深度）温度结果

8mm 深度)温度结果。图中,t_{ig} 表示实验着火时间,竖虚线表示实验加热周期,点 A、点 B 和点 C 分别代表热流峰值、表面温度峰值和 2mm 深度处温度峰值。在高热流区间,温度较高,但有一定的滞后性,且该滞后性随着深度的增加而增强,该滞后性与温度测点位置及材料的热扩散系数 α 有关。此外,表面和内部温度均随时间增加,但振荡幅度逐渐减小。通过对比实验和模拟结果确定的周期热流下材料的着火临界温度为 340℃。此外,Fang 等[34] 还通过理论分析得到了无量纲着火时间与热流周期数间的线性关系,如图 8.19 所示。图中,T_s^* 为无量纲表面温度;T_0 为初始温度;ρ 为密度;C_p 为比热容;t 为时间;k 为热导率;$\dot{q}''_{e(ON)}$ 为热流;τ 为热流周期时间。明显可见,模拟结果的线性度较好,验证了理论模型的可靠性。

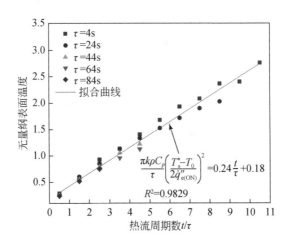

图 8.19　模拟的无量纲表面温度与热流周期数的线性关系

8.5　时变热流着火时间预测的一般理论

除了上述几种时变热流,还有部分学者对其他形式热流进行了实验和理论研究。Reszka 等[8] 在研究恒定和线性上升热流时得到了着火时间与热流积分平方的线性关系,该关系式是在这两个特定热流条件下得到的,但随后的大量实验和理论研究表明,该理论同样适用于其他形式更为复杂的时变热流。同样,本节只对 Reszka 等[8] 的研究进行简单介绍,更详细的内容可参考相关文献。

考虑一维半无限厚惰性固体在外部热流加热条件下的着火过程,当考虑表面热损失时,其传热控制方程、边界条件和初始条件可表示为

$$\frac{\partial^2 \theta(x,t)}{\partial x^2} = \frac{1}{\alpha}\frac{\partial \theta(x,t)}{\partial t} \tag{8.69}$$

当 $x=0$ 时，

$$\dot{q}''_{net}(t)=\dot{q}''_{ext}(t)-h\theta(x,t)=-k\frac{\partial\theta(x,t)}{\partial x} \tag{8.70}$$

当 $x=\infty$ 时，

$$\theta(x,0)=0$$

式中，$\theta(x,t)$ 为相对温度，$\theta(x,t)=T(x,t)-T_\infty$；表面热损失系数 h 同时包含对流和辐射热损。

8.5.1　无表面热损失的时变热流解

Carslaw 等[35] 给出了线性热流 $\dot{q}''_{net}=mt$ 下忽略表面热损失的解析解。时变热流下着火时间的表达式可表示为以下类似的形式：

$$t_{ig}^{-1/2}=\frac{2}{\sqrt{\pi}}\frac{2}{3(k\rho C_p)^{1/2}}\frac{\dot{q}''_{net}(t_{ig})}{\theta_{ig}} \tag{8.71}$$

8.5.2　有表面热损失的时变热流解

当入射热流和表面热损失随时间变化时，不易得到该问题的解析解。当外部热流为线性热流 $\dot{q}''_{ext}(t)=mt+\dot{q}''_0$ 时，利用拉普拉斯变换和卷积定理可求得表面温度解为

$$\theta(0,t)=\frac{m}{h}\left[t-\frac{2k\sqrt{t}}{h\sqrt{\alpha\pi}}+\frac{k^2}{\alpha h^2}\right]+\frac{\dot{q}''_0}{h}-e^{\frac{h^2\alpha t}{k^2}}\mathrm{erfc}\left(\frac{h}{k}\sqrt{\alpha t}\right)\left(\frac{mk^2}{\alpha h^3}+\frac{\dot{q}''_0}{h}\right) \tag{8.72}$$

为了简化分析，假设 $\dot{q}''_0=0$，将式（8.72）用级数展开近似可得

$$\theta(0,t)=\frac{4mt}{3\sqrt{\pi}}\frac{t^{1/2}}{(k\rho C_p)^{1/2}}-\frac{2mt}{3\sqrt{\pi}}\frac{h^2t^{3/2}}{(k\rho C_p)^{3/2}} \tag{8.73}$$

若定义净热流为 $\dot{q}''_{net}(t)=\dot{q}''_{ext}-h\theta$，则式（8.73）可表示为类似于式（8.66）的形式。定义参考温度

$$\theta_r=\frac{mht^2}{2k\rho C_p} \tag{8.74}$$

显然，θ_r 为一个时变参数，由于该传热问题的瞬态性质，方程无法得到一个常参数。重新整理式（8.73）可得

$$t_{ig}^{-1/2}=\frac{2}{\sqrt{\pi}}\frac{2}{3(k\rho C_p)^{1/2}}\frac{[\dot{q}''_{ext}(t_{ig})-\theta_r h]}{\theta_{ig}} \tag{8.75}$$

考虑到时变热流和表面热损失，着火时间的解可表示为

$$t_{ig}^{-1/2}=\frac{2}{\sqrt{\pi}}\frac{2}{3(k\rho C_p)^{1/2}}\frac{\dot{q}''_{net}(t_{ig})}{\theta_{ig}} \tag{8.76}$$

8.5.3　固体着火时间一般解

本节提出的固体着火解采用临界温度判据,即 $t_{ig}^{-1/2}$ 和 $\dot{q}''_{ext}$ 之间存在线性关系,或 $t_{ig}^{-1/2}/\dot{q}''_{ext}$ 的比值为常数。许多学者已证明这种线性关系与材料本身无关,即该线性关系具有普适性[36,37]。假设该线性比例有效,将式(8.66)等号两侧同时对时间进行积分,积分上限设置为着火时间,可得着火时间与入射热流积分平方的关系式,即

$$t_{ig} = \left[\frac{1}{\theta_{ig}(\pi k\rho C_p)^{1/2}} \int_0^{t_{ig}} \dot{q}''_{ext} dt \right]^2 \tag{8.77}$$

或

$$t_{ig} = \left[\frac{2}{3\theta_{ig}(\pi k\rho C_p)^{1/2}} \int_0^{t_{ig}} \dot{q}''_{net} dt \right]^2 \tag{8.78}$$

式(8.77)和式(8.78)表明,当着火时间较短时,t_{ig} 与 $\int_0^{t_{ig}} \dot{q}''_{ext} dt$ 成正比,即着火时间可表示为表面接收到的总能量的函数。因此,在标准热解着火测试中,若材料接收的热流可通过气相过程计算得到,则可根据式(8.77)和式(8.78)求得着火时间。

参 考 文 献

[1] Vermesi I,Roenner N,Pironi P,et al. Pyrolysis and ignition of a polymer by transient irradiation[J]. Combustion and Flame,2016,163(1):31-41.

[2] Torero J L. Flaming ignition of solids fuels[J]. National Fire Protection Association,2008, (1):260-277.

[3] Babrauskas V. Ignition Handbook[M]. Seattle:Fire Science Publishers,2003.

[4] Bal N,Rein G. Numerical investigation of the ignition delay time of a translucent solid at high radiant heat fluxes[J]. Combustion and Flame,2011,158(6):1109-1116.

[5] Drysdale D. An introduction to fire dynamics[J]. Diffusion and Heat Transfer in Chemical Kinetics Plenum,2011,(5):399.

[6] Rich D,Lautenberger C,Torero J L,et al. Mass flux of combustible solids at piloted ignition[J]. Proceedings of the Combustion Institute,2007,31(2):2653-2660.

[7] Spalding D B. Some Fundamentals of Combustion[M]. London:Butterworths Scientific Publications,1955.

[8] Reszka P,Borowiec P,Steinhaus T,et al. A methodology for the estimation of ignition delay times in forest fire modelling[J]. Combustion and Flame,2012,159(12):3652-3657.

[9] Thomson H,Drysdale D. Critical mass flowrate at the firepoint of plastics[J]. Fire Safety Science,1989,2(3):67-76.

[10] Lyon R E,Quintiere J G. Criteria for piloted ignition of combustible solids[J]. Combustion and Flame,2007,151(4):551-559.

[11] Nicolas B,Guillermo R. Uncertainty and complexity in pyrolysis modelling[C]//The 23th Annual Conference on Recent Advances in Flame Retardancy of Polymeric Materials,2012: 101-114.

[12] US-ANSI. Standard test methods for measurement of material flammability using a fire propagation apparatus (FPA)[S]. ANSI/ASTM E2058, West Conshohocken: Technical Report,2013.

[13] Reszka P, Torero J L. In-depth temperature measurements in wood exposed to intense radiant energy[J]. Experimental Thermal and Fluid Science,2008,32(7):1405-1411.

[14] Carvel R, Steinhaus T, Rein G, et al. Determination of the flammability properties of polymeric materials:A novel method[J]. Polymer Degradation and Stability,2011,96(3): 314-319.

[15] Lautenberger C,Fernandez-Pello C. Generalized pyrolysis model for combustible solids[J]. Fire Safety Journal,2009,44(6):819-839.

[16] Lautenberger C . Gpyro3D: A three dimensional generalized pyrolysis model[J]. Fire Safety Science, 2014, 11: 193-207.

[17] Bal N,Rein G. Relevant model complexity for non-charring polymer pyrolysis[J]. Fire Safety Journal,2013,61:36-44.

[18] Belcher C M,Hadden R M,Rein G, et al. An experimental assessment of the ignition of forest fuels by the thermal pulse generated by the Cretaceous-Paleogene impact at Chicxulub[J]. Journal of the Geological Society,2015,172(2):175-185.

[19] Kashiwagi T,Ohlemiller T J. A study of oxygen effects on nonflaming transient gasification of PMMA and PE during thermal irradiation [J]. Symposium (International) on Combustion,1982,19(1):815-823.

[20] Bal N,Raynard J, Rein G, et al. Experimental study of radiative heat transfer in a translucent fuel sample exposed to different spectral sources[J]. International Journal of Heat and Mass Transfer,2013,61:742-748.

[21] Chen Z. Design fires for motels and hotels[D]. Ottawa:Carleton University,2009.

[22] Zhang X,Hadjisophocleous G. An improved two-layer zone model applicable to both pre- and post-flashover fires[J]. Fire Safety Journal,2012,53:63-71.

[23] Boulet P,Brissinger D,Collin A, et al. On the influence of the sample absorptivity when studying the thermal degradation of materials[J]. Materials,2015,8(8):5398-5413.

[24] Tsilingiris P T. Comparative evaluation of the infrared transmission of polymer films[J]. Energy Conversion and Management,2003,44(18):2839-2856.

[25] Delichatsios M A, Chen Y. Asymptotic, approximate, and numerical solutions for the heatup and pyrolysis of materials including reradiation losses[J]. Combustion and Flame, 1993,92:292-307.

[26] Carslaw H S,Jaeger J C. Conduction of heat in solids[J]. The Mathematical Gazette,1959, DOI:10. 2307/3610347.

[27] Delichatsios M A. Ignition times for thermally thick and intermediate conditions in flat and cylindrical geometries[C]//The 6th International Symposium on Fire Safety Science,2000: 233-244.

[28] Delichatsios M A,Zhang J P. An alternative way for the ignition times for solids with radiation absorption in-depth by simple asymptotic solutions[J]. Fire and Materials,2012, 36:41-47.

[29] Li J,Gong J H,Stoliarov S I. Gasification experiments for pyrolysis model parameterization and validation[J]. International Journal of Heat and Mass Transfer,2014,77:738-744.

[30] Dakka S M,Jackson G S,Torero J L. Mechanisms controlling the degradation of poly (methyl methacrylate) prior to piloted ignition [J]. Proceedings of the Combustion Institute,2002,29(1):281-287.

[31] DiDomizio M J,Mulherin P,Weckman E J. Ignition of wood under time-varying radiant exposures[J]. Fire Safety Journal: An international Journal Devoted to Research on Fire Safety Science and Engineering,2016,82:131-144.

[32] Boonmee N,Quintiere J G. Glowing and flaming autoignition of wood[J]. Proceedings of the Combustion Institute,2002,29(1):289-296.

[33] Bilbao R,Mastral J F,Lana J A. A model for the prediction of the thermal degradation and ignition of wood under constant and variable heat flux[J]. Journal of Analytical and Applied Pyrolysis,2002,62:63-82.

[34] Fang J,Meng Y R,Wang J W,et al. Experimental,numerical and theoretical analyses of the ignition of thermally thick PMMA by periodic irradiation[J]. Combustion and Flame,2018, 197:41-48.

[35] Carslaw H,Jaeger J. Conduction of Heat in Solids[M]. 2nd ed. Oxford:Oxford University Press,1959.

[36] Delichatsios M A,Panagiotou T,Kiley F. The use of time to ignition data for characterizing the thermal inertia and the minimum (critical) heat flux for ignition or pyrolysis[J]. Combustion and Flame,1991,84(3-4):323-332.

[37] Quintiere J G. Fundamentals of Fire Phenomena [M]. New York: John Wiley and Sons,2006.

第 9 章 时变热流下固体可燃物热解着火影响因素

9.1 含 水 率

影响木材热解着火过程的一个重要因素是含水率（moisture content，MC）。Moghtaderi[1] 阐述了与木材相关的固体材料中所含水分存在的两种形式，即自由水与结合水。自由水以液体的方式存在于木材的空隙之间，且大量的自由水在温度达到 100℃ 时蒸发；结合水则是以分子键的形式与氢氧基组相黏结而存在于细胞壁上，这类水分需要吸收更多的热量来破坏分子键，才能完成蒸发过程。另外，在一定的相对湿度下，细胞壁的饱和吸水能力被定义为纤维素材料的纤维饱和点（fiber saturation point，FSP），木材中超过纤维饱和点的水分均以自由水的形式存在[2]。

木材及木制品广泛应用于家庭和工程场所，因此在使用中有较宽的含水率范围。在常温下，干木和活木的含水率可高达 30％ 和 200％[3,4]。为简化分析过程，实验中常用烘箱干燥木材样品以消除含水率的影响，且通常通过分析固相传热和热解过程并结合着火判据（如临界温度或临界质量损失速率）来建立一维固体着火模型[5-10]。此类研究中表面接收热流通常假设为常数，即恒定热流。然而在实际火灾中，含水率和时变热流可能同时存在，相关的着火研究尚未完全开展。

Di Blasi[11]、Bartlett 等[12] 和 Babrauskas[13] 指出，木材着火过程可通过蒸发自由水来延缓固体的温升，且可通过稀释热解气来延缓气相中挥发物的着火[14,15]。同时，木材的热力学参数，包括密度、热导率和比热容等也均受木材中自由水和结合水的影响。Mikkola[16]、Shen 等[17]、Moghtaderi 等[18] 和 McAllister[19] 发现，随着含水率的增加，木材的热解开始时间延迟且炭化率降低。McAllister[19] 测量了 0％、8％ 和 18.5％ 含水率条件下的临界质量损失速率，发现其随着含水率的增加而增加。文献中给出的解释是随着含水率的增加，水在着火时仍在蒸发，因此需要更大的可燃气质量流率。Moghtaderi 等[18] 研究了松木在 0％～30％ 含水率下的着火情况，发现由于加热时间较长，着火时间、临界质量损失速率和临界温度均随着含水率的增加而增加。其他文献[20-28] 也有类似的结论。Borujerdi 等[29] 使用组分平衡模型和 Arrhenius 模型来模拟水的蒸发过程，发现组分平衡模型在物理意义上更可靠。在高含水率下，Lamorlette 等[30] 提出固相和液相间的热不平衡更适用于体现湿木的燃烧行为。在这些实验中,大多采用标准实验设备的标准流程,以实现相关变量数量的最小化,如锥形量热计、FPA 或其他特定辐射装置。

而在实际火灾中,传输到未燃烧可燃物的热流通常会随着火灾增长或火焰蔓延而变化。Cohen[31]测量了森林火灾中特定位置处未燃可燃物接收到的火焰辐射热流,如图 9.1 所示,该热流可近似用幂指数函数表示。而在实验室内开展的热解着火研究中,一些研究人员探索了其他形式的时变热流。Yang 等[32,33]在线性增加热流下对干燥木材的着火进行了实验研究。根据实验数据,Ji 等[34]提出了一个预测木材着火的积分模型,发现着火时间与热流增长率的 0.69 次方成反比。随后,Zhai 等[35]将 Yang 等和 Ji 等的工作扩展到平方上升热流,并通过拉普拉斯变换建立了一个分析模型。Lamorlette[36]提出了一种多项式热流下着火解析解的方法。Vermesi 等[37,38]和 DiDomizio 等[39]通过 FPA 和锥形量热仪的实验及数值模拟方法,研究了木材在二次和四次热流下的着火情况。Santamaria 等[40]测量了线性热流下 PA6 的着火时间和临界温度,并分析了产生的气体种类。Reszka 等[41]将经典恒定热流下的着火理论扩展应用到森林火灾中随时间变化的热流,并得出着火时间与着火前吸收能量的平方呈线性关系的结论。这些研究中大多使用聚合物和干木材,对含水率的影响研究不足。

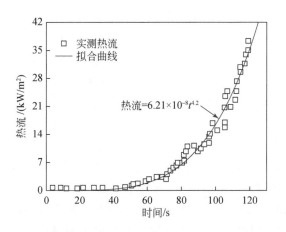

图 9.1　Cohen[31]在森林火灾中所测的时变热流及其幂指数拟合

在森林火灾中,时变热流和含水率对植被的着火过程有重要影响。因此,本节主要研究在幂指数时变热流下,含水率范围为 0%～38% 的山毛榉木材的着火行为。实验测量了着火时间、表面温度和内部温度,并建立了分析模型。此外,采用数值模型 FireFOAM 对实验结果和基于临界温度的分析模型进行了验证。

9.1.1　实验研究

本节所用实验装置与 7.1.1 节所用实验装置完全相同,不同的是本节通过程序控制加热器的输出功率,以实现幂指数上升热流:

$$\dot{q}'' = at^b \tag{9.1}$$

本节研究中共设计了 4 个幂指数上升热流,具体过程为:先将 Delta DT320 温度控制器的控制模式调为 PID 模式(PID 参数由温度控制器自动整定),然后将 SV 控制模式设置为可程序 SV 模式。在可程序 SV 模式下,可选择程序样式和每组程序样式下的步骤,每个步骤有 SP(设定温度)和 TM(设定时间)两个参数,温度控制器通过控制加热圈加热功率使加热圈实时温度在 TM 内达到 SP。本实验中设置温度控制器使加热圈分别在 6min、8min、10min、12min 内从室温上升至 600℃。图 9.2 为本实验设计的标定热流及其拟合曲线,拟合优度 R^2 均大于 0.99。

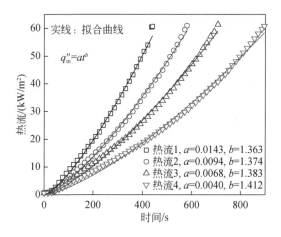

图 9.2　实验测量的幂指数上升热流及其拟合曲线

实验采用直径为 60mm、厚度为 15mm、纹理方向与辐射热流方向平行的山毛榉木样件,如图 9.3 和图 9.4 所示。在样件下表面钻有两个直径为 1mm、深度分别为 12mm 和 9mm 的圆孔,以进行距离上表面 3mm 和 6mm 深度的内部温度测量。实验中使用三根直径为 0.5mm 的 K 型热电偶来测量表面和内部温度,数据采集频率均为 1Hz。当样件表面出现明火时,停止实验。每次实验结束后,关闭加热开关,待加热圈冷却到接近室温后再进行下一组实验。每个实验工况至少重复三次,以提供重复性评估。此外,为了研究木材热解,还使用 Mettler Toledo 同步热分析仪在惰性气氛中进行木材热重实验,得到了木材的热解动力学参数。

图 9.3 样件实物图

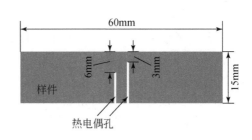

图 9.4 样件示意图

本节实验选择四个含水率,分别为 0％、15％、25％和 38％。干木通常可燃性更好,火灾危险性也更高,因此干木是本节研究的重点。通常干木的含水率在10％～15％。然而,在某些极端条件下,如在干燥冷空气和潮湿气候下,木材的含水率可能会变得极低或极高。因此,本节可选择的含水率范围更广,即 0％～38％,以包含现实中可能出现的极端条件。木材中的水分以自由水和结合水的形式存在。只有细胞壁完全饱和(所有结合水)但细胞腔内不存在水的含水率称为纤维饱和点。对于低于纤维饱和点的含水率,可通过调节烘箱温度和相对湿度来实现目标含水率。对于 0％MC,首先将木材样件在 80℃的烘箱中干燥至少72h,直至质量不再发生变化,然后将其储存在密封塑料袋中。对于 15％MC,样品先干燥、称重,然后在 20℃和 81％相对湿度的烘箱中放置两周,直至质量不变。本研究中在烘箱内处理样品的时间由所需含水率的不确定度(0.4％)确定。样品放置 10 天后,需每天测量样品的含水率,直至连续两天计算的含水率变化值小于预定的不确定范围。McAllister[19]也采用了类似的方法,在 10 天内测量1％MC 的不确定度。本研究计算的含水率在 15％±0.4％范围波动。对于高于纤维饱和点的含水率,即本研究中的 25％MC 和 38％MC,通过烘箱无法达到目标含水率。首先干燥样件并称重,然后浸入水中 48h。随后在 20℃烘箱中放置一段时间,然后保存于密封塑料袋中,直至达到目标含水率。25％MC 和 38％MC 在烘箱中的持续时间分别为 9 天和 4 天,使含水率略高于 25％和 38％。随后,通过更换塑料袋中的空气对含水率进行微调。

9.1.2 理论分析

在热惰性假设下,忽略着火前固体中的热解,本研究中热厚固体的传热问题表示为

$$
\begin{cases}
\dfrac{\partial \theta}{\partial t} = \alpha \dfrac{\partial^2 \theta}{\partial x^2} \\[2mm]
\theta(x,0) = 0 \\[2mm]
-k \left. \dfrac{\partial \theta}{\partial x} \right|_{x=0} = \lambda a t^b - h\theta \\[2mm]
\theta(\infty, t) = 0
\end{cases}
\tag{9.2}
$$

式中，θ 为相对温度，$\theta = T - T_0$，T 和 T_0 分别为瞬态温度和初始温度；α 为热扩散系数，$\alpha = k/(\rho C_p)$，k 为热导率，ρ 为密度，C_p 为比热容；x 为空间变量；λ 为表面吸收率；h 为总传热系数，$h = h_c + \varepsilon h_R$，$h_c$ 为对流换热系数，ε 为发射率，h_R 为满足 $\sigma(T^4 - T_\infty^4) \approx h_R \theta$ 的辐射近似系数，其中 σ 为斯特藩-玻尔兹曼常数。研究发现，使用常数 h_c 和 h_R 在解析模型中的误差可忽略不计[42]。式(9.2)可通过拉普拉斯变换[43]求得

$$
\theta(x,t) = \frac{\lambda a \, \Gamma(b+1)}{\sqrt{k\rho C_p}\, \Gamma(b+0.5)} \int_0^t e^{\delta_L x + \alpha \delta_L^2 \tau} \mathrm{erfc}\left(\frac{x}{2\sqrt{\alpha\tau}} + \delta_L \sqrt{\alpha\tau} \right)(t-\tau)^{b-0.5}\mathrm{d}\tau
\tag{9.3}
$$

式中，Γ 为伽马函数，且 $\delta_L = h/k$。因此，表面温度可表示为

$$
\theta(0,t) = \frac{\lambda a \, \Gamma(b+1)}{\sqrt{k\rho C_p}\, \Gamma(b+0.5)} \int_0^t e^{\alpha \delta_L^2 \tau} \mathrm{erfc}(\delta_L \sqrt{\alpha\tau})(t-\tau)^{b-0.5}\mathrm{d}\tau
\tag{9.4}
$$

若忽略表面热损失，$h=0$，$\delta_L = 0$，则式(9.3)可变为

$$
\theta_{h=0}(0,t) = \frac{\lambda a \, \Gamma(b+1)}{\sqrt{k\rho C_p}\, \Gamma(b+1.5)} t^{b+0.5}
\tag{9.5}
$$

对于常热流且忽略表面热损失，$a = \dot{q}_0''$，$b=0$，式(9.5)正是经典着火模型[43]：

$$
\frac{1}{\sqrt{t_{ig}}} = \frac{2\lambda \dot{q}_0''}{\theta_{ig}\sqrt{\pi k\rho C_p}}
\tag{9.6}
$$

式(9.4)没有精确显式解，可用数值方法进行计算。当考虑表面热损失时，可采用近似方法求得 $\theta(0,t)$。表面温度的精确解也可用积分方程表示[44]：

$$
\theta(0,t) = \frac{1}{\sqrt{\pi k\rho C_p}} \int_0^t \frac{\lambda a \tau^b - h\theta(0,t)}{\sqrt{t-\tau}} \mathrm{d}\tau
\tag{9.7}
$$

若 $h=0$，则式(9.7)与式(9.5)完全相同。式(9.7)仍是隐式，而在该式的积分中用 $\theta_{h=0}(0,t)$ 代替 $\theta(0,t)$ 是一个合理的近似，不会引入较大误差。利用该近似和卷积定理，式(9.7)可积分为

$$
\begin{aligned}
\theta(0,t) &= \frac{\lambda a \Gamma(b+1) t^{b+0.5}}{\sqrt{k\rho C_p}\, \Gamma(b+1.5)} \left[1 - \frac{h}{\sqrt{k\rho C_p}} \frac{\Gamma(b+1.5)}{\Gamma(b+2.5)} t^{0.5} \right] \\[2mm]
&= \theta_{h=0}(0,t)\left[1 - \frac{h}{\sqrt{k\rho C_p}} \frac{\Gamma(b+1.5)}{\Gamma(b+2.5)} t^{0.5} \right]
\end{aligned}
\tag{9.8}
$$

图 9.5 通过在 4 个设定的幂指数上升热流下对比式(9.7)和式(9.8)计算的木材表面温度验证了该近似值的准确性。表 9.1 列出了对比图中计算结果的归一化平均误差(normalized mean bias,NMB)、归一化平均绝对误差(normalized mean absolute error,NMAE)和均方根误差(root-mean-squate error,RMSE)。表 9.2 列出了计算中使用的参数。显然,式(9.8)的近似精度较高。

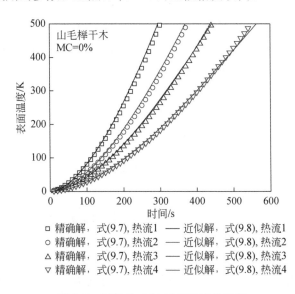

图 9.5 近似公式(9.8)的准确性验证

表 9.1 近似解与精确解的表面温度对比结果

加热条件	NMB/%	NMAE/%	RMSE/K
热流 1	1.24	2.22	12.07
热流 2	1.83	2.42	9.09
热流 3	1.3	2.43	6.96
热流 4	1.63	2.20	4.40

表 9.2 计算使用的山毛榉木材热物性参数

参数	数值	来源
密度/(g/m³)	$\rho_{木材}=7.747\times10^5$	实验测量
	$\rho_{碳}=1.356\times10^5$	文献[45]
	$\rho_{水}=1\times10^6$	文献[45]

参数	数值	来源
比热容/[J/(g·K)]	$C_{p,木材}=1.112+0.00485(T-273)$	文献[46]
	$C_{p,碳}=1.0032+0.00209(T-273)$	文献[46]
	$C_{p,水}=4.2$	文献[45]
热导率/[W/(m·K)]	$k_{木材}=0.26$	文献[45]
	$k_{碳}=0.36$	文献[45]
	$k_{水}=0.658$	文献[45]
吸收率/发射率	$\lambda_{木材}=\varepsilon_{木材}=0.86$	文献[45]
	$\lambda_{碳}=\varepsilon_{碳}=0.85$	文献[45]
	$\lambda_{水}=\varepsilon_{水}=0.8$	文献[45]
对流热损失系数/[W/(m²·K)]	$h_c=10$	文献[42]
辐射近似系数/[W/(m²·K)]	$h_R=22$	文献[42]

在着火时,式(9.8)可重新整理为

$$\frac{1}{t_{ig}^{b+0.5}}=\frac{\lambda a\Gamma(b+1)}{\theta_{ig}\sqrt{k\rho C_p}\,\Gamma(b+1.5)}\left[1-\frac{h}{\sqrt{k\rho C_p}}\frac{\Gamma(b+1.5)}{\Gamma(b+2.5)}t_{ig}^{0.5}\right] \tag{9.9}$$

或

$$\frac{1}{t_{ig}^{0.5}}=\frac{\lambda\dot{q}_{ig}''\Gamma(b+1)}{\theta_{ig}\sqrt{k\rho C_p}\,\Gamma(b+1.5)}\left[1-\frac{h}{\sqrt{k\rho C_p}}\frac{\Gamma(b+1.5)}{\Gamma(b+2.5)}t_{ig}^{0.5}\right] \tag{9.10}$$

考虑到式(9.9)等号右侧第二项比第一项小得多,在该式中用 $t_{ig,h=0}^{0.5}$ 代替 $t_{ig}^{0.5}$ 是合理的。结合式(9.5)和式(9.9),着火时间可表示为

$$\frac{1}{t_{ig}^{b+0.5}}=\frac{\lambda a\Gamma(b+1)}{\theta_{ig}\sqrt{k\rho C_p}\,\Gamma(b+1.5)}\left\{1-\frac{h}{\sqrt{k\rho C_p}}\frac{\Gamma(b+1.5)}{\Gamma(b+2.5)}\left[\frac{\theta_{ig}\sqrt{k\rho C_p}\,\Gamma(b+1.5)}{\lambda a\Gamma(b+1)}\right]^{\frac{1}{2b+1}}\right\} \tag{9.11}$$

或

$$\frac{1}{t_{ig}^{b+0.5}}=\frac{1}{t_{ig,h=0}^{b+0.5}}\left[1-\frac{h}{\sqrt{k\rho C_p}}\frac{\Gamma(b+1.5)}{\Gamma(b+2.5)}t_{ig,h=0}^{0.5}\right] \tag{9.12}$$

在 Reszka 等[41]的研究中,提出了着火时间与总加热能量间的近似关系:

$$t_{ig}=\left[\frac{1}{\theta_{ig}\sqrt{\pi k\rho C_p}}\int_0^{t_{ig}}\dot{q}''(t)\,dt\right]^2 \tag{9.13}$$

将本节研究的时变热流 $\dot{q}''=at^b$ 代入式(9.13),可得着火时间为

$$\frac{1}{t_{ig}^{b+0.5}}=\frac{a}{\theta_{ig}(b+1)\sqrt{\pi k\rho C_p}} \tag{9.14}$$

9.1.3 数值模拟

本节利用开源数值模拟平台 FireFOAM[47] 对上述实验结果进行模拟分析，FireFOAM 是一个瞬态解算器，能够模拟火灾、湍流扩散火焰、表面薄膜和固体可燃物热解等复杂物理问题。本模型仅考虑固相内的物理和化学过程，木材内能量和质量守恒方程、木材热解及水蒸发表示为

$$\frac{\partial}{\partial t}(\rho C_p T) = k \frac{\partial}{\partial x}\left(\frac{\partial T}{\partial x}\right) + \dot{Q}_r + \dot{Q}_{char} \tag{9.15}$$

$$\dot{Q}_r = \sum_i \Delta H_{r,i} \omega_i \tag{9.16}$$

$$\dot{Q}_{char} = \frac{h_c}{C_{p,g}} \Delta H_c Y_{O_2}^{\infty} \tag{9.17}$$

$$\frac{\partial \rho}{\partial t} = \rho \sum_i \omega_i \tag{9.18}$$

$$\omega_i = -\left[\frac{\rho Y_i}{(\rho Y_i)_0}\right]^n (\rho Y_i) A_i \exp\left(-\frac{E_{a,i}}{RT}\right) \tag{9.19}$$

式中，$\dot{Q}_r$ 为与热解反应相关的固体热释放速率和焓损失之和；$\dot{Q}_{char}$ 为空气中碳氧化反应热释放速率；i 表示组分；ΔH_r 为反应热；ω_i 为反应速率；$C_{p,g}$ 为气体比热容，大小为 $1.0 \text{J}/(\text{g} \cdot \text{K})$；$Y_{O_2}^{\infty}$ 为环境氧气质量系数，大小为 0.233；ΔH_c 为每消耗单位质量氧气释放的热量，大小为 13.1kJ/g；Y 为质量分数；下标 0 表示初始值；n 为反应级数；A 为指前因子；E_a 为活化能；R 为摩尔气体常数。忽略湿木材脱水过程的体积变化，且假设热解产物和水蒸气在产生瞬间即从固体中析出。在模拟木材热解过程时，可采用的反应机理包括单组分反应机理和多组分反应机理。半纤维素、纤维素和木质素三组分平行反应机理具有线性或非线性依赖性。然而，确定每个组分的初始分数和相关反应的动力学参数需要对特定木材进行多次测试。Richter 等[48]的研究表明，三组分和单组分热解反应在模拟木材的实验尺寸结果中具有相同的精度。因此，本研究采用简单的单组分一次热解机理，即木材同时热解为炭和气相产物。Chaos[49] 和 Ding 等[45]在模拟木材中等尺寸实验结果时也使用了相同的单组分反应机理，且模拟结果较好。木材在空气中热解时，炭氧化释放的热量不可忽视，其氧化反应放出的热量可通过式(9.17)计算。混合物的密度、比热容和热导率可计算为

$$\rho = \sum_i \rho_i Y_i \tag{9.20}$$

$$C_p = \sum_i C_{p,i} Y_i \tag{9.21}$$

$$k = \sum_i k_i Y_i \tag{9.22}$$

初始条件和边界条件为

$$
\begin{cases}
T(x,0)=T_0 \\
-k\dfrac{\partial T}{\partial x}=\lambda\,\dot{q}''-\varepsilon\sigma(T^4-T_0^4)-h_c(T-T_0), & x=0 \\
-\dfrac{\partial T}{\partial x}=0, & x=L
\end{cases}
\tag{9.23}
$$

式中,L 为样品厚度。表 9.2 和表 9.3 列出了模拟中使用的热力学和反应动力学参数。有关 FireFOAM 的更多详细信息,包括离散化方程、计算方法等,可参考技术文件[47]。发射率可能会随热流和表面条件的变化而变化,但本节采用平均常数值。计算区域与样本体积相同,厚度为 15mm,空间和时间步长分别为 0.15mm 和 0.1s。为了验证热厚性假设,还模拟了 50mm 厚的样品在 15mm 和 50mm 深度处的内部温度,结果发现两处温差不超过 0.1℃,即热厚假设成立。

表 9.3　山毛榉木材热解反应和水分蒸发动力学参数

反应	A/s^{-1}	$E_a/(\text{J/mol})$	反应级数	$\Delta H_r/(\text{J/g})$	来源
水——→蒸气	5.13×10^{10}	8.8×10^4	1	2440	文献[45]
木——→炭+热解气	5.13×10^{14}	1.63×10^5	6.02	300	文献[45]

9.1.4　表面温度和内部温度

图 9.6 给出了不同热流和含水率下表面和内部温度的实验测量和数值模拟结果。表 9.4 列出了图 9.6 中实验和数值模拟结果的拟合统计。由图可知,热流越大,表面温度越高,着火时间越短。对于 0%MC,尽管木材为不均匀材质且模拟中使用的木材参数与实际值存在差异,但 0mm、3mm 和 6mm 深度处温度数值模型预测结果与实验测量值吻合较好。在上表面,0%MC 的模拟结果与实验温度吻合较好,但在约 100℃时,随着 MC 的增加,吻合度变差,如图 9.6(d)、(g) 和(j)。在 DiDomizio 等[39] 的研究中,9%MC 的云杉木材被加热时也观察到了类似的现象。温度预测值偏低可能是由于模型中高估了水分蒸发反应热。而在距上表面 3mm 和 6mm 处,15%、25% 和 38%MC 的实验温度在初始阶段与数值结果吻合较好,在接近 100℃时超过模拟曲线,高于 100℃后低于模拟曲线。此现象可通过木材内水分传输过程解释。当开始加热时,样件内形成一层水分蒸发层,约 100℃。部分水蒸气传输至样件深处(远离表面)并重新凝结,释放热量,增大蒸发层下方的局部含水率和热导率。在初始阶段,即温度低于 50℃时,蒸发层距离热电偶监测点较远,局部含水率保持不变,与数值模型吻合较好。随着蒸发层越来越靠近监测点,水蒸气再冷凝释放的热量和热导率的提高导致监测点局部温度在 50～100℃升高。温度高于 100℃后,蒸发层向监测点下方移动,远离监测点,由于局部含水率较高,蒸

发层需消耗更多的能量。同时,含水率越高,材料的热导率和比热容越大,能量传输越深。上述这些原因使得 100℃后的实验温度偏低。而在数值模型中,水蒸气被假定为一旦产生即离开固相。

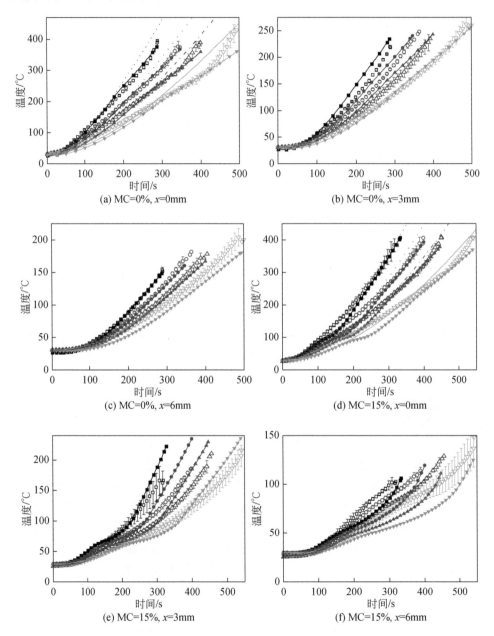

(a) MC=0%, x=0mm

(b) MC=0%, x=3mm

(c) MC=0%, x=6mm

(d) MC=15%, x=0mm

(e) MC=15%, x=3mm

(f) MC=15%, x=6mm

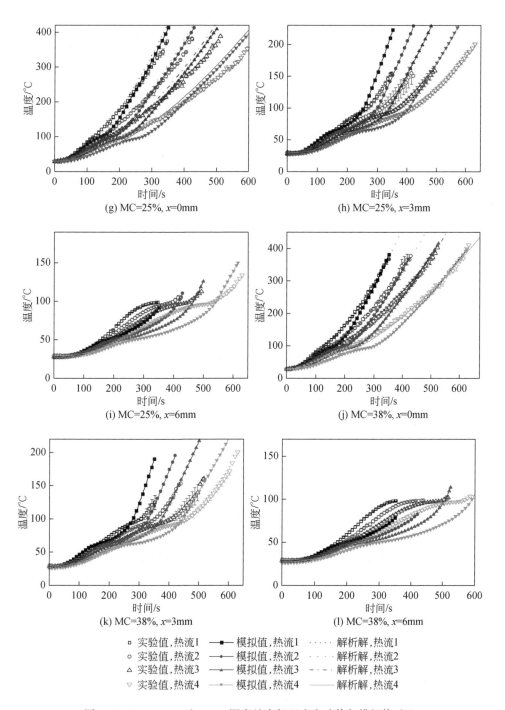

图 9.6　0mm、3mm 和 6mm 深度处内部温度实验值与模拟值对比

表 9.4　图 9.6 中实验和数值模拟结果的拟合统计

MC/%	热流	0mm			3mm			6mm		
		NMB /%	NMAE /%	RMSE /℃	NMB /%	NMAE /%	RMSE /℃	NMB /%	NMAE /%	RMSE /℃
0	热流 1	1.77	2.36	10.29	11.23	13.11	15.44	−1.99	3.61	2.65
	热流 2	−3.19	5.87	8.75	4.63	8.34	19.72	−6.48	6.48	13.48
	热流 3	−5.57	5.84	12.20	5.22	6.85	8.79	−5.91	5.91	5.04
	热流 4	−8.69	8.85	19.68	−2.11	4.17	5.54	−13.08	13.08	12.24
15	热流 1	−5.48	6.05	13.40	9.02	10.11	12.61	−8.33	12.79	8.46
	热流 2	−8.6	8.6	16.84	10.42	11.93	17.01	−12.90	13.02	9.82
	热流 3	−6.2	6.6	13.68	8.18	10.23	13.27	−14.88	17.73	11.97
	热流 4	−11.4	11.4	20.42	2.13	9.99	19.58	−19.62	20.70	14.43
25	热流 1	−1.71	7.46	15.76	14.37	17.41	20.93	−15.22	19.01	12.75
	热流 2	−2.62	8.41	16.45	16.36	19.54	24.73	−16.19	18.10	12.89
	热流 3	−9.6	10.24	19.85	19.67	23.09	30.58	−14.98	16.59	12.63
	热流 4	0.15	11.24	21.59	12.01	21.60	34.37	−14.2	19.68	19.10
38	热流 1	−8.86	9.43	17.73	12.33	16.59	18.89	−17.76	21.09	13.96
	热流 2	−12.22	12.24	20.59	10.01	15.69	17.87	−19.90	22.26	14.73
	热流 3	−9.25	10.66	20.34	17.25	21.88	28.37	−17.69	18.56	13.69
	热流 4	−9.18	10.52	18.97	9.25	16.15	20.82	−19.02	20.42	14.64

根据参考文献[27]，湿木的热导率可表示为

$$k=10^{-4}\times[\rho_0(4.78+10.2MC)+0.57] \tag{9.24}$$

式中，k 为湿木的热导率；下标 0 表示干木。干木的热导率为

$$k_0=10^{-4}\times(4.78\rho_0+0.57) \tag{9.25}$$

因此，可用 k_0 表示 k：

$$k=\left(1+\frac{10.2MC}{4.78+0.57/\rho_0}\right)k_0 \tag{9.26}$$

$0.57/\rho_0\ll4.78$，所以该项可忽略，因此 k 最终可表示为

$$k=(1+2.1MC)k_0 \tag{9.27}$$

当忽略水分传输时，湿木的比热容可采用类似的方法推导：

$$C_p=(1+5MC)C_{p,0} \tag{9.28}$$

湿木的密度可通过混合物参数的方法估算,忽略体积变化有

$$\rho = (1 + MC)\rho_0 \tag{9.29}$$

因此,与 MC 相关的 $k\rho C_p$ 可表示为

$$k\rho C_p = k_0\rho_0 C_{p,0}(1 + 2.1MC)(1 + MC)(1 + 5MC) \tag{9.30}$$

使用式(9.30)和式(9.8)分析预测的表面温度也在图 9.6 中绘出。由于忽略了吸热的热解反应,分析模型的表面温度略高于模拟值和实验值。此差异随着含水率的增大而减小,这是因为 $k\rho C_p$ 随着含水率的增大而显著增大,且热解反应消耗热量的比例减小。表 9.5 列出解析模型与实验结果的相对误差,为解析模型准确性的量化指标。

表 9.5　图 9.6 中实验和解析模型结果的拟合统计

MC/%	热流	NMB/%	NMAE/%	RMSE/℃
0	热流 1	11.12	11.58	29.36
	热流 2	4.53	8.41	19.56
	热流 3	1.07	7.53	16.09
	热流 4	5.26	10.69	24.97
15	热流 1	−0.86	3.32	7.23
	热流 2	3.55	8.46	19.94
	热流 3	0.79	6.03	12.77
	热流 4	−0.15	7.59	15.46
25	热流 1	5.39	7.98	19.23
	热流 2	4.26	8.19	18.40
	热流 3	6.81	10.84	25.35
	热流 4	6.71	11.50	25.34
38	热流 1	−3.59	4.03	7.95
	热流 2	−5.55	5.66	9.95
	热流 3	−2.93	4.93	9.41
	热流 4	−3.99	4.97	9.71

图 9.7 为着火前模拟内部温度的时间演变图。每个工况的模拟终止时间对应着火时间。结果表明,当含水率固定不变时,热流越低,热波在固体中穿透的深度越深,这与常热流下的结论吻合。所有模拟中使用同一临界温度,着火时刻的表面温度等于该临界值。如图 9.7 所示,热流越高,热穿透深度越浅,因此着火时的温度梯度越

大。此结论也可通过图9.6中测量的表面和内部温度得到验证。在着火时,表面温度大致保持不变。然而,着火时测得的内部温度(3mm和6mm处温度)随着热流的增大而降低。热流越高,固定的空间距离和更大的温差意味着温度梯度越大。然而,当热流固定时,含水率越低,热波在更短的着火时间内穿透木材更深。此现象也可在图9.6中观察到,即在每个特定的内部温度监测位置(3mm和6mm处)着火时的测量温度随着含水率的增大而降低。一方面,含水率越高,着火时间越长,越有利于热量向深处扩散;另一方面,含水率越高,水汽化需要吸收的能量越多,并使着火前的热穿透深度变浅。显然,后者占主导地位。着火时的总热量(定义为临界能量)可表示为

$$Q_{ig} = \int_0^{t_{ig}} \dot{q}'' dt = \frac{a}{b+1} t_{ig}^{b+1} \tag{9.31}$$

Q_{ig}是定量描述不同热流的一个重要参数。使用测量的临界温度进行数值计算得到的Q_{ig}如图9.7所示,以研究其与热流和含水率的关系。由图可见,热流越低,含水率越大的木材自燃所需的总热量越大。

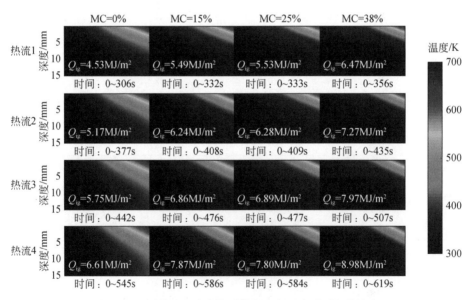

图9.7　不同热流和含水率下模拟内部温度随时间的演变

图9.8为不同热流和初始含水率条件下模拟的内部归一化含水率演变图,该图与内部温度的时间演变图相似。同时,图9.9和表9.6分别给出了每种情况下含水率分布的等值线图和沿界面含水率梯度的计算几何平均值。明显,当含水率固定时,热流越高,湿木与干木交界面处的含水率梯度越大。

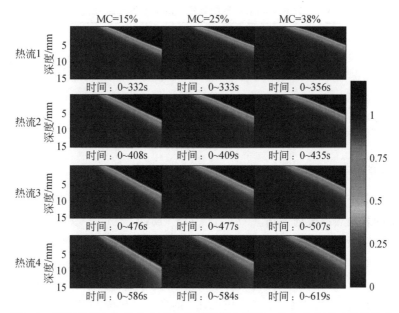

图 9.8　不同热流和初始含水率条件下模拟内部归一化含水率随时间的演变

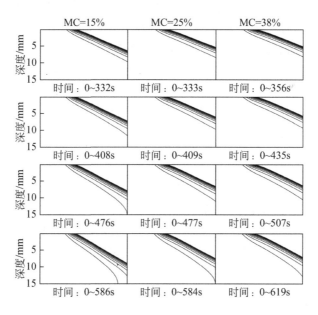

图 9.9　不同热流下模拟内部归一化含水率等值线图

表 9.6　着火时干湿木材界面处模拟的含水率梯度几何平均值

热流	15%/(%/mm)	25%/(%/mm)	38%/(%/mm)
热流 1	2.3	4.4	6.5
热流 2	1.8	3.4	5.1
热流 3	1.0	2.9	4.4
热流 4	0.8	1.6	2.9

9.1.5　临界热流

常热流下临界热流 $\dot{q}''_{cri}$ 被定义为可能引起着火的最小热流。理论上,$\dot{q}''_{cri}$ 等于热解温度下的表面热损失通量,$\dot{q}''_{cri}=h(T_p-T_0)+\varepsilon\sigma(T_p^4-T_0^4)$。式中,$h$ 为对流换热系数;T_p 为热解温度;T_0 为环境温度;ε 为发射率;σ 为斯特藩-玻耳兹曼常数。木材自燃的 $\dot{q}''_{cri}$ 通常比引燃高 2~3 倍[13],其中引燃和自燃临界热流分别在 10.0~15.1kW/m² 和 23.8~50kW/m²。因此,在本研究中,$\dot{q}''_{cri}$ 参考了着火时的热流,如图 9.10 所示。任意含水率下,热流越大,$\dot{q}''_{cri}$ 越高。当热流固定,MC<25% 时,MC越高,着火时间越长,导致 $\dot{q}''_{cri}$ 越高。当 MC>25% 时,由于木材加热过程会开裂,裂纹深度中的木材在短时间内蒸发自由水后经历较快的加热和热解过程。因此,MC 的进一步增加对 $\dot{q}''_{cri}$ 的影响有限。图 9.10 中测得的 $\dot{q}''_{cri}$ 范围与文献[13]中木材的自燃着火临界热流范围相吻合,即 23.8~50kW/m²。

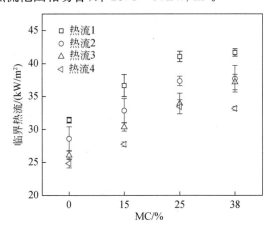

图 9.10　不同加热条件和含水率下临界热流实验结果

9.1.6　临界温度

临界温度 T_{ig} 和临界质量损失速率通常作为临界着火判据。当热流增大时,由于表面附近温度梯度变大和表面附近较薄层的部分氧化,二者均略有增大。常热流下,木材引燃的 T_{ig}(190～408℃)通常低于自燃的 T_{ig}(192～600℃)[13]。图 9.11 为本实验中测得的 T_{ig}。不同热流和含水率下 T_{ig} 变化趋势没有规律性,表明 T_{ig} 可作为合理的着火判据。对于 0% 和 15% MC,T_{ig} 的范围为 380～440℃,而对于 25% MC 和 38% MC,T_{ig} 的范围为 370～410℃。临界温度的降低也是由裂缝造成的,裂缝使热辐射直接进入木材内部,更容易产生热解气,从而发生着火。在常热流下,Janssens[50] 发现 MC 每增加 1%,T_{ig} 上升 2℃。Atreya 等[24] 也发现,T_{ig} 随着 MC 的增大而增大。在这些研究中,着火前没有发现明显的裂纹,热量传输由热传导主控。需要注意的是,在图 9.11 中,最低热流下干木的 T_{ig} 更高。T_{ig} 的增大与炭层氧化放热有关,即炭氧化着火,其可作为初始点火源。Bilbao 等[51] 将木材的炭氧化温度与热流关联起来得到 $T_{glowing} = 300 + 6\dot{q}''_{in}$,$\dot{q}''_{in} < 40\text{kW/m}^2$。考虑到热流 4 下干木的 $\dot{q}''_{cri}$ 约为 25kW/m²,因此利用该式可计算得到 $T_{glowing}$ 约为 450℃,该值与图 9.11 中实验所测结果基本吻合。对于其他热流和 MC 情况,没有观察到炭氧化着火现象。考虑到 0%MC、15%MC、25%MC 和 38%MC 条件下 T_{ig} 的平均值分别为 407℃、405℃、379℃和 391℃,因此后续使用平均值 395℃来预测着火时间。

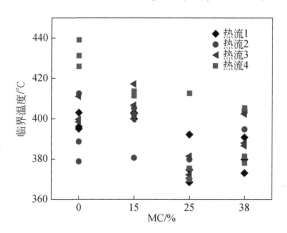

图 9.11　不同含水率和热流下临界温度实验结果

9.1.7　着火时间

图 9.12 为不同含水率和热流下实验、模拟和解析模型着火时间对比。正如预期,低热流和较大的含水率会增加 t_{ig}。模拟和解析模型结果误差均可接受,其原因是木材密度和裂缝具有不均匀性,即使选择同一棵树,实际木材的热导率和密度变化也可高达 20% 和 10%[3]。此外,当含水率超过 25% 时,热参数测量结果的不确定度较高[3]。同时,正如 Torero[52] 所述,自燃着火是一个复杂的过程,涉及固相和

气相的相互作用。某种程度上,自燃过程的气-固耦合问题仍未解决,即气体燃料达到临界达姆科勒数所需热量的来源难以计算。对于特定的实验条件和分析方法,不同学者研究中给出的自燃着火数据通常也相差较大。考虑到自燃着火的特性,图 9.12 中的误差是可以接受的。当 MC<25% 时,测量的 t_{ig} 随着 MC 的增大而增大,但 25%MC 和 38%MC 的实验结果差异很小,这是因为其表面温度变化过程类似。在数值和解析模型中,并未考虑裂纹,因此计算的 t_{ig} 随 MC 单调增加。

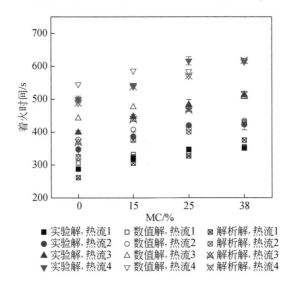

图 9.12　不同含水率和热流下实验、模拟和解析模型着火时间对比

9.2　可燃物受热变形与开裂

本节内容为 9.1 节的延续,图 9.13 为固定热流下含水率对表面温度的影响。正如预期,含水率延缓了温度上升。然而,25%MC 和 38%MC 的实验结果几乎没有差异,如图 9.14 所示,木材在加热过程中表面出现裂纹是导致该现象的主要原因。湿木材在失水过程中会发生收缩,在切向(相对于年轮)、径向和纵向(平行于纹理)均可观察到显著、中等和少量收缩[3]。通常较大的密度、含水率和脱水速率会导致更明显的收缩。本研究中样品年轮暴露在热流下且山毛榉木材的密度相对较大,因此加热时样品表面会出现明显裂纹。Borujerdi 等[29]研究了加热后湿生物质材料在水分蒸发过程中的收缩现象,发现收缩程度随着含水率的增大而增大,这也解释了本节的实验现象,即含水率越大,裂纹越多。对于 0%MC 和 15%MC 的样品,着火前很少有裂纹,意味着固体中的传热为热传导主控。木材中的水以结合

水的形式存在。而 25％MC 和 38％MC 的样品在加热时变黑之前,会产生明显裂纹。此时传热不是热传导主控,而是裂缝间隙的辐射传热主控,破坏了一维加热条件。裂缝接收到的热辐射不容易测量,即使采用图像处理的方法也很难将数量较多的小裂纹与那些宽且可见的较大裂纹相比和考虑在模型中。然而,25％MC 和 38％MC 下实验测量的表面温度相重叠可以反映裂纹的影响。若传热以固体热传导为主,则 25％MC 和 38％MC 下的实验表面温度间应有明显差异,这显然与实验结果不符。前人研究中也讨论了裂纹对传热模式的影响,其结论与本节结果类似且通过其他实验结果进行了验证,如木材的质量损失率和炭化率[53-55]。同时,裂缝使气体热解产物和水蒸气更容易逸出。辐射加热增强了材料的受热过程,在不同

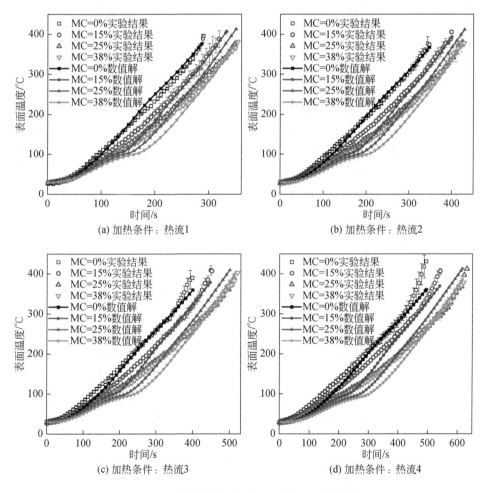

图 9.13 固定热流下含水率对表面温度的影响

含水率下木材表面附近的自由水迅速蒸发,剩余材料随后会经历类似的受热和热解过程,因此实验结果不随含水率的变化而变化。而在数值模型中并未考虑裂纹,因此 25%MC 和 38%MC 模拟结果间存在明显差异。

　　Borujerdi 等[29] 的研究表明,湿木在加热时的收缩过程包含两个阶段,第一个阶段与低温下的水分蒸发有关,第二个阶段归因于干木材的热解。图 9.14 中的裂纹也支持这一结论。对于低含水率(0%MC 和 15%MC),在形成黑炭层前,几乎没有裂纹,这表明水分蒸发对木材收缩的影响很小,因为木材中水分含量有限。但生成炭层后,表面出现明显的细小裂纹,如图 9.14 中 15%MC 的第三个样品。这意味着对于低含水率,热解主导总收缩程度,而不是水分蒸发。而对于高含水率(25%MC 和 38%MC),在表面变黑之前出现大量裂纹,且这些裂纹随着热解的进行而变宽。这表明水分蒸发和热解均会影响裂纹的形成。

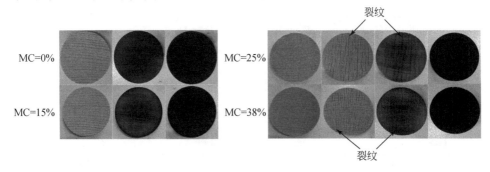

图 9.14　样品表面上裂纹照片

9.3　表面受迫对流

　　在静止空气中受辐射加热时,固体着火的总时间包括材料的加热时间、热解时间、热解气气相混合时间、停滞时间和燃烧化学反应时间。对于引燃着火,氧化剂是足够的,与加热时间相比,热解时间、热解气气相混合时间、停滞时间和燃烧化学反应时间的总和可忽略不计。因此,忽略气相过程而只分析固相传热过程是合理的近似和简化。当气体中的热解挥发分浓度超过其可燃浓度下限时,点火器会引燃气相可燃物,此时临界温度是较为可靠的着火判据。而对于自燃着火必须同时满足两个条件[56]:①气相中必须有足够的可燃气和氧气;②气相温度必须足够高,以开始和加速气相燃烧化学反应。这意味着引燃着火只需满足第一个条件,自燃着火不能忽略气相过程。基于这一前提,Vermesi 等[37] 提出了耦合临界质量损失速率和临界温度的复合着火判据。

　　前人研究[43,57,58] 已解决了热薄、热中和热厚固体的传热问题。热薄和热厚材料中的温度可显式表示,而热中材料的解析解只能用级数展开表示。根据临界温度,Delichatsios[59]建立了从热薄到热厚条件下着火时间的渐近解,随后,进一步提出了两个基于热薄和热厚公式的修正关系式[60]。这两种渐近解在预测着火时间时有相同的精度。Lamorlette 等[61]通过简化有限厚度材料的解,得到了区分热薄区和热厚区的理论。Quintiere[62]通过假设材料内部的温度分布为二次函数,基于毕渥数(Bi),提出了从热薄到热厚材料的着火时间近似解。所有这些研究均在静止环境中进行。

当固体表面有强制气流时,其着火过程不仅受表面对流散热的影响,还通过气相混合和化学反应影响着火。强制气流的影响可通过达姆科勒数(化学反应速率与对流传质速率之比或流动特征时间与化学反应时间之比)来评估。在较低气流速度下,气体中的挥发分浓度和反应速率较高,对应较大的达姆科勒数,气流对着火的影响较小。当气流速度变大时,挥发分被稀释,导致反应速度减慢,达姆科勒数降低,着火时间变长,最终可能导致不着火。除了速度,强制气流的其他方面也可能影响着火,如氧浓度、压力、温度、微重力、气流方向等。前人研究发现,临界温度随着热流和气流速度的增大而升高,随着压力的降低而升高,但临界质量损失速率随气流速度的变化不大。这些研究大多采用热厚固体,但很少有人研究有限厚度材料的着火问题。

为了更好地理解固体厚度和强制气流的综合影响,本节研究采用厚度为1～15mm、气流速度为0～1.2m/s 的 PMMA 进行一系列的自燃着火实验,以测量临界温度、表面温度和着火时间,并采用数值模型对实验结果进行模拟。同时,还利用热中固体的着火理论分析着火时间与热流的关系,间接估算热扩散系数和临界热流。

9.3.1　实验研究

实验装置的结构图和实物图及实验样品如图 9.15 和图 9.16 所示,其主要由一个吹风系统和一个加热系统组成。吹风系统由变频风机、变截面风管、蜂窝状整流器、高度可调支架和 PID 控制系统组成。变截面风管由直径为 42cm、长为1.45m 的进风室,长为 40cm 的变截面连接件和长为 40cm、内径为 20cm 的矩形风口组成。整流器(宽 20cm,长 400mm)安装在出口风道内。电动机的输出功率和频率由变频器控制,以实现目标风速。空气温度为 25℃(环境室温)。加热装置与7.1.1 节中的辐射加热装置完全相同,这里不再重复介绍。本部分实验为30kW/m²、40kW/m²、50kW/m² 和 60kW/m² 常热流下的自燃着火实验,因此没有用点火器。实验前对热流进行了校准,以确保其稳定性和水平面上的空间均匀性。气流会冷却加热器,因此热流校准是在吹风系统和加热器稳定 20min 后进行的。实验标定

的热流不确定范围为±0.3kW/m²。实验采用 0m/s、0.4m/s、0.8m/s、1.0m/s 和
1.2m/s 五种风速。实验前用 TESTO 440 热线风速仪在风道出口中心下游 2cm
处对每个气流速度进行校准,以确保测量值在 0.03m/s 的不确定范围内波动。随
后风速仪在下游 2cm 的平面上向水平和垂直方向移动,直至测量值下降幅度超过
0.05m/s。在风道内壁附近 1cm 处发现气流速度下降超过可接受范围。样品表面
位于风道出口 1/2 高度处。样品支架近风道的一侧距风道 2cm,随后对样品中心
处距样品表面不同高度处的气流速度进行标定,以确定流速衰减情况。在没有放

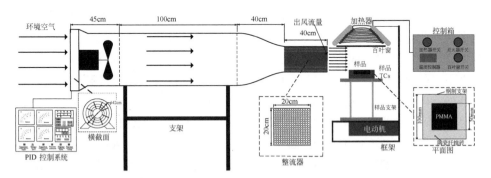

图 9.15　强制对流条件下固体热解着火实验装置结构图

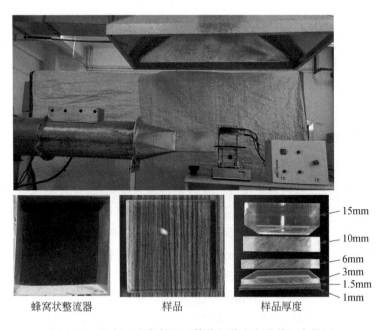

图 9.16　强制对流条件下固体热解着火实验装置实物图

置样品的情况下,测得样品表面、4.5cm、9cm 高度处的气流速度如图 9.17 所示。显然,风速衰减较小且稳定性好,气流速度的最大变化范围为±0.02m/s,可以接受。

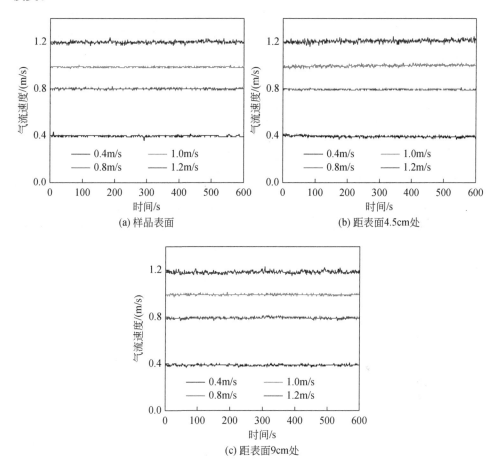

图 9.17　样品表面、4.5cm、9cm 高度处标定的气流速度

　　实验样品选用厚度分别为 1cm、1.5cm、3cm、6cm、10cm、15cm 的 5cm×5cm 透明 PMMA,试品位于加热器下方 11cm 处,紧嵌在一块 10cm×10cm 的纤维板中。样品下方陶瓷纤维板厚度为 2cm。陶瓷纤维板热导率在 700K 以下时为 0.03~0.07W/(m² · K)。在样品表面中心固定一直径为 0.5mm 的 K 型热电偶来记录表面温度,所有实验均进行录像以确定着火时间。温度和气流速度采样频率均为 1Hz。样品在着火前被热解完或加热时间超过 600s 仍未被引燃定义为未着火,实验需重复进行多次,以收集足够多的数据进行不确定度估算。

9.3.2　数值模型

本节数值模型只分析固相传热过程而没有考虑气相化学反应过程,空气流速对着火的影响仅体现在表面对流换热系数的大小上。固相热解模型与 3.2.1 节所介绍的模型相同,不同的是表面对流换热系数更为复杂。当考虑平行气流时,恒定热流下平板上表面的平均对流换热系数可通过如下公式计算[63]:

$$Re_{L} = \frac{\rho u L}{\mu} \tag{9.32}$$

$$Nu_{L} = 0.680 Re_{L}^{1/2} Pr^{1/3} \frac{n+1}{n} \left[1 - \left(\frac{\zeta}{L+\zeta} \right)^{(2n+1)/(2n+2)} \right]^{2n/(2n+1)} \tag{9.33}$$

$$h_{c} = \frac{Nu_{L} k}{L} \tag{9.34}$$

式中,Re_{L} 为平均雷诺数;u 为气流速度;μ 为动态黏度;Pr 为普朗克数;ζ 为起始长度;k 为空气热导率。$n=1$ 和 $n=4$ 分别对应层流和湍流条件。空气的热物性参数用膜温计算。表 9.7 为模拟用 PMMA 和陶瓷纤维的热物性参数,数值模拟中采用临界温度判据。模拟时间、空间步长和时间步长分别为 600s、0.05mm 和 0.2s。

表 9.7　PMMA 和陶瓷纤维的热物性参数

材料	参数	数值	来源
PMMA	$A/10^{12} s^{-1}$	8.6	文献[64]
	$E/(10^5 J/mol)$	1.88	文献[64]
	$\rho/(10^6 g/m^3)$	1.19	文献[64]
	$\Delta H_v/(J/g)$	1660	文献[64]
	$C_p/[J/(g \cdot K)]$	$0.6 + 0.00367T$	文献[64]
	$k/[W/(m \cdot K)]$	$\begin{cases} 0.45 - 0.00038T, & T < 378 \\ 0.27 - 0.00024T, & T \geqslant 378 \end{cases}$	文献[65]
	ε	0.945	文献[65]
陶瓷纤维	$\rho_{in}/(10^5 J/g)$	4.0	制造商
	$C_{p,in}/[J/(g \cdot K)]$	0.67	制造商
	$k_{in}/[W/(m \cdot K)]$	0.05	制造商

9.3.3　热惰性着火理论

通常使用毕渥数 Bi 区分热薄材料与热厚材料:

$$Bi = \frac{h\delta}{k} \tag{9.35}$$

式中,h 为有效传热系数。对于辐射加热,建议使用辐射毕渥数[66]:

$$Bi_R = \frac{\varepsilon \dot{q}'' \delta}{k \Delta T_{ig}} \tag{9.36}$$

式中,ΔT_{ig} 为着火时的温升,$\Delta T_{ig} = T_{ig} - T_0$。对于对流和辐射加热,建议临界毕渥数取为 0.1[66],低于该临界值时,固体可近似为热薄。着火时的热穿透厚度为

$$\delta_{ig}(t) = 2\sqrt{\alpha t_{ig}} \tag{9.37}$$

式中,α 为热扩散系数,$\alpha = k/(\rho C_p)$。着火时,若 δ_{ig} 小于材料物理厚度,则材料为热厚。

1. 热薄材料

对于热薄固体,运用集总热容近似法,其控制方程、固体温度和着火时间可表示为

$$\rho C_p \delta \frac{d\theta}{dt} = \dot{q}'' - h\theta \tag{9.38}$$

$$\theta_{thin}(t) = \frac{\dot{q}''}{h}\left[1 - e^{-ht/(\rho C_p \delta)}\right] \tag{9.39}$$

$$t_{ig} = \frac{\rho C_p \delta}{h}\ln(1 - h\theta_{ig}/\dot{q}'') \tag{9.40}$$

式中,θ 为相对温度,$\theta = T - T_0$;h 为总传热系数,$h = h_c + \varepsilon h_R$,着火判据使用 T_{ig}。当气流速度从 0m/s 增加到 1.2m/s 时,根据测量的 T_{ig} 计算的 h_c 分别为 10.63W/(m² · K)、16.22W/(m² · K)、22.94W/(m² · K)、25.63W/(m² · K)和 28.09W/(m² · K),$h_R \approx 20$W/(m² · K)。Delichatsios[59] 提出了两个渐近解来计算热薄材料的着火时间:

$$\theta_{ig} = \frac{t_{ig}(\dot{q}'' - 3\dot{q}''_{cri})}{\rho C_p \delta}, \quad \dot{q}'' > 2\dot{q}''_{cri} \tag{9.41}$$

$$\ln\left(\frac{\dot{q}'' - \dot{q}''_{cri}}{8\dot{q}''_{cri}}\right) = -\frac{4t_{ig}\dot{q}''}{\rho C_p \delta \theta_{ig}}, \quad \dot{q}'' < 1.2\dot{q}''_{cri} \tag{9.42}$$

式中,$\dot{q}''_{cri}$ 为临界热流,$\dot{q}''_{cri} = \sigma(T_{ig}^4 - T_0^4) + h_c(T_{ig} - T_0)$。

2. 热厚材料

恒定热流下热厚材料的内部温度[43]为

$$\theta_{thick}(x,t) = \frac{\dot{q}''_0}{h}\left[\text{erfc}\left(\frac{x}{2\sqrt{\alpha t}}\right) - e^{\lambda x + \alpha \lambda^2 t}\text{erfc}\left(\frac{x}{2\sqrt{\alpha t}} + \lambda\sqrt{\alpha t}\right)\right] \tag{9.43}$$

式中,$\lambda = h/k$。在高热流和接近临界热流的低热流下,Delichatsios 等[67]得出以下渐近着火时间关系式:

$$\frac{1}{\sqrt{t_{ig}}} = \frac{2(\dot{q}_0'' - 0.64\dot{q}_{cri}'')}{\sqrt{\pi k\rho C_p}\theta_{ig}}, \quad \dot{q}_0'' > 2\dot{q}_{cri}'' \tag{9.44}$$

$$\frac{1}{\sqrt{t_{ig}}} = \frac{\sqrt{\pi}(\dot{q}_0'' - \dot{q}_{cri}'')}{\sqrt{k\rho C_p}\theta_{ig}}, \quad \dot{q}_0'' < 1.2\dot{q}_{cri}'' \tag{9.45}$$

3. 热中材料

对于热中固体,Delichatsios[60]修正了热厚材料和热薄材料的着火时间关系式,并得到了热中材料的着火时间公式:

$$\frac{1}{F_1\sqrt{t_{ig}}} = \frac{2(\dot{q}'' - 0.64\dot{q}_{cri}'')}{\sqrt{\pi k\rho C_p}\theta_{ig}} \quad (\text{热厚修正}) \tag{9.46}$$

$$F_1 = 1 + 2\sqrt{\pi}\,ierfc(\xi) \tag{9.47}$$

$$\frac{1}{F_2 t_{ig}} = \frac{\dot{q}'' - 3\dot{q}_{cri}''}{\rho C_p\delta\theta_{ig}} \quad (\text{热薄修正}) \tag{9.48}$$

$$F_2 = 1 + \frac{\xi^2}{3} - \frac{2}{\pi^2}\xi^2 e^{-\pi^2/\xi^2} \tag{9.49}$$

式中,$\xi = \delta/\sqrt{at_{ig}}$ 为无量纲参数。表面温度也可表示为

$$\theta_{int}(0,t) = \frac{2\delta(\dot{q}'' - 0.64\dot{q}_{cri}'')}{k\sqrt{\pi}\xi}\left[1 + 2\sqrt{\pi}\,ierfc(\xi)\right] \tag{9.50}$$

$$\theta_{int}(0,t) = \frac{2\delta(\dot{q}'' - 0.64\dot{q}_{cri}'')}{k\xi^2}\left(1 + \frac{\xi^2}{3} - \frac{2}{\pi^2}\xi^2 e^{-\pi^2/\xi^2}\right) \tag{9.51}$$

式(9.50)和式(9.51)在预测热中固体的着火时间时有相同的精度。Quintiere[62]通过假设固体内温度分布为二次函数,得到了热中材料的近似解,表面温度和着火时间为

$$\theta_{int}(0,t) = \frac{\dot{q}''}{h}\left\{1 - \frac{2}{2+Bi}\exp\left[-\frac{3Bi}{Bi+3}(\tau-\tau_b)\right]\right\} \tag{9.52}$$

$$t_{ig} = \frac{\delta^2}{\alpha}\left\{\frac{1}{12} + \frac{1}{3Bi^2}\left[Bi + 2\ln\left(\frac{2}{2+Bi}\right)\right] + \frac{3+Bi}{3Bi}\ln\left[\frac{2}{(2+Bi)(1-h\theta_{ig}/\dot{q}'')}\right]\right\} \tag{9.53}$$

$$\tau = \frac{kt}{\rho C_p\delta^2} \tag{9.54}$$

$$\tau_b = \frac{1}{12} + \frac{1}{3Bi^2}\left[Bi + 2\ln\left(\frac{2}{2+Bi}\right)\right] \tag{9.55}$$

9.3.4　临界温度

不同厚度和气流速度下实验所测临界温度如表 9.8 和图 9.18 所示。表 9.8 中高流速、薄样品、低热流下材料不着火的原因主要有两个:①薄样品热解耗尽;

②气相化学动力学。在固定气流速度 1.0m/s 及 40kW/m²、50kW/m² 热流下，1.0mm 和 1.5mm 厚的样品不着火，原因为有限的样品质量所产生的挥发物不足以引发自燃。当样品厚度大于 3mm 时，在相同加热条件下，总会发生着火，但气体中的化学动力学受热流和气流速度的影响较大。较低热流下进入空气的挥发物质质量流率较小，可延缓着火发生。较大的气流速度会稀释可燃气体且带走燃烧反应释放的部分热量，并通过降低反应物浓度来减慢反应速率。

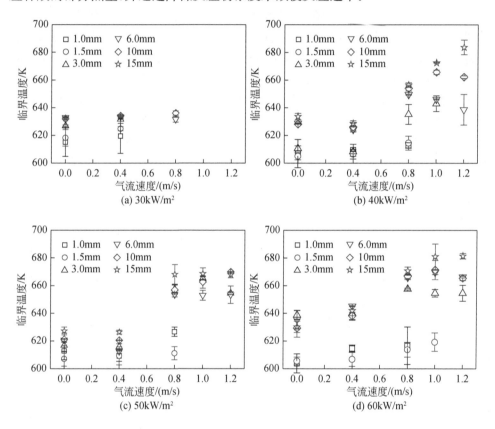

图 9.18　不同热流下实验所测 PMMA 临界温度随风速变化

基于上述讨论和表 9.8 中的自燃现象，可发现影响着火过程的三种着火分区为固相主导区（$u \leqslant 0.4$m/s）、过渡区（0.4m/s$< u < 1.0$m/s）和气相主导区（$u \geqslant 1.0$m/s）。在固相主导区，自燃主要由固体中的传热和热解决定，气相的影响可忽略不计。当气流速度从 0m/s 增加到 0.4m/s 时，着火时间和临界温度几乎不变。然而，在气相主导区，气相化学动力学是不着火的主要原因。在着火情况下，当气流速度从 1.0m/s 增加到 1.2m/s 时，着火时间明显增加，而表 9.8 中的着火温度变化不大，表明气相过程占主导而不是固相过程占主导。在过渡区，固相和气相均

不可忽视。

在图 9.18 中自燃着火情况下,临界温度随着厚度的增大而增大,表明薄样品更易被引燃。当热流和厚度固定不变时,临界温度随着气流速度的增大而增大。气流速度较大时着火需要更高的热解气流量及表面温度,以平衡高气流速度的稀释效应。表 9.8 和图 9.18 中的一些不规则变化主要是由自燃对环境变化较为敏感造成的。

表 9.8 中一个有趣的现象是:随着热流的变化,临界温度基本保持不变,这与自然对流条件下热厚样品引燃得出的临界温度随热流的增大而增大的结论不同。可结合临界质量损失速率的概念对其进行解释。在高热流下,吸收的能量主要集中在靠近表面的薄层中,较小的体积需要更大的热解速率以产生更多的挥发分,即对应更高的温度,以满足气相的可燃浓度下限。自燃是由固相热解和气相温度共同决定的,自燃的临界温度通常高于引燃的临界温度[56],说明自燃的临界质量损失速率很容易实现,气相温度是决定因素。假设固体在自燃时的表面温度与气体中的下限温度相对应,则表面温度应保持不变。如前所述,临界温度随着厚度和气流速度的变化而变化,但相对于特定热流保持不变。因此,后续部分的着火时间采用表 9.9 中所列的忽略热流影响的临界温度进行预测。

表 9.8　实验所测着火时间与临界温度

L/mm	热流/(kW/m²)	不同气流速度下的临界温度/K					不同气流速度下的着火时间/s				
		0m/s	0.4m/s	0.8m/s	1.0m/s	1.2m/s	0m/s	0.4m/s	0.8m/s	1.0m/s	1.2m/s
1	30	615.1	619.5	—	—	—	78	73	—	—	—
	40	606.9	609.3	612.8	—	—	31	35	55	—	—
	50	612.8	609.1	626.7	—	—	25	25	38	—	—
	60	603.9	614.6	616.7	—	—	18	19	22	—	—
1.5	30	618.2	624.8	—	—	—	86	83	—	—	—
	40	605.0	606.6	614.5	—	—	40	41	56	—	—
	50	607.1	609.3	611.2	—	—	27	28	43	—	—
	60	605.6	606.8	613.8	619.3	—	21	20	26	58	—
3.0	30	626.9	631.6	—	—	—	100	114	—	—	—
	40	610.6	608.3	635.3	643.0	—	44	42	73	91	—
	50	616.9	615.8	657.6	665.2	654.5	31	30	48	61	103
	60	638.8	640.1	657.6	654.6	654.6	26	23	35	47	53

续表

L/mm	热流/(kW/m²)	不同气流速度下的临界温度/K					不同气流速度下的着火时间/s				
		0m/s	0.4m/s	0.8m/s	1.0m/s	1.2m/s	0m/s	0.4m/s	0.8m/s	1.0m/s	1.2m/s
6.0	30	633.0	633.5	631.7	—	—	153	164	376	—	—
	40	628.9	624.4	649.5	646.1	638.7	54	51	113	200	260
	50	620.7	612.5	653.5	653.0	653.4	33	31	62	152	155
	60	635.6	645.2	666.0	669.7	666.4	26	25	42	108	136
10.0	30	631.9	634.2	636.2	—	—	162	179	534	—	—
	40	628.2	626.0	654.0	665.7	662.2	57	55	123	365	392
	50	621.1	620.5	656.9	662.6	669.8	35	34	59	238	257
	60	629.4	638.3	666.9	671.4	665.5	25	24	35	158	232
15.0	30	632.4	633.6	—	—	—	167	183	—	—	—
	40	633.7	628.7	656.4	672.5	683.7	57	58	135	458	593
	50	627.2	626.4	668.1	668.6	667.8	37	36	60	303	447
	60	630.3	642.0	670.8	681.0	681.4	25	25	43	243	379.3

注:"—"表示没有着火。

表 9.9　数值模拟中所用临界温度

厚度/mm	不同气流速度下的临界温度/K				
	0m/s	0.4m/s	0.8m/s	1.0m/s	1.2m/s
1	609.7±5.2	613.1±5.0	618.7±7.2	—	—
1.5	609.1±6.2	611.9±8.7	613.2±1.7	619.3±9.2	—
3	623.3±12.3	624.0±14.5	650.2±12.9	654.3±11.1	654.6±0.1
6	629.6±6.5	628.9±13.9	650.2±14.2	656.3±12.1	652.8±13.9
10	627.7±4.6	629.8±8.0	653.5±12.8	666.6±4.5	665.8±3.9
15	630.9±2.9	632.7±6.9	665.1±7.6	674.0±6.3	677.6±8.6

9.3.5　表面温度

图 9.19 为 1.0mm 和 1.5mm 厚 PMMA 的实验和模拟表面温度。如表 9.8 所示,当气流速度 $u=1.0$m/s 或 1.2m/s 且热流为 30kW/m² 时,不着火现象较为普遍,实验表面温度受 PMMA 热解产生的气泡影响很大。气泡是热解气在熔融凝聚相内析出的结果,因此在较低热流和较长加热时间下,由于热波和热解波穿透更深,产生的气泡也更多、更大。此外,样品厚度的减小也是表面温度测量不准的原因之一。因此,图 9.19 中非着火曲线的模拟结果较着火情况相差较多。在着火情况下,加热时间较短,实验测量误差较小,因此数值模型与实验数据吻合较好。

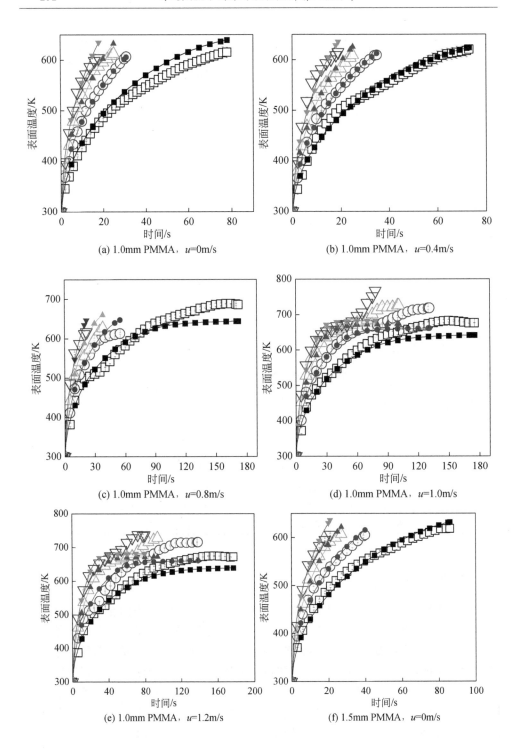

(a) 1.0mm PMMA，u=0m/s

(b) 1.0mm PMMA，u=0.4m/s

(c) 1.0mm PMMA，u=0.8m/s

(d) 1.0mm PMMA，u=1.0m/s

(e) 1.0mm PMMA，u=1.2m/s

(f) 1.5mm PMMA，u=0m/s

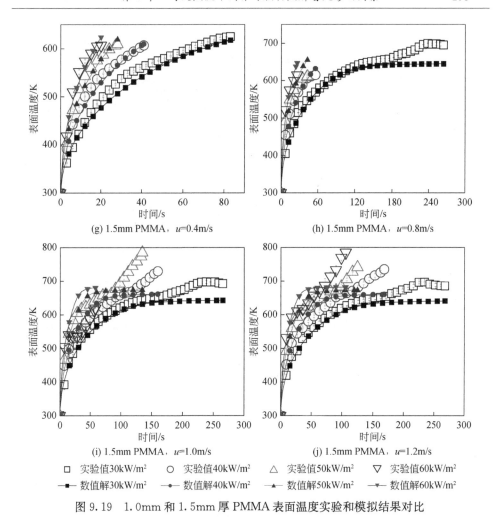

图 9.19　1.0mm 和 1.5mm 厚 PMMA 表面温度实验和模拟结果对比

图 9.20 中对 3mm、6mm、10mm 中等厚度样品表面温度的模拟和实验结果进行了比较。同样,自燃着火情况下的吻合度较不着火情况好得多。在非着火情况下,如在 1.0m/s 和 1.2m/s 气流速度下,随着样品厚度的增加,二者的吻合度变好。对于较薄样品,热波在较短时间内穿透整个样品到达陶瓷纤维层,陶瓷纤维层热导率低,吸收的热量有限,样品吸收的热量主要集中在 PMMA 层,因此产生的气泡较大也较多。此外,减小样品厚度也会影响温度测量的准确性。而对于较厚样品,陶瓷纤维板的作用减弱,热解层温度远低于较薄样品,因此产生的气泡更小且气泡层更薄,表面温度的测量也更准确。

图 9.21 为 15mm 厚 PMMA 的实验和模拟表面温度对比。在着火和非着火情况下,二者吻合均较好。在气相过程占主导的阶段,表面温度基本保持不变,说

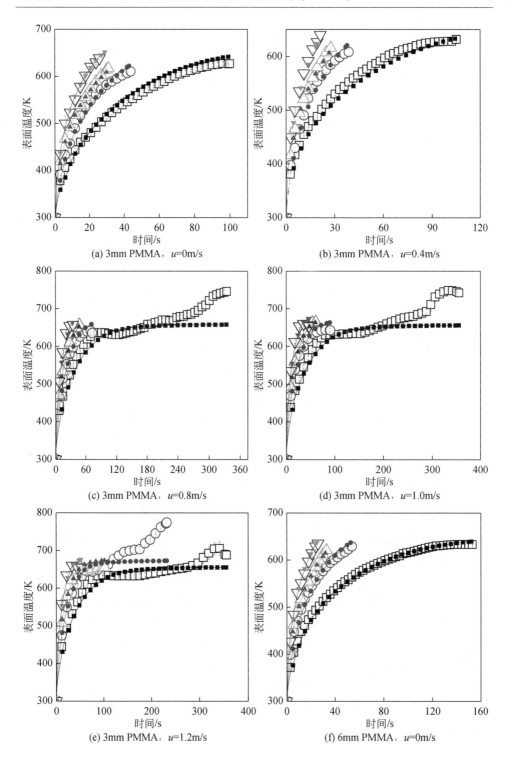

(a) 3mm PMMA，u=0m/s

(b) 3mm PMMA，u=0.4m/s

(c) 3mm PMMA，u=0.8m/s

(d) 3mm PMMA，u=1.0m/s

(e) 3mm PMMA，u=1.2m/s

(f) 6mm PMMA，u=0m/s

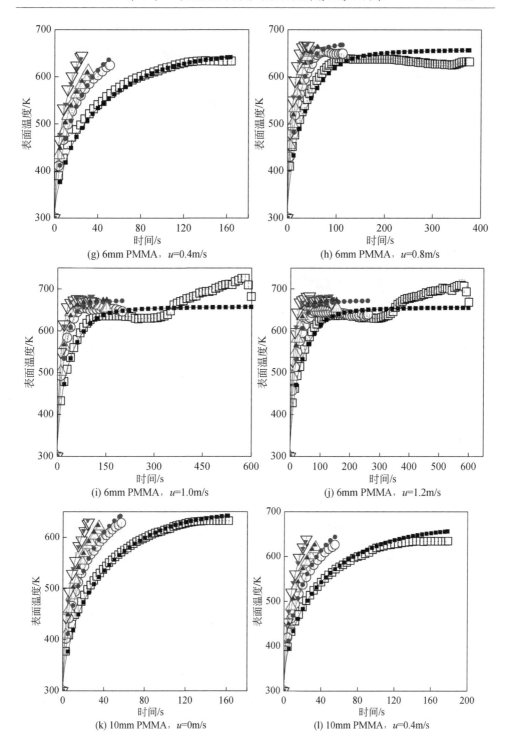

(g) 6mm PMMA，u=0.4m/s

(h) 6mm PMMA，u=0.8m/s

(i) 6mm PMMA，u=1.0m/s

(j) 6mm PMMA，u=1.2m/s

(k) 10mm PMMA，u=0m/s

(l) 10mm PMMA，u=0.4m/s

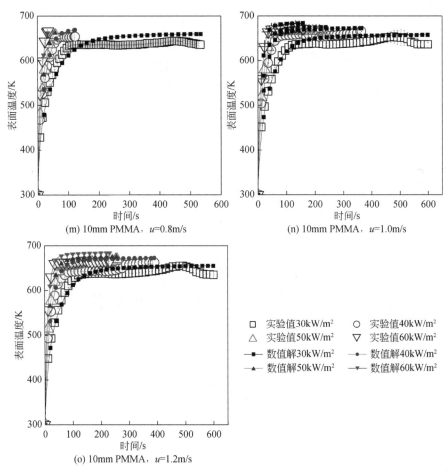

(m) 10mm PMMA，u=0.8m/s

(n) 10mm PMMA，u=1.0m/s

(o) 10mm PMMA，u=1.2m/s

图 9.20　3mm、6mm、10mm 厚 PMMA 表面温度实验和模拟结果对比

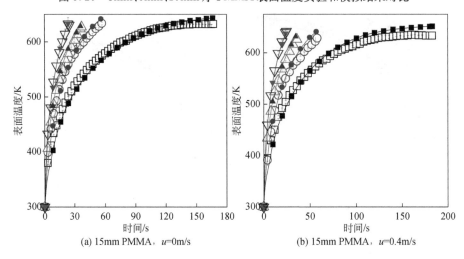

(a) 15mm PMMA，u=0m/s

(b) 15mm PMMA，u=0.4m/s

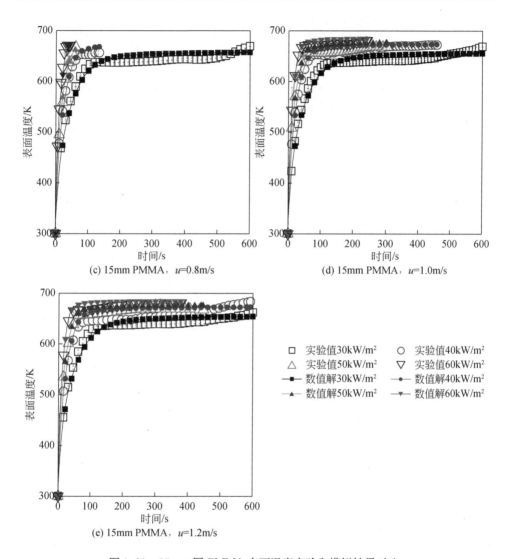

图 9.21　15mm 厚 PMMA 表面温度实验和模拟结果对比

明表面达到了热平衡。与较低气流速度下自燃发生在升温阶段的过程不同,发生在稳定阶段的自燃受气相化学动力学控制而非表面温度控制。换句话说,在这种情况下,临界温度不能作为一个合理的自燃着火判据,这一结论也可从后续实验中所测着火时间与模型预测着火时间的巨大差异得到验证。表 9.10 为实验所测表面温度最大不确定度,其值为标准差的 2 倍。可以看出,实验误差大小与气流速度大致成正比且大多数在 25K 以下,在可接受的范围内。

表 9.10　不同条件下实验表面温度最大不确定度　　　　（单位：K）

厚度/mm	30kW/m²					40kW/m²				
	0m/s	0.4m/s	0.8m/s	1.0m/s	1.2m/s	0m/s	0.4m/s	0.8m/s	1.0m/s	1.2m/s
1	11.81	13.61	4.40	10.64	5.69	10.21	2.29	6.16	5.91	2.40
1.5	6.85	5.09	15.01	15.66	15.16	3.94	3.32	5.52	11.31	5.15
3	10.94	5.01	15.47	19.83	18.45	14.16	16.04	10.37	10.71	18.46
6	10.00	11.05	11.56	13.60	18.02	11.65	16.75	10.98	6.78	22.18
10	9.78	10.97	10.83	18.06	10.54	11.21	9.91	8.54	16.55	11.40
15	3.45	6.86	9.81	8.22	11.32	10.23	10.59	13.63	37.90	17.03

厚度/mm	50kW/m²					60kW/m²				
	0m/s	0.4m/s	0.8m/s	1.0m/s	1.2m/s	0m/s	0.4m/s	0.8m/s	1.0m/s	1.2m/s
1	7.62	5.33	7.68	11.53	16.23	11.98	14.92	13.57	15.81	18.87
1.5	10.16	10.36	11.46	27.30	12.16	10.50	8.55	19.35	11.08	28.77
3	12.19	10.72	9.74	11.90	10.72	21.09	14.47	26.34	11.16	11.96
6	8.82	17.21	11.42	24.15	27.80	13.67	14.21	12.71	18.3	22.29
10	7.97	11.92	13.48	12.97	11.95	15.02	14.53	18.64	11.65	37.13
15	15.66	5.77	15.40	22.20	22.02	11.68	10.25	28.44	65.15	20.26

　　为了验证 1.0mm 和 15mm 厚样品是否可分别近似为热薄和热厚样品，利用数值模型模拟 30kW/m² 和 50kW/m² 热流下不同厚度样品的内部温度随时间的演变过程，如图 9.22 和图 9.23 所示。随着样品厚度的增加，着火时间变长。为方便对比，图 9.22 和图 9.23 各子图的时间与 15mm 厚样品的着火时间相同。对于特定厚度和热流，热波穿透深度随着气流速度的增大而增大，因为冷却效果增强而延长了加热时间，进而促进了热波的传播。在图 9.22 和图 9.23 中，1mm 厚样品的早期阶段可观察到明显的温度梯度。在着火时，通过式（9.36）计算得到的 30kW/m² 和 50kW/m² 热流下的 Bi 分别为 0.735～0.739 和 1.215～1.241，并非远小于 1。因此，1mm 厚 PMMA 不能被视为热薄材料。而对于 15mm 厚 PMMA，在所有加热条件下陶瓷纤维层在着火时刻几乎没有温升。考虑到绝缘层热导率比 PMMA 低一个数量级，可忽略向该层的热传导。着火时两热流下计算的热穿透深度分别为 3.8～7.7mm 和 4.0～14.2mm。因此，15mm 厚 PMMA 可近似为热厚固体。对于小于 15mm 厚的样品，在预测着火时间时则需要考虑 PMMA 中的温度梯度和陶瓷纤维层的传热。

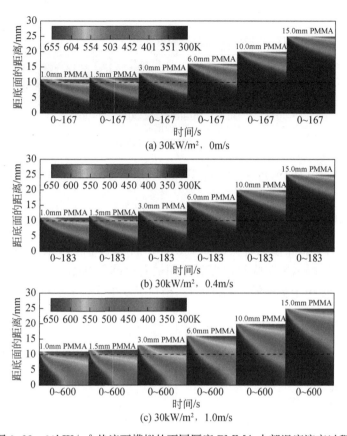

图 9.22　30kW/m² 热流下模拟的不同厚度 PMMA 内部温度演变过程

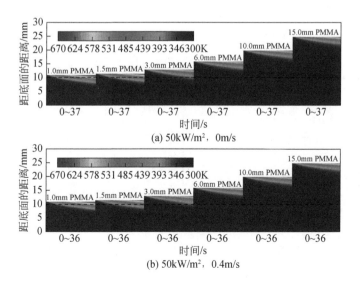

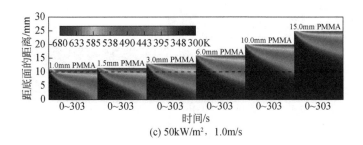

(c) 50kW/m², 1.0m/s

图9.23　50kW/m² 热流下模拟的不同厚度 PMMA 内部温度演变过程

9.3.6　着火时间

图9.24为实验和模拟着火时间对比。在固相主导区,如图9.24(a)和(b)所示,二者吻合性较好,表明临界温度是可用的着火临界判据。而在气相主导区,模拟的着火时间远小于实验值。如前所述,当自燃发生在表面温度的稳定阶段时,气

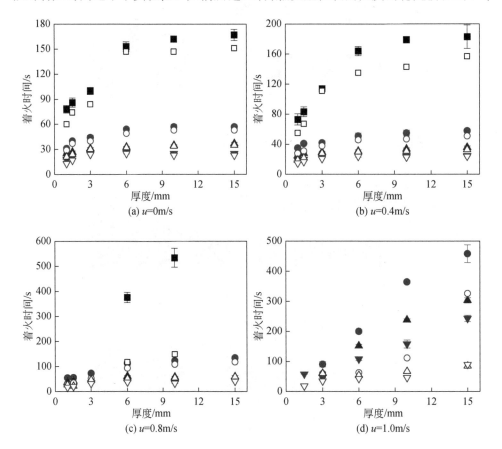

(a) u=0m/s

(b) u=0.4m/s

(c) u=0.8m/s

(d) u=1.0m/s

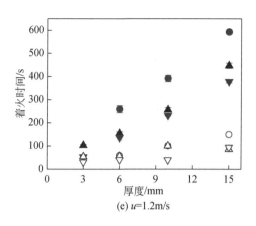

(e) u=1.2m/s

图 9.24　实验和模拟着火时间对比

相化学动力学决定着火过程而非表面温度。这再次表明在高气流速度下临界温度不能用来预测着火时间。陶瓷纤维层虽然不能为 PMMA 提供理想的绝热边界条件，但陶瓷纤维层热导率和比热容较低，吸收的热量有限，因此对理想绝热边界条件的影响有限。式(9.46)和式(9.48)的有效性可通过等式左侧对热流的线性度进行验证。图 9.25 为式(9.46)～式(9.49)在气流速度为 0m/s 和 0.4m/s 时实验数据的线性拟合。图中变换后 $1/(F_1 \sqrt{t_{ig}})$ 和 $1/(F_2 t_{ig})$ 的实验数据不确定度范围通过不确定度传递公式[68]计算：

$$\Delta[1/(F_1 \sqrt{t_{ig}})] = \left| \frac{\partial}{\partial t_{ig}} [1/(F_1 \sqrt{t_{ig}})] \right| \Delta t_{ig} = \left| \frac{1}{2F_1 t_{ig}^{1.5}} + \frac{\delta \sqrt{\pi}}{\sqrt{\alpha} F_1^2 t_{ig}^2} \mathrm{erfc}(\xi) \right| \Delta t_{ig}$$

(9.56)

$$\Delta[1/(F_2 t_{ig})] = \left| \frac{\partial}{\partial t_{ig}} [1/(F_2 t_{ig})] \right| \Delta t_{ig}$$
$$= \left| \frac{1}{F_2 t_{ig}^2} - \frac{\delta}{2\sqrt{\alpha} F_2^2 t_{ig}^{2.5}} \left[\frac{2}{3}\xi - 4\left(\frac{\xi}{\pi^2} + \frac{1}{\xi}\right) e^{-\pi^2/\xi^2} \right] \right| \Delta t_{ig}$$

(9.57)

图 9.25 中拟合直线的斜率(Slop)和截距(表 9.11)可用于估算 PMMA 的热扩散系数 α 及临界热流：

$$\frac{\mathrm{Slop_{thick}}}{\mathrm{Slop_{thin}}} = \frac{2}{\sqrt{\pi}} \frac{\delta}{\sqrt{\alpha}}$$

(9.58)

表 9.12 列出了不同厚度 PMMA 通过拟合直线斜率计算的 α，其平均值为 $1.28 \times 10^{-7} \mathrm{m^2/s}$，与文献中的 $1.06 \times 10^{-7} \mathrm{m^2/s}$[6]、$1.30 \times 10^{-7} \mathrm{m^2/s}$[69]、$1.14 \times 10^{-7} \mathrm{m^2/s}$[8]、$1.12 \times 10^{-7} \mathrm{m^2/s}$[70]、$1.06 \times 10^{-7} \mathrm{m^2/s}$ 和 $1.66 \times 10^{-7} \mathrm{m^2/s}$ 差距较小。热厚和热薄条件下的平均临界热流为 $17.42 \mathrm{kW/m^2}$ 和 $5.51 \mathrm{kW/m^2}$，与热厚 PMMA

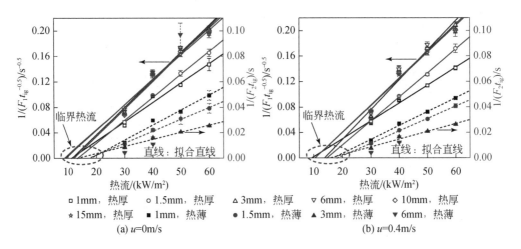

图 9.25　根据着火时间测量值与热流的线性关系计算出的 $1/(F_1\sqrt{t_{ig}})$ 和 $1/(F_2 t_{ig})$

的测量值 $15\mathrm{kW/m^2}$、$13.9\mathrm{kW/m^{2[7]}}$、$16.0\mathrm{kW/m^2}$、$15.0\mathrm{kW/m^{2[71]}}$ 较为接近。

表 9.11　固相主导区测得的着火时间与热流的拟合直线斜率和截距

气流速度及拟合结果	计算公式	厚度					
		1mm	1.5mm	3mm	6mm	10mm	15mm
$u=0\mathrm{m/s}$,拟合直线斜率/$10^{-6}\mathrm{s^{-1}}$	式(9.46)热厚	3.04	3.6	4.31	4.02	4.32	3.91
	式(9.48)热薄	1.18	0.93	0.55	—	—	—
$u=0\mathrm{m/s}$,拟合直线截距/$(\mathrm{kW/m^2})$	式(9.46)热厚,$0.64\dot{q}''_{cri}$	11.27	13.53	11.54	9.18	12.14	8.62
	式(9.48)热薄,$3\dot{q}''_{cri}$	17.97	17.36	13.31	—	—	—
$u=0.4\mathrm{m/s}$,拟合直线斜率/$10^{-6}\mathrm{s^{-1}}$	式(9.46)热厚	2.8	3.75	4.66	4.24	4.19	4.09
	式(9.48)热薄	1.09	0.97	0.61	—	—	—
$u=0.4\mathrm{m/s}$,拟合直线截距/$(\mathrm{kW/m^2})$	式(9.46)热厚,$0.64\dot{q}''_{cri}$	9.25	13.54	13.71	10.41	10.40	10.21
	式(9.48)热薄,$3\dot{q}''_{cri}$	16.66	18.19	15.61	—	—	—

表 9.12　使用拟合直线斜率估算的 PMMA 热扩散系数

$u/(\mathrm{m/s})$	不同厚度下的热扩散系数 $\alpha/(10^{-7}\mathrm{m^2/s})$		
	1mm	1.5mm	3mm
0	1.92	1.28	0.62
0.4	1.93	1.28	0.65

9.4 引火源位置

在点燃着火实验中,点火源用于诱发气相中最初始的燃烧。理想情况下,该引火源不应在受热固体上施加额外局部热流,且应体积较小不阻挡辐射。同时,它应位于固体热解时气相中最易达到挥发分可燃浓度下限的位置。引火源特性的详细介绍可参考文献[72]。常用的引火源包括小火焰、电火花[15-17]和电热丝[18-24]。火焰体积较大、抗干扰能力差,且测量热释放速率(heat release rate, HRR)时会引入信号噪声,因此现在很少将火焰作为引火源。对于水平样品,若引火源非常接近表面,则热解开始后不久,其将与可燃混合物接触。然而,此时的质量流率远不能维持火焰。因此,在形成稳定持续火焰前,会观察到几次闪燃。若引火源距离样品表面太远,则其将在热解产物的局部浓度首次达到可燃浓度下限时点燃混合气体,随后火焰会向下蔓延,点燃整个固体表面并形成持续火焰。这种情况下,着火时热解产物的质量流率大于维持火焰的最小值,因此延迟了着火时间。显然,引火源应设置在合适的位置,以减少着火前闪燃次数,降低形成持续火焰所需的挥发分质量流率。在锥形量热仪中,电火花位于水平样品中心上方 13mm 处或垂直样品盒顶部上方 5mm 处。在 FPA 中,直径为 6.35mm 的不锈钢燃烧器(60%乙烯+40%空气)引火源位于水平样品上方 10mm 处或距垂直样品表面 10mm 处。吴伟实验研究了引火源(电火花)位置对水平和垂直木材样品着火的影响[17],如图 9.26 所示。在图 9.26(a)中,着火时间近似与引火源高度线性相关。当引火源低于 13mm 时,临界质量损失速率几乎不变。当引火源高度高于 13mm 时,临界质量流率随着引火源高度的增大而迅速增大。在图 9.26(b)中,随着引火源位置的升高,着火时间和临界质量损失速率都出现了 U 型变化曲线。引火源在最低位置时需要较厚的

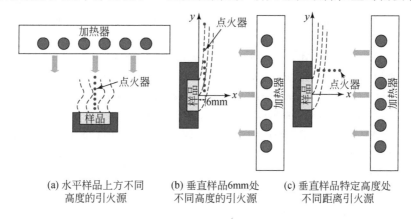

(a) 水平样品上方不同　　(b) 垂直样品6mm处　　(c) 垂直样品特定高度处
　　高度的引火源　　　　不同高度的引火源　　　不同距离引火源

图 9.26　引火源位置对木材着火的影响

热解产物浓度层来包覆引火源,而引火源在最高位置时,需要卷吸更多的空气来稀释热解产物浓度,这两个过程都会导致延迟着火时间和增加临界质量损失速率。在引火源高于样品顶部 10mm 时,着火时间和临界质量损失速率最小。在图 9.26 (c)中,着火时间和临界质量损失速率均随着引火源距离的增大而单调递减,当引火源距离超过 32mm 时,不能发生着火。

参 考 文 献

[1] Moghtaderi B. The stare of the wit in pyrolysis modelling of lignocellulosic solid fuels[J]. Fire and Materials,2006,30(1):1-34.

[2] 沈德魁,方梦祥,李社锋,等. 热辐射下木材热解与着火特性实验[J]. 燃烧科学与技术,2007,4:365-369.

[3] Glass S V,Zelinka S L. Moisture Relations and Physical Properties of Wood[M]. Madison: United States Department of Agriculture Forest Service,2010.

[4] Humar M,Lesar B,Krzisnik D. Moisture performance of façade elements made of thermally modified Norway spruce wood[J]. Forests,2020,11(3):348.

[5] Tao J J,Wang H H. Energy uptake by wood during the ignition under external radiant heat flux[J]. Applied Thermal Engineering,2017,124:294-301.

[6] Bal N,Rein G. Numerical investigation of the ignition delay time of a translucent solid at high radiant heat fluxes[J]. Combustion and Flame,2011,158(6):1109-1116.

[7] Delichatsios M A,Zhang J P. An alternative way for the ignition times for solids with radiation absorption in-depth by simple asymptotic solutions[J]. Fire and Materials,2012,36 (1):41-47.

[8] Staggs J. The effects of gas-phase and in-depth radiation absorption on ignition and steady burning rate of PMMA[J]. Combustion and Flame,2014,161(12):3229-3236.

[9] Gong J H,Chen Y X,Jiang J C,et al. A numerical study of thermal degradation of polymers:Surface and in-depth absorption[J]. Applied Thermal Engineering,2016,106: 1366-1379.

[10] Delichatsios M,Paroz M,Bhargava A. Flammability properties for charring materials[J]. Fire Safety Journal,2003,38(3):219-228.

[11] Di Blasi C. Modeling chemical and physical processes of wood and biomass pyrolysis[J]. Progress in Energy and Combustion Science,2008,34(1):47-90.

[12] Bartlett A I,Hadden R M,Bisby L A. A review of factors affecting the burning behaviour of wood for application to tall timber construction[J]. Fire Technology,2019,55(1):1-49.

[13] Babrauskas V. Ignition of wood:A review of the state of the art[J]. Journal of Fire Protection Engineering,2002,12(3):163-189.

[14] Ferguson S C,Dahale A,Shotorban B,et al. The role of moisture on combustion of pyrolysis gases in wildland fires[J]. Combustion Science and Technology,2013,185(3):

435-453.

[15] Yashwanth B L, Shotorban B, Mahalingam S, et al. A numerical investigation of the influence of radiation and moisture content on pyrolysis and ignition of a leaf-like fuel element[J]. Combustion and Flame, 2016, 163: 301-316.

[16] Mikkola E. Charring of wood based materials[J]. Fire Safety Science, 1991, 3: 547-556.

[17] Shen D K, Fang M X, Luo Z Y, et al. Modeling pyrolysis of wet wood under external heat flux[J]. Fire Safety Journal, 2007, 42(3): 210-217.

[18] Moghtaderi B, Novozhilov V, Fletcher D F, et al. A new correlation for bench-scale piloted ignition data of wood[J]. Fire Safety Journal, 1997, 29(1): 41-59.

[19] McAllister S. Critical mass flux for flaming ignition of wet wood[J]. Fire Safety Journal, 2013, 61: 200-206.

[20] Di Blasi C, Hernandez E G, Santoro A. Radiative pyrolysis of single moist wood particles[J]. Industrial and Engineering Chemistry Research, 2000, 39(4): 873-882.

[21] White R H, Nordheim E V. Charring rate of wood for ASTM E 119 exposure[J]. Fire Technology, 1992, 28(1): 5-30.

[22] Njankouo J M, Dotreppe J C, Franssen J M. Experimental study of the charring rate of tropical hardwoods[J]. Fire and Materials, 2004, 28(1): 15-24.

[23] Babrauskas V. Charring rate of wood as a tool for fire investigations[J]. Fire Safety Journal, 2005, 40(6): 528-554.

[24] Atreya A, Abuzaid M Z. Effect of environmental variables on piloted ignition[J]. Fire Safety Science, 1991, 3: 177-186.

[25] Khan M M, De Ris J L, Ogden S D. Effect of moisture on ignition time of cellulosic materials[J]. Fire Safety Science, 2009, 9: 167-178.

[26] Fletcher T H, Pickett B M, Smith S G, et al. Effects of moisture on ignition behavior of moist California chaparral and Utah leaves[J]. Combustion Science and Technology, 2007, 179(6): 1183-1203.

[27] Simms D L, Law M. The ignition of wet and dry wood by radiation[J]. Combustion and Flame, 1967, 11(5): 377-388.

[28] Shen D, Fang M X, Luo Z Y, et al. Thermal degradation and ignition of wood by thermal radiation[J]. Fire Safety Science, 2007, 7: 90-102.

[29] Borujerdi P R, Shotorban B, Mahalingam S, et al. Modeling of water evaporation from a shrinking moist biomass slab subject to heating: Arrhenius approach versus equilibrium approach[J]. International Journal of Heat and Mass Transfer, 2019, 145: 118672.

[30] Lamorlette A, El Houssami M, Morvan D. An improved non-equilibrium model for the ignition of living fuel[J]. International Journal of Wildland Fire, 2018, 27(1): 29-41.

[31] Cohen J D. Relating flame radiation to home ignition using modeling and experimental crown fires[J]. Canadian Journal of Forest Research-Revue Canadienne Derecherche Forestiere, 2004, 34(8): 1616-1626.

[32] Yang L Z,Guo Z F,Ji J W,et al. Experimental study on spontaneous ignition of wood exposed to variable heat flux[J]. Journal of Fire Sciences,2005,23(5):405-416.

[33] Yang L Z,Guo Z F,Zhou Y P,et al. The influence of different external heating ways on pyrolysis and spontaneous ignition of some woods[J]. Journal of Analytical and Applied Pyrolysis,2007,78(1):40-45.

[34] Ji J W,Cheng Y P,Yang L Z,et al. An integral model for wood auto-ignition under variable heat flux[J]. Journal of Fire Sciences,2006,24(5):413-425.

[35] Zhai C J,Gong J H,Zhou X D,et al. Pyrolysis and spontaneous ignition of wood under time-dependent heat flux[J]. Journal of Analytical and Applied Pyrolysis, 2017, 125: 100-108.

[36] Lamorlette A. Analytical modeling of solid material ignition under a radiant heat flux coming from a spreading fire front[J]. Journal of Thermal Science Engineering and Applications,2014,6(4):044501.

[37] Vermesi I,Roenner N,Pironi P,et al. Pyrolysis and ignition of a polymer by transient irradiation[J]. Combustion and Flame,2016,163:31-41.

[38] Vermesi I,DiDomizio M J,Richter F,et al. Pyrolysis and spontaneous ignition of wood under transient irradiation:Experiments and a-priori predictions[J]. Fire Safety Journal, 2017,91:218-225.

[39] DiDomizio M J,Mulherin P,Weckman E J. Ignition of wood under time-varying radiant exposures[J]. Fire Safety Journal,2016,82:131-144.

[40] Santamaria S,Hadden R M. Experimental analysis of the pyrolysis of solids exposed to transient irradiation. Applications to ignition criteria[J]. Proceedings of The Combustion Institute,2019,37(3):4221-4229.

[41] Reszka P,Borowiec P,Steinhaus T,et al. A methodology for the estimation of ignition delay times in forest fire modelling[J]. Combustion and Flame,2012,159:3652-3657.

[42] Jiang F H,De Ris J L,Khan M M. Absorption of thermal energy in PMMA by in-depth radiation[J]. Fire Safety Journal,2009,44(1):106-112.

[43] Carslaw H S, Jaeger J C. Conduction of Heat in Solids[M]. 2nd ed. Oxford: Oxford University Press,1959.

[44] Delichatsios M A, Chen Y. Asymptotic, approximate, and numerical solutions for the heatup and pyrolysis of materials including reradiation losses[J]. Combustion and Flame, 1993,92(3):292-307.

[45] Ding Y M,Wang C J,Lu S X. Modeling the pyrolysis of wet wood using FireFOAM[J]. Energy Conversion and Management,2015,98:500-506.

[46] Koufopanos C A,Papayannakos N,Maschio G,et al. Modelling of the pyrolysis of biomass particles. Studies on kinetics, thermal and heat transfer effects[J]. Canadian Journal of Chemical Engineering,2010,69(4):907-915.

[47] FireFoam-dev. FireFoam-v1912[EB/OL]. https://github.com/fireFoam-dev/[2022-04-

07].

[48] Richter F,Atrey A,Kotsovinos P,et al. The effect of chemical composition on the charring of wood across scales[J]. Proceedings of the Combustion Institute,2019,37(3):4053-4061.

[49] Chaos M. Spectral aspects of bench-scale flammability testing: Application to hardwood pyrolysis[J]. Fire Safety Science,2014,11:165-178.

[50] Janssens M. Piloted ignition of wood: A review[J]. Fire and Materials, 1991, 15 (4): 151-167.

[51] Bilbao R,Mastral J F, Lana J S A, et al. A model for the prediction of the thermal degradation and ignition of wood under constant and variable heat flux[J]. Journal of Analytical and Applied Pyrolysis,2002,62(1):63-82.

[52] Torero J. Flaming Ignition of Solid Fuels,SFPE Handbook of Fire Protection Engineering [M]. 5th ed. New York:Springer,2016.

[53] Friquin K L. Material properties and external factors influencing the charring rate of solid wood and glue-laminated timber[J]. Fire and Materials,2011,35(5):303-327.

[54] Roberts A F. Problems associated with the theoretical analysis of the burning of wood[J]. Symposium(International)on Combustion,1971,13(1):893-903.

[55] Buchanan A H,Abu A K. Structural Design for Fire Safety[M]. New York:John Wiley and Sons,2001.

[56] Kashiwagi T. Experimental observation of radiative ignition mechanisms[J]. Combustion and Flame,1979,34(3):231-244.

[57] Roshenow W,Hartnett J,Cho Y. Handbook of Heat Transfer[M]. 3rd ed. New York: McGraw-Hill Professional,1998.

[58] Luikov A V. Analytical Heat Diffusion Theory[M]. New York:Academic Press,1968.

[59] Delichatsios M A. Ignition times for thermally thick and intermediate conditions in flat and cylindrical geometries[J]. Fire Safety Science,2000,6:233-244.

[60] Delichatsios M A. Piloted ignition time,critical heat fluxes and mass loss rates at reduced oxygen atmospheres[J]. Fire Safety Journal,2005,40(3):197-212.

[61] Lamorlette A,Candelier F. Thermal behavior of solid particles at ignition:Theoretical limit between thermally thick and thin solids[J]. International Journal of Heat and Mass Transfer,2015,82:117-122.

[62] Quintiere J G. Approximate solutions for the ignition of a solid as a function of the Biot number[J]. Fire and Materials,2019,43(1):57-63.

[63] Ameel T A. Average effects of forced convection over a flat plate with an unheated starting length[J]. International Communications in Heat and Mass Transfer, 1997, 24 (8): 1113-1120.

[64] Li J,Stoliarov S I. Measurement of kinetics and thermodynamics of the thermal degradation for non-charring polymers[J]. Combustion and Flame,2013,160(7):1287-1297.

[65] Li J,Gong J H,Stoliarov I S. Infrared-camera-enabled gasification experiments for pyrolysis

model parameterization[J]. International Journal of Heat and Mass Transfer, 2014, 77: 738-744.

[66] Benkoussas B, Consalvi J L, Porterie B, et al. Modelling thermal degradation of woody fuel particles[J]. International Journal of Thermal Sciences, 2007, 46(4): 319-327.

[67] Delichatsios M A, Panagiotou T, Kiley F. The use of time to ignition data for characterizing the thermal inertia and the minimum (critical) heat flux for ignition or pyrolysis [J]. Combustion and Flame, 1991, 84(3-4): 323-332.

[68] Moffat R J. Describing the uncertainties in experimental results[J]. Experimental Thermal and Fluid Science, 1988, 1(1): 3-17.

[69] Lautenberger C, Fernandez-Pello A. Approximate analytical solutions for the transient mass loss rate and piloted ignition time of a radiatively heated solid in the high heat flux limit[J]. Fire Safety Science, 2005, 8: 445-456.

[70] Pizzo Y, Lallemand C, Kacem A, et al. Steady and transient pyrolysis of thick clear PMMA slabs[J]. Combustion and Flame, 2015, 162(1): 226-236.

[71] Peng F, Zhou X D, Zhao K, et al. Experimental and numerical study on effect of sample orientation on auto-ignition and piloted ignition of Poly(methyl methacrylate)[J]. Materials, 2015, 8(7): 4004-4021.

[72] Babrauskas V. Characteristics of External Ignition Source [M]. Seattle: Fire Science Publishers, 2003.